数学模型在生态学的应用及研究(33)

The Application and Research of Mathematical Model in Ecology(33)

杨东方　王凤友　编著

U0195231

海洋出版社

2015年 · 北京

内 容 提 要

通过阐述数学模型在生态学的应用和研究,定量化地展示生态系统中环境因子和生物因子的变化过程,揭示生态系统的规律和机制以及其稳定性、连续性的变化,使生态数学模型在生态系统中发挥巨大作用。在科学技术迅猛发展的今天,通过该书的学习,可以帮助读者了解生态数学模型的应用、发展和研究的过程;分析不同领域、不同学科的各种各样生态数学模型;探索采取何种数学模型应用于何种生态领域的研究;掌握建立数学模型的方法和技巧。此外,该书还有助于加深对生态系统的量化理解,培养定量化研究生态系统的思维。

本书主要内容为:介绍各种各样的数学模型在生态学不同领域的应用,如在地理、地貌、水文和水动力以及环境变化、生物变化和生态变化等领域的应用。详细阐述了数学模型建立的背景、数学模型的组成和结构以及其数学模型应用的意义。

本书适合气象学、地质学、海洋学、环境学、生物学、生物地球化学、生态学、陆地生态学、海洋生态学和海湾生态学等有关领域的科学工作者和相关学科的专家参阅,也适合高等院校师生作为教学和科研的参考。

图书在版编目(CIP)数据

数学模型在生态学的应用及研究.33/杨东方,王凤友编著.—北京:海洋出版社,2015.8
ISBN 978 – 7 – 5027 – 9214 – 5

Ⅰ.①数…　Ⅱ.①杨…②王…　Ⅲ.①数学模型－应用－生态学－研究　Ⅳ.①Q14

中国版本图书馆 CIP 数据核字(2015)第 176000 号

责任编辑:鹿　源
责任印制:赵麟苏

海洋出版社　出版发行

http://www.oceanpress.com.cn
北京市海淀区大慧寺路 8 号　邮编:100081
北京华正印刷有限公司印刷　新华书店北京发行所经销
2015 年 8 月第 1 版　2015 年 8 月第 1 次印刷
开本:787 mm×1092 mm　1/16　印张:20
字数:460 千字　定价:60.00 元
发行部:62132549　邮购部:68038093　总编室:62114335
海洋版图书印、装错误可随时退换

数学是结果量化的工具

数学是思维方法的应用

数学是研究创新的钥匙

数学是科学发展的基础

杨东方

要想了解动态的生态系统的基本过程和动力学机制,尽可从建立数学模型为出发点,以数学为工具,以生物为基础,以物理、化学、地质为辅助,对生态现象、生态环境、生态过程进行探讨。

生态数学模型体现了在定性描述与定量处理之间的关系,使研究展现了许多妙不可言的启示,使研究进入更深的层次,开创了新的领域。

杨东方

摘自《生态数学模型及其在海洋生态学应用》

海洋科学(2000),24(6):21-24.

前　言

细大尽力,莫敢怠荒,远迩辟隐,专务肃庄,端直敦忠,事业有常。

——《史记·秦始皇本纪》

数学模型研究可以分为两大方面:定性的和定量的。要定性地研究,提出的问题是:"发生了什么或者发生了没有",要定量地研究,提出的问题是"发生了多少或者它是如何发生的"。前者是对问题的动态周期、特征和趋势进行了定性的描述,而后者是对问题的机制、原理、起因进行了定量化的解释。然而,生物学中有许多实验问题与建立模型并不是直接有关的。于是,通过分析、比较、计算和应用各种数学方法,建立反映实际的且具有意义的仿真模型。

生态数学模型的特点为:(1)综合考虑各种生态因子的影响。(2)定量化描述生态过程,阐明生态机制和规律。(3)能够动态地模拟和预测自然发展状况。

生态数学模型的功能为:(1)建造模型的尝试常有助于精确判定所缺乏的知识和数据,对于生物和环境有进一步定量了解。(2)模型的建立过程能产生新的想法和实验方法,并缩减实验的数量,对选择假设有所取舍,完善实验设计。(3)与传统的方法相比,模型常能更好地使用越来越精确的数据,从生态的不同方面所取得材料集中在一起,得出统一的概念。

模型研究要特别注意:(1)模型的适用范围:时间尺度、空间距离、海域大小、参数范围。例如,不能用每月的个别发生的生态现象来检测1年跨度的调查数据所做的模型。又如用不常发生的赤潮模型来解释经常发生的一般生态现象。因此,模型的适用范围一定要清楚。(2)模型的形式是非常重要的,它揭示内在的性质、本质的规律,来解释生态现象的机制、生态环境的内在联系。因此,重要的是要研究模型的形式,而不是参数,参数只是说明尺度、大小、范围而已。(3)模型的可靠性,由于模型的参数一般是从实测数据得到的,它的可靠性非常重要,这是通过统计学来检测。只有可靠性得到保证,才能用模型说明实际的生态问题。(4)解决生态问题时,所提出的观点,不仅从数学模型支持这一观点,还要从生态现象、生态环境等各方面的事实来支持这一观点。

本书以生态数学模型的应用和发展为研究主题,介绍数学模型在生态学不同领域的应用,如在地理、地貌、气象、水文和水动力以及环境变化、生物变化和生态变化等领域的应用。详细阐述了数学模型建立的背景、数学模型的组成和结构以及其数学模型应用的意义。认真掌握生态数学模型的特点和功能以及注意事项。生态数学模型展示了生态系统的演化过程和预测了自然资源可持续利用。通过本书的学习和研究,促进自然资源、环境的开发与保护,推进生态经济的健康发展,加强生态保护和环境恢复。

本书获得贵州民族大学博点建设文库、"贵州喀斯特湿地资源及特征研究"(TZJF - 2011 年 - 44 号)项目、"喀斯特湿地生态监测研究重点实验室"(黔教全 KY 字[2012]003 号)项目、教育部新世纪优秀人才支持计划项目(NCET - 12 - 0659)项目、"西南喀斯特地区人工湿地植物形态与生理的响应机制研究"(黔省专合字[2012]71 号)项目、"复合垂直流人工湿地处理医药工业废水的关键技术研究"(筑科合同[2012205]号)项目、水库水面漂浮物智能监控系统开发(黔教科[2011]039 号)项目、基于场景知识的交通目标行为智能描述(黔科合字[2011]2206 号)项目、水面污染智能监控系统的研发(TZJF - 2011 年 - 46 号)项目、基于视觉的贵阳市智能交通管理系统研究项目、基于信息融合的贵州水资源质量智能监控平台研究项目、贵州民族大学引进人才科研项目([2014]02)、土地利用和气候变化对乌江径流的影响研究(黔教合 KY 字[2014]266 号)、威宁草海浮游植物功能群与环境因子关系(黔科合 LH 字[2014]7376 号)以及国家海洋局北海环境监测中心主任科研基金——长江口、胶州湾、莱州湾及其附近海域的生态变化过程(05EMC16)的共同资助下完成。

此书得以完成应该感谢北海环境监测中心崔文林主任、上海海洋大学李家乐院长和贵州民族大学校长张学立;还要感谢刘瑞玉院士、冯士筰院士、胡敦欣院士、唐启升院士、汪品先院士、丁德文院士和张经院士。诸位专家和领导给予的大力支持,提供的良好的研究环境,成为我们科研事业发展的动力引擎。在此书付梓之际,我们诚挚感谢给予许多热心指点和有益传授的其他老师和同仁。

本书内容新颖丰富,层次分明,由浅入深,结构清晰,布局合理,语言简练,实用性和指导性强。由于作者水平有限,书中难免有疏漏之处,望广大读者批评指正。

沧海桑田,日月穿梭。抬眼望,千里尽收,祖国在心间。

杨东方　王凤友

2015 年 6 月 7 日

目　次

北京土壤墒情的预报模型

1 背景

土壤墒情的变化在不考虑人工管理(如灌溉、翻耕)条件下,主要是由温、风、湿、日照、降雨等气象要素的变化引起的,因此对墒情的预报实质上是针对未来气象要素对土壤水分变化的综合影响进行预报。刘勇洪等[1]依据北京市气象台未来一旬的气象要素预报,根据农田土壤水分平衡原理,应用双作物系数法和Priestley—Taylor模型,对旬末农田水分的盈亏状况进行预测,从而开展土壤墒情等级预报服务。在预报模式中,引入RS和GIS技术,获取当前地表植被覆盖类型、反照率、植被覆盖度、土壤质地、土壤水分特性(田间持水量、容重、凋萎湿度)在空间上的分布,实现点预报向面预报的扩展,从而可实现北京地区空间范围的土壤墒情可视化预报。

2 公式

2.1 墒情预报原理

降水、土壤蒸发、作物蒸腾是农田土壤水分变化的主要影响因素,此外灌溉量也影响着土壤水分变化。农田土壤水分平衡是指一定时间内、一定深度内土壤的水分收支状态,即在任意土壤区域,一定时段内进入的水量与输出的水量之差等于该区域内的储水变化量[2],可以用土壤水分平衡方程表示:

$$W_{n+1} = W_n + P_n + G_n + D_n - R_n - Ea_n - F_n - I_n \tag{1}$$

式中,W_{n+1}为预报时段末($n+1$)的土壤水分预报值,mm;W_n为预报时段初(n)的土壤初始含水量,mm;P_n为预报时段内的降水量,mm;G_n为预报时段内的灌溉量,mm;D_n为预报时段内的地下水补给量,mm;I_n为作物冠层对降水的截留量,mm;Ea_n为预报时段内农田蒸散量,mm;R_n为地表径流,mm;F_n为土层底部的毛管上升水和向下渗漏的水,mm。

针对北京地区,地下水位很低,地下水补给量D_n可忽略不计,即D_n为0;预报时,由于难以掌握灌溉量,一般不考虑灌溉,即G_n为0;由于中国农业气象实时业务不能获取连续土层水分观测资料,且毛管上升水和下渗水量级较小,一般不考虑,即F_n为0。这样,土壤水分平衡方程变为:

$$W_{n+1} = W_n + P_n + R_n - Ea_n - I_n \tag{2}$$

1

即在北京地区,土壤水分预报值 W_{n+1} 主要由预报的土壤初始含水量 W_n、预报时段内的降水量 P_n、地表径流 R_n、农田蒸散量 Ea_n 和作物冠层对降水的截留量 I_n 确定,除降水量 P_n 可直接由气象台的要素预报中直接获取外,其余各分量均要进行计算求取。

2.1.1 土壤初始含水量 W_n

土壤含水率 W(土壤水分占干土质量百分比)与土壤相对湿度 Wr(土壤水分占田间持水量百分比)之间的换算:

$$W = Wf \times Wr \tag{3}$$

将土壤水分换算为水层厚度以毫米(mm)记:

$$W_n = 10 \times h \times d \times W/100 \tag{4}$$

式中,Wf 为田间持水量,土壤水分占干土质量百分比;W_n 为换算后的水层厚度,mm,在预报模型中就是预报时段初(n)的土壤初始含水量,mm;h 为土层厚度,cm;d 为土壤容重,g/cm³。

2.1.2 地表径流 R_n

地表径流 R_n 的计算方法有很多种,这里采用 HobKrogman 方法[3],即:

$$R_n = \begin{cases} 0.1P_n & P_n < 25.4 \\ 2.54 + [(P_n - 25.4) \times 0.5]k & P_n \geqslant 25.4 \end{cases} \tag{5}$$

2.1.3 作物冠层对降水的截留量 I_n

降水截流量 I_n 的大小与植被的疏密状况及降水强度有关,可由下式计算[2]:

$$I_n = \begin{cases} 0.55 \times fc \times P_n \times [0.52 - 0.0085 \times (P_n - 5.0)] & P_n < 17 \\ 1.85 \times fc & P_n \geqslant 17 \end{cases} \tag{6}$$

式中,fc 为植被覆盖度,可由下式计算:

$$fc = 1 - \exp(-0.5 \times LAI) \tag{7}$$

而 LAI(叶面积指数)可由具体作物和发育阶段经验确定[2]。

2.2 农田蒸散 Ea_n 的计算

在这里我们采用最经典也最常用的参考作物系数法[4-6],其中联合国粮农组织(FAO)1998 年推荐的双作物系数法最具代表性,精确度也较高[6]。

参考作物系数法计算农田蒸散的一般公式为:

$$ETp = Kc \times ET_0 \tag{8}$$

式中,ETp 为潜在农田蒸散,也称作物需水量,未考虑水分胁迫、盐度胁迫等因素;Kc 为参考作物系数;ET_0 为参考作物蒸散。FAO 推荐的双作物系数法则以此为基础,考虑了水分胁迫和降雨或灌溉后湿土蒸发对作物系数的影响,发展了采用双作物系数来计算实际农田蒸散 Ea_n 的方法[4],即:

2

$$Ea_n = (Kcb \times Ks + Kw) \times ET_0 \tag{9}$$

式中,Ea_n 为实际农田蒸散;Kcb 为基本作物系数,是表土干燥而根区水分满足作物蒸腾时 ETp/ET_0 的比值;Ks 为水分胁迫因子,反映根区水分不足对作物蒸腾的影响;Kw 为湿土蒸发系数,反映灌溉或降雨后因表土湿润致使土面蒸发强度短期内增加对 Ea_n 的影响。双作物系数方法相当于把实际农田蒸散分为考虑水分胁迫的干燥农田蒸散和湿土表面蒸发两部分。

2.2.1 水分胁迫因子 Ks 的计算

Ks 可采用有效含水量法[4]来计算,即:

$$Ks = \begin{cases} 1 & We \geqslant Wt \\ We/Wt & We < Wt \end{cases} \tag{10}$$

式中,$We = \dfrac{W_n - Wd}{Wf - Wd}$,为土壤有效含水量,%;$Wd$ 为土壤凋萎湿度,mm;Wf 为田间持水量,mm;Wt 为水分临界系数,高于此值表示作物蒸腾不受水分限制,低于此值则表示作物蒸腾受阻,参考有关文献[5],在北京地区暂定 Wt 为 0.75。

2.2.2 湿土蒸发系数 Kw 的计算[4]

湿土蒸发系数 Kw 的计算采用如下方式[4]:

$$Kw = \begin{cases} 0 & Kcb > 1.0 \\ (1 - Kcb) \times (1 - fc) \times f(t) & Kcb \leqslant 1.0 \end{cases} \tag{11}$$

式中,Kw 为湿土蒸发系数;Kcb 为基本作物系数;fc 为植被覆盖度;$f(t)$ 为湿润后经过的时间 t(天数)变化的湿土表面蒸发衰减函数,与土壤质地有关,可根据典型土壤的湿土表面蒸发衰减函数 $f(t)$ 表查询得到[4]。例如砂壤土,湿润后当天 $f(0)$ 为 1,湿润 1 d 后 $f(1)$ 为 0.5,湿润 2 d 后 $f(2)$ 为 0.29,湿润 3 d 后 $f(3)$ 为 0.13,湿润 4 d 后 $f(4)$ 为 0。

2.2.3 参考作物蒸散 ET_0 的计算

参考作物蒸散 ET_0 的计算是农田蒸散的核心,计算方法也很多,其中以 FAO – Penman – Menteith 模式最为常见[7-8],即:

$$ET_0 = \frac{0.408\Delta(Rnet - Gs) + \gamma \dfrac{900}{Ta + 273} u_2(e_s - e_a)}{\Delta + \gamma(1 + 0.34u_2)} \tag{12}$$

式中,ET_0 为日参考作物蒸散,mm;Ta 为 2 m 高度处的平均气温,℃;Δ 为饱和水汽压 – 温度曲线斜率,hPa/K;u_2 为 2 m 高度处的风速,m/s;γ 为干湿表常数,kPa/℃;e_s 为饱和水汽压,kPa;e_a 为实际水汽压,kPa;$Rnet$ 为净辐射,MJ/(m² · d);Gs 为土壤热通量 MJ/(m² · d)。

此方法的各项参数均可从气象观测数据中获取或计算得到,因此在土壤墒情监测中最为实用,但参数中的风速因子 u_2 在预报中不能获取,且风速对 ET_0 影响也较大,不能忽略。因此在实验中采用另一种曾被 FAO 推荐的 Priestley—Taylor 模式来计算预测的参考作物蒸

散 $ET_0^{[2,7-8]}$,即:

$$ET_0 = e \frac{\Delta}{\lambda(\Delta + \gamma)}(Rnet - Gs) \tag{13}$$

式中,λ 为汽化潜热,MJ/kg;e 为常数。Priestley—Taylor 模式仅涉及辐射项,把空气动力项(主要是风速造成)的影响折算为辐射项的 0.26 倍,即一般 e 为 1.26,便于业务预报使用。由于空气动力项在一年四季的变化差异较大,因此在北京地区的墒情预报中,参考有关文献[8]对 e 进行了本地化订正,即每个月采用不同的 e 值,使之更适合实际情况,本预报中采用的 12 个月份的 e 值如下:$e = [1.55, 1.48, 1.55, 1.30, 1.23, 1.15, 1.10, 1.13, 1.15, 1.55, 1.63, 1.70]$。

净辐射 $Rnet$ 的计算采用 FAO-56 中推荐的方法:

$$Rnet = (1-\alpha) \times Rs - \eta \times \left(\frac{T_{max}^4 + T_{min}^4}{2}\right) \times \left(0.34 - 0.14\sqrt{e_a}\right) \times \left(1.35 \times \frac{Rs}{Rs0} - 0.35\right) \tag{14}$$

式中,α 为农田反射率;Rs 为接受的太阳辐射,MJ/(m² · d);η 为斯蒂芬-波尔兹曼常数 $(4.903 \times 10^{-9} \text{MJ} \cdot \text{m}^{-2} \cdot \text{d}^{-1})$;$T_{max}$ 为最高气温,K;T_{min} 为最低气温,K;$Rs0$ 为晴空太阳辐射,MJ/(m² · d)。

1)农田反射率 α 的计算
可采用下式求算[2]:

$$\alpha = \begin{cases} \alpha_s & LAI = 0 \\ 0.23 - (0.23 - \alpha_s) \times \text{Exp}(-0.75 \times LAI) & LAI \neq 0 \end{cases} \tag{15}$$

式中,α_s 为裸地反射率,一般定为 0.15;LAI 为叶面积指数,由各作物发育期经验确定。

2)接收的太阳辐射 Rs 和晴空太阳辐射 $Rs0$ 的计算[2]

$$Rs = \left(a + b \times \frac{n}{N}\right) \times Ra \tag{16}$$

式中,a,b 为常数(FAO 推荐分别为 0.25 和 0.50);n,N 分别为日照时数和可照时数,h;n/N 为日照百分率;Ra 为大气外辐射,MJ/(m² · d)。由于辐射地区差异较大,因此对北京地区,采用本地经验公式[9]:

$$Rs = Ci \times \left(0.18 + 0.55 \times \frac{n}{N}\right) \times Ra \tag{17}$$

即系数 $Ci \times 0.18$ 和 $Ci \times 0.55$ 分别代替了式(16)中的常数 a 和 b,12 个月份的 Ci 值分别为:
$Ci = [1.046, 1.076, 1.067, 1.040, 1.010, 1.002, 0.986, 0.973, 0.984, 1.003, 1.004, 1.053]$

在预报中,由于缺少日照时数的预报,在这采用 FAO 推荐的 Hargreaves 模式[10]来计算 Rs:

$$Rs = Krs \times \sqrt{T_{max} - T_{min}} Ra \tag{18}$$

其中,Krs 为修正系数,在 $0.16 \sim 0.19$,在北京地区取 0.18。

对北京地区而言,晴空太阳辐射 $Rs0$ 采用下式计算:

$$Rs0 = Ci \times (0.18 + 0.55) \times Ra \tag{19}$$

2.3 遥感信息提取技术的嵌入应用

2.3.1 农田反射率 α 的计算

由前面计算过程可知,在计算农田蒸散时,农田反射率是计算净辐射的一个重要参数,对农田蒸散的结果影响较大。在前面的常规方法中是根据叶面积指数经验公式求取的,而叶面积指数是由作物具体发育期经验确定,实际上在不同年份不同空间位置上此值差异较大。而遥感(RS)信息提取技术则能提取实时反射率,从每天接收的 MODIS 250 m 分辨率晴空遥感影像可计算得到反射率(又称反照率)。在这里我们采用有关文献[11]中的方法计算反射率:

$$\alpha = 0.207 \times r1 + 0.244 \times r2 + 0.371 \times r3 + 0.178 \times r4 \tag{20}$$

其中,$r1$、$r2$、$r3$ 和 $r4$ 分别为 MODIS 第一、第二、第三和第四波段的反射率。

2.3.2 植被覆盖度 fc 的计算

在前面的计算中,植被覆盖度 fc 也是一个非常重要的参量,是由叶面积指数经验公式求取,而引入遥感信息提取技术则可实时获取。在这里由 MODIS 250 m 分辨率晴空遥感影像采用植被指数转换模型[11]来进行提取,具体公式为:

$$fc = \frac{NDVI - NDVI_{\min}}{NDVI_{\max} - NDVI_{\min}} \tag{21}$$

式中,fc 为植被覆盖度;$NDVI_{\min}$、$NDVI_{\max}$ 分别为一个生长季内所有图像的最小、最大归一化植被指数值。其中取代表性裸地的 $NDVI$ 均值作为 $NDVI_{\min}$,取高度覆盖的植被 $NDVI$ 均值作为 $NDVI_{\max}$,令小于 $NDVI_{\min}$ 的 fc 值为 0,大于 $NDVI_{\max}$ 的 fc 值为 1。

根据前面计算过程,预测的结果是不同植被类型不同深度的总含水量(mm),结合田间持水量,转化为该土层深度的平均相对湿度 $Wr(\%)$ 后,即可进行农业干旱预报应用。2007 年 5 月上中旬气温显著偏高,降水明显偏少,旱情发生比较严重。5 月 18 日测墒结果与卫星监测表明:本市粮田作物表层土壤轻旱(土壤相对湿度小于 60%)以上面积占总面积的79%,适宜面积仅占 20%,这与 5 月中旬末的墒情等级预测(图1)基本一致。

3 意义

研究在已有土壤墒情预报方法基础上,提出了一种新的土壤墒情预报方法,即根据未来一段时间里的气象要素预报因子来预测土壤水分变化,实现了真正意义上的土壤墒情预报,并引入 RS 和 GIS 技术,获取预报时的北京地区植被类型、反照率、植被覆盖度、土壤质地等重要预报模型参数,初步实现了北京地区空间范围内的土壤墒情可视化预报,在农业

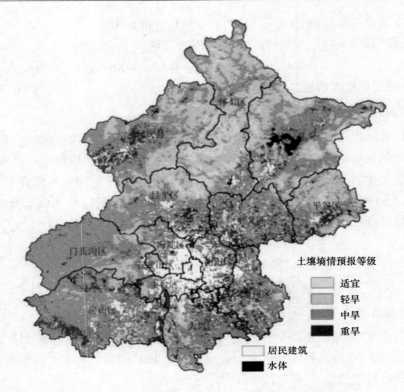

图 1　北京地区 2007 年 5 月中旬末土壤墒情预报等级

气象预报业务方面具有实际意义。开展土壤墒情预报,预测未来旱情发展变化,对于指导农业抗旱减灾具有重要意义。

参考文献

[1]　刘勇洪,叶彩华,王克武,等. RS 和 GIS 技术支持下的北京地区土壤墒情预报技术. 农业工程学报,
　　　2008,24(9):155 – 160.

[2]　王建林,吕厚荃,张国平,等. 农业气象预报. 北京:气象出版社,2005:89 – 109.

[3]　王西平,姚树然. VSMB 多层次土壤水分平衡动态模型及其初步应用. 中国农业气象,1998:19(6):
　　　27 – 31.

[4]　水利部国际合作司,水利部农村水利司,中国灌排技术开发公司. 美国国家灌溉工程手册. 北京:中
　　　国水利水电出版社,1998:59 – 134.

[5]　樊引琴,蔡焕杰. 单作物系数法和双作物系数法计算作物需水量的比较研究. 水利学报,2002,(3):
　　　50 – 54.

[6]　刘钰,Pereira L S. 对 FAO 推荐的作物系数计算方法的验证. 农业工程学报,2006,15(6):26 – 30.

[7]　吕厚荃,钱拴,杨霏云,等. 华北地区玉米田实际蒸散量的计算. 应用气象学报,2003,14(6):

722 - 728.

[8] 杨聪,于静洁,宋献方,等. 华北山区短时段参考作物蒸散量的计算. 地理科学进展,2004,23(6):71 - 80.

[9] 北京市气象局气候资料室. 北京城市气候. 北京:气象出版社,1992:65 - 94.

[10] 刘晓英,李玉中,王庆锁. 几种基于温度的参考作物蒸散量计算方法的评价. 农业工程学报,2006,22(6):12 - 18.

[11] 刘振华,赵英时,宋小宁. MODIS 卫星数据地表反照率反演的简化模式. 遥感技术与应用,2004,19(6):508 - 511.

土壤的剥蚀率计算

1 背景

以前的研究表明,土壤剥蚀率是水力参数和土壤参数的函数,而水力参数多以水流剪切力、水流功率、单位水流功率和单宽能耗来描述,究竟何种水力参数能准确地描述十分复杂的径流剥离土壤的过程,需要进一步深入研究。鉴于此,为了得到土壤剥蚀率与水蚀因子确切表达式,王瑄等[1]运用逐步回归分析方法,在系统的径流冲刷试验观测的基础上,对坡度、流量、单宽能耗、水流剪切力、水流功率和单位水流功率等侵蚀动力因子与土壤剥蚀率的关系进行分析,确定影响土壤剥蚀率的主要侵蚀动力因子,提出土壤剥蚀率的预测方程。

2 公式

2.1 土壤剥蚀率和单一水蚀因子的关系计算

2.1.1 土壤剥蚀率与流量、坡度

坡面水蚀过程的土壤剥蚀率为单位时间、单位面积上土体在侵蚀动力的作用下被剥蚀掉的土壤颗粒的量。即每分钟径流的泥沙量除以相应径流宽度和试验坡长,将两次重复试验计算的土壤剥蚀率取平均值,即为相应不同坡度和流量下土壤剥蚀率 D_r,其误差低于 5%,其计算结果如表 1 所示。

表 1   土壤剥蚀率计算结果 单位:g·m^{-2}·s^{-1}

坡度 /(°)	流量/L·min^{-1}					$F_{流量}$	$F_{0.01}$
	2.5	3.5	4.5	5.5	6.5		
9	14.17	23.52	36.29	50.70	48.75		
12	25.41	33.03	32.19	67.80	67.00		
15	22.38	27.23	46.54	44.70	77.67	13.36	4.10
18	25.08	42.06	31.10	55.45	120.42		
21	69.90	79.94	128.03	107.73	189.04		
24	36.96	89.93	127.32	73.81	150.86		
$F_{流量}$			12.28				
$F_{0.01}$			4.45				

对表 1 中土壤剥蚀率坡度和流量进行双因素方差分析,其结果列入表 1。从表 1 中可以看出流量和坡度对土壤剥蚀率的影响都是极显著的。$F_{流量}(13.36)$ 大于 $F_{坡度}(12.28)$,说明流量对土壤剥蚀率的影响大于坡度。

表 1 的数据经回归分析,可拟合得到土壤剥蚀率与流量、坡度的关系:

$$D_r = 0.4S^{1.15}Q^{1.2}, \quad R^2 = 0.77 \tag{1}$$

式中,D_r 为土壤剥蚀率,$g/(m^2 \cdot s)$;S 为坡度,°;Q 为流量,L/min。

式(1)经 F 检验,$F(13.5)$ 大于 $F_{(2,27)}^{0.01}(5.49)$,可见土壤剥蚀率与流量、坡度之间的关系是显著相关的,可以用流量和坡度来预测土壤剥蚀率。

2.1.2 土壤剥蚀率与水流剪切力

水流剪切力是沿着坡面梯度方向运动的水流在其运动方向上产生的一个作用力,即径流冲刷动力。Foster 等[2]提出了水流剪切力计算式:

$$\tau = \gamma R S_f \tag{2}$$

式中,τ 为水流剪切力,Pa;γ 为水的容重,N/m^3;R 为水力半径,m;S_f 为能坡,$S_f = tgS$,无量纲。

根据流量、相对应的径流宽和流速的观测值就可计算出水力半径 R,根据式(2)计算出剪切力,其计算结果如表 2 所示。

从表 2 可以看出,相同坡度情况下,土壤剥蚀率随着流量、水流剪切力、水流功率和单宽能耗的增大而增大,土壤剥蚀率随单位水流功率变化不明显。相同流量情况下,土壤剥蚀率随着各影响因子的增加而增加。

根据表 2 中土壤剥蚀率与水流剪切力数值,经回归分析可得出土壤剥蚀率与水流剪切力之间的关系式为:

$$D_r = 2.05\tau^{1.70} \quad (R^2 = 0.908, \quad 9° < S < 24°) \tag{3}$$

对式(3)进行 F 检验可得:$F(277.80)$ 大于 $F_{1,28}^{0.01}(7.64)$,这表明土壤剥蚀率与水流剪切力之间关系是显著相关的,因此,可以用水流剪切力来预测土壤剥蚀率。

2.1.3 土壤剥蚀率与水流功率

Bagnold[3]提出水流功率的概念,即单位面积水体的水流功率,其表达式为:

$$\omega = \gamma q S_f = \gamma h V S_f = \tau V \tag{4}$$

式中,ω 为水流功率,$N/(m \cdot s)$;q 为单宽流量,$q = \dfrac{Q}{b}$,m^2/s,b 为径流宽,m;h 为水深,m;V 为平均流速,m/s。

根据实测流速和相应剪切力值由式(4)可计算出相应的水流功率 ω,其计算结果如表 2 所示。对表 2 中土壤剥蚀率和水流功率的数据进行回归分析可得如下关系式:

$$D_r = 28.30(\omega - 0.344) \quad (R^2 = 0.945, \quad 9° \leqslant S \leqslant 24°) \tag{5}$$

从式(5)中可得到土壤剥蚀率系数 K 为 28.30 g/(N·m);土壤剥蚀的临界水流功率 ω_0 为 0.344 N/(m·s),只有水流功率大于土壤剥蚀的临界水流功率才发生土壤剥蚀。经 F 检验表明,$F(439)$ 大于 $F_{(1,28)}^{0.01}$(7.64),可见土壤剥蚀率与水流功率之间关系为显著相关的,因此,可以用水流功率来预测土壤剥蚀率。

2.1.4 土壤剥蚀率与单位水流功率关系

单位水流功率被 Yang 和 Song[4] 定义为作用于泥沙床面的单位重量水体所消耗的功率,其表达式为:

$$P = VS_f \tag{6}$$

式中,P 为单位水流功率,m/s。

根据实测流速和相应的能坡度由式(6)可以计算出单位水流功率,其计算结果如表2所示。对表2中土壤剥蚀率与单位水流功率数值进行回归分析得:

$$D_r = -47011p^3 + 19614p^2 - 1827.2p + 83.54$$

$$(R^2 = 0.52, \quad 9° < S < 24°) \tag{7}$$

对式(7)进行 F 检验,得出 $F(31.57)$ 大于 $F_{(1,28)}^{0.01}$(7.64),可见土壤剥蚀率与单位水流功率之间呈显著相关。

2.1.5 土壤剥蚀率与单宽能耗关系

坡面水流冲刷、挟带土壤颗粒以及流体内部紊动、混掺等,损耗了一部分水流的能量,利用能量守恒定律可得出水流自坡面顶端到坡面上任意断面 X 之间的能量损耗。李占斌等[5] 等提出单宽能耗(单位径流宽度内能量的损耗)可以用下式计算:

$$\Delta E_{耗} = \int_0^T \int_0^L \left[\rho q g L \sin S + \frac{1}{2} \rho q V_1^2 - \frac{1}{2} q' \rho V_X^2 - q' \rho g (L - X) \sin S \right] dL dT \tag{8}$$

式中,$\Delta E_{耗}$ 为坡面径流出口处在整个试验过程中消耗的能量,J/(min·cm);L 为试验坡段的长度,m;V_1 为坡面顶端处的流速,m/s;V_X 为坡面任意一点到坡顶距离为 X 处的平均流速,m/s;T 为试验所持续的时间,min。

由式(8)和已知的各参数,可以计算出不同流量和坡度条件下的单宽能耗 $\Delta E_{耗}$,其计算结果如表2所示。

表2 土壤剥蚀率与水蚀因子的计算结果

坡度/ (°)	流量/ L·min^{-1}	水流剪切力/Pa	水流功率/ N·m^{-1}·s^{-1}	单位水流功率/ m·s^{-1}	单宽能耗/ J·min^{-1}·cm^{-1}	剥蚀率/ g·cm^{-2}·s^{-1}
9	2.50	3.78	0.84	0.04	3.65	14.17
9	3.50	4.15	1.08	0.04	4.47	23.52
9	4.50	5.67	1.33	0.04	5.68	36.29
9	5.50	6.60	1.45	0.03	6.29	50.70

	坡度/ (°)	流量/ L·min⁻¹	水流剪切力/Pa	水流功率/ N·m⁻¹·s⁻¹	单位水流功率/ m·s⁻¹	单宽能耗/ J·min⁻¹·cm⁻¹	剥蚀率/ g·cm⁻²·s⁻¹
	9	6.50	7.15	1.71	0.04	7.24	48.75
	12	2.50	5.15	1.21	0.05	5.17	25.41
	12	3.50	5.85	1.39	0.05	5.73	33.03
	12	4.50	5.29	1.43	0.06	6.12	32.19
	12	5.50	9.18	2.32	0.05	10.22	67.80
	12	6.50	9.26	2.49	0.06	10.44	67.00
	15	2.50	3.32	1.12	0.09	4.50	22.38
	15	3.50	5.29	1.63	0.08	6.79	27.23
	15	4.50	7.22	2.23	0.08	9.37	46.54
	15	5.50	6.74	2.23	0.09	9.30	44.70
	15	6.50	7.22	2.46	0.09	9.95	77.67
	18	2.50	4.45	1.45	0.11	5.54	25.08
	18	3.50	6.07	2.11	0.11	8.26	42.06
	18	4.50	5.04	1.77	0.11	6.49	31.10
	18	5.50	6.15	2.39	0.13	9.26	55.45
	18	6.50	11.17	4.34	0.13	17.19	120.42
	21	2.50	10.52	3.25	0.12	13.71	69.90
	21	3.50	8.60	3.33	0.15	12.64	79.94
	21	4.50	9.98	4.26	0.16	16.63	128.03
	21	5.50	10.30	4.11	0.15	16.40	107.73
	21	6.50	15.06	6.64	0.17	26.67	189.04
	24	2.50	6.45	2.31	0.16	10.20	36.96
	24	3.50	9.24	3.65	0.18	14.09	89.93
	24	4.50	11.46	4.96	0.19	19.56	127.32
	24	5.50	8.56	3.68	0.19	18.56	73.81
	24	6.50	13.88	5.89	0.19	23.23	150.86
F	37.07	58.54	52.45	62.22	67.46	46.17	
决定系数 R^2	0.37	0.32	0.91	0.945	0.49	0.91	1
	0.35	0.32	1	0.90	0.41	0.90	0.91
	0.55	0.23	0.90	1	0.66	0.98	0.945
	0.96	0.013	0.41	0.66	1	0.66	0.49
	0.55	0.24	0.90	0.98	0.66	1	0.91

注:$F_{0.01} = 7.09$。

对表 2 中的土壤剥蚀率和单宽能耗的数据进行回归分析,可得出土壤剥蚀率随单宽能耗之间关系式：

$$D_r = 6.95(\Delta E_耗 - 1.45) \quad (R^2 = 0.91, \quad 9° < S < 24°) \tag{9}$$

式中，$\Delta E_耗$ 为单宽能耗，$J/(min \cdot cm)$。

2.2 土壤剥蚀率与水蚀因子逐步回归分析

关系式(1)的土壤剥蚀率预测公式与式(5)相同，该预测公式与 Elliot、王瑄等[6]和管新建等[7]的结论是一致的，与蔡强国的研究结论不同，蔡强国认为径流剥离率与水流功率呈幂函数关系，同时土壤抗剪强度对径流剥离能力存在影响，这一结论是在野外试验条件下得出的，试验条件是否对土壤剥蚀率与水流功率关系式有影响还需要进一步研究。

关系式(2)和关系式(3)的土壤剥蚀率预测公式分别为式(10)、式(11)：

$$D_r = 11.22 + 34.01\omega - 2.18S \quad R^2 = 0.977 \tag{10}$$

$$D_r = 11.80 + 46.23\omega - 2.13S - 3.12\Delta E_耗 \quad R^2 = 0.98 \tag{11}$$

3 意义

土壤的剥蚀率计算表明，土壤剥蚀率和各水蚀因子都显著相关，土壤剥蚀率与坡度和流量呈幂函数关系($R^2 = 0.77$)，土壤剥蚀率与水流剪切力呈幂函数关系($R^2 = 0.908$)，土壤剥蚀率随着水流功率的增加呈线性增加($R^2 = 0.945$)，土壤剥蚀率和单宽能耗呈线性关系($R^2 = 0.91$)，土壤剥蚀率与单位水流功率呈三次方关系($R^2 = 0.52$)；坡度和水流功率是影响土壤剥蚀率的主要因素。

参考文献

[1] 王瑄,李占斌,尚佰晓,等. 坡面土壤剥蚀率与水蚀因子关系室内模拟试验. 农业工程学报,2008,24(9):22 – 26.

[2] Foster G R, Huggins L F, Meyer L D. A laboratory study of rill hydraulics, Ⅱ. Shear stress relationships. Transactions of the ASAE,1984,27(3): 797 – 804.

[3] Bagnold R. An approach to the sediment transport problem from general physics(R),U S Geol. Surv. Prof. Paper,1966.

[4] Yang CT,Song CCS. Theory of minimum rate of energy dissipation. Hydraul Div Am Soc Civ Eng,1979,105(7): 769 – 784.

[5] 李占斌,鲁克新,丁文峰. 黄土坡面土壤侵蚀动力过程实验研究. 水土保持学报,2002,16(2):5 – 7,49.

[6] 王瑄,李占斌,李雯,等. 土壤剥蚀率与水流功率关系室内模拟实验. 农业工程学报,2006,22(2):185 – 187.

[7] 管新建,李占斌,王民,等. 坡面径流水蚀动力参数室内试验及模糊贴近度分析. 农业工程学报,2007,23(6):1 – 6.

蔬菜清洗机的清洗模型

1 背景

　　清洗设备已广泛应用于各类蔬菜加工生产中,但检索国内外相关文献,仅见美国文献中涉及蔬菜清洗耗水量问题[1]。中国蔬菜加工业的发展较发达国家落后。蔬菜清洗过程中最大的消耗资源是水,耗水量不仅与清洗方式有关,也与用水模式有关。为研究耗水量与蔬菜清洗用水模式的关系,王莉[2]在蔬菜清洗试验结果的基础上,提出了针对清洗机设备耗水量的科学评价方法,通过设计多种蔬菜清洗用水模式,采用理论分析的方法,对清洗过程中清洗水浊度的变化规律建立了数学模型,分析计算了清洗不同脏污程度蔬菜需要的耗水量。

2 公式

2.1 蔬菜清洗耗水量的计算

2.1.1 清洗水的浊度和浊度比变化率的概念

　　由于水中含有悬浮及胶体状态的微粒使得无色透明的水产生浑浊现象,其浑浊的程度称为浊度。浊度是一种光学效应,是光线透过水层时受到阻碍的程度,表示水层对光线散射和吸收的能力,它不仅与悬浮物的含量有关,还与水中杂质的成分、颗粒大小、形状及其表面的反射性能有关。国际上通用的浊度度量单位为 NTU。

　　蔬菜清洗实验室试验结果表明[3],清洗水的脏污程度与待洗蔬菜的脏污程度和蔬菜清洗量密切相关。在清洗脏污程度一定的蔬菜时,如果蔬菜上携带的泥沙全部进入到水中,清洗水浊度与蔬菜清洗量线性相关,即:用一定量的水清洗同等脏污程度的蔬菜时,清洗水浊度随蔬菜清洗量按照一定比率变化。这个比率可以定义为:一定水量下,浊度随清洗蔬菜量的变化率,简称为浊度变化率,可表示为:

$$K = \frac{\Delta T}{m} \tag{1}$$

式中,K 为浊度变化率,NTU/kg;ΔT 为清洗水浊度变化量,NTU;m 为清洗蔬菜的质量,kg。

　　如果用清洗水浊度变化量除以单位体积水清洗的蔬菜量,可以得到浊度随单位体积水清洗蔬菜量的变化率,研究简称为浊度比变化率,可表示为:

$$k = \frac{\Delta T}{\dfrac{m}{V}} \tag{2}$$

式中,k 为蔬菜浊度比变化率,NTU/$(\mathrm{kg} \cdot \mathrm{L}^{-1})$;$V$ 为清洗水量,L。

从式(1)和式(2)可以得到清洗水浊度变化率与蔬菜浊度比变化率的关系:

$$K = \frac{k}{V} \tag{3}$$

2.1.2 蔬菜清洗耗水量

蔬菜清洗耗水量的科学评价并非用单一的水使用量指标就能得到解决,它不仅与蔬菜种类、脏污程度、清洗工艺密切相关,也与清洗用水模式以及清洗后蔬菜的产品要求有关。蔬菜种类、脏污程度和清洗后蔬菜的产品要求直接影响耗水的绝对量,而清洗工艺和清洗模式的不同可能会使耗水量有所改变,这也是蔬菜清洗过程减少水消耗量的可利用因素。

蔬菜清洗耗水量的评价参数通常采用单位质量耗水量。单位质量耗水量指清洗一定量蔬菜的总耗水量与清洗的蔬菜总量之比。总耗水量为清洗槽的初始水量与过程补充水量之和。总耗水量和单位质量耗水量可以用式(4)和式(5)表示。

$$V_s = n'V_0 + nV_p \tag{4}$$

$$\xi = \frac{V_s}{m_s} \tag{5}$$

式中,V_s 为设备总耗水量,L;V_0 为单个清洗槽的初始水量,L;n' 为设备清洗槽的个数;V_p 为清洗过程中逐次补水量,L;n 为清洗过程中补水次数;ξ 为单位质量耗水量,L/kg;m_s 为清洗蔬菜的总质量,kg。

2.2 不同用水模式的耗水量计算

2.2.1 蔬菜带水率与补水率

在清洗蔬菜的过程中,每批次蔬菜出水时都要带走一定量的水。由于蔬菜带走水量与蔬菜的质量成正比,可以用蔬菜带水率来表示,蔬菜带水率指蔬菜出水时单位质量带走水的体积量。蔬菜带水率可表示为:

$$q = \frac{V_q}{m_0} \tag{6}$$

式中,q 为蔬菜带水率,L/kg;m_0 为蔬菜逐次投放量,kg;V_q 为蔬菜带走水量,L。

为方便计算,引入补水率的概念。补水率指清洗单位质量蔬菜向清洗槽中补充水的体积量,符号用 q_p 表示,单位为 L/kg。那么,补水量 $V_p(L)$ 可表示为:

$$V_p = q_p m_0 \tag{7}$$

2.2.2 单槽模式清洗水浊度的变化规律

蔬菜的清洗过程和补水过程都会使清洗水的浊度发生变化。清洗过程浊度的变化是

14

由于蔬菜上的泥沙进入造成的,补水过程清洗水的浊度变化是由于新水对于脏污水稀释的结果。为简化分析计算,假设清洗过程和补水过程是分步完成的,即:蔬菜投入槽中清洗—蔬菜从槽中取出—向槽中补充水—再次投入蔬菜清洗。假设蔬菜逐次投放量和每次补充的水量均为常量,并且补充新水的浊度为0。

根据式(1)和式(3),清洗各批次蔬菜后,水的浊度变化可以表示为式(8),每批次补充新水 $q_p m_0$ 后水的浊度为式(9)。

$$T_{w(i)} = T_{m(i-1)} + k \frac{m_0}{V_0} \tag{8}$$

$$T_{m(i)} = T_{w(i)} \frac{V_0 - q_p m_0}{V_0} \tag{9}$$

式中,$T_{w(i)}$ 为清洗第 i 批次蔬菜后水的浊度,NTU;$T_{m(i)}$ 为第 i 次补充新水后水的浊度,NTU。

2.2.3 多槽模式清洗水浊度的变化规律

以四槽模式清洗蔬菜为例,初级清洗槽为 a,以后各级清洗槽依次为 b、c、d。假设由于清洗蔬菜进入各槽的污物比例分别为 λ_a、λ_b、λ_c 和 λ_d,而 $\lambda_a + \lambda_b + \lambda_c + \lambda_d = 1$,新水的浊度为0,各槽的初始水量均为 V_0。与单槽时的假设相同,分为清洗过程和补水过程逐步分析,各清洗槽第 i 批次清洗蔬菜后水的浊度分别为 $T_{aw(i)}$、$T_{bw(i)}$、$T_{bm(i)}$、$T_{cm(i)}$ 和 $T_{dm(i)}$。

初级清洗槽清洗过程水浊度的变化,只是由于蔬菜携带的泥沙造成的,其变化规律与单槽相同。而 b、c、d 槽水的浊度的变化,不仅与蔬菜携带的泥沙有关,还与随蔬菜一同带入的前级清洗水的浊度有关,因此其变化要考虑两个增加量。a 槽、d 槽清洗蔬菜后的浊度变化规律见式(10)、式(11),b 槽、c 槽与 d 槽相同。

$$T_{aw(i)} = T_{am(i-1)} + \lambda_a k \frac{m_0}{V_0} \tag{10}$$

$$T_{dw(i)} = T_{dm(i-1)} \frac{V_0 - q m_0}{V_0} + T_{cw(i)} \frac{q m_0}{V_0} + \lambda_d k \frac{m_0}{V_0} \tag{11}$$

补水过程可能有不同情况,可以向最后一级槽补充新水,也可以向后两级或几级槽都补充新水,各槽补水量可以相同也可以不同。现在就最后一级槽补充新水和后三槽等量补充新水两种情况分别进行讨论。

最后一级槽补充新水时,d 槽水浊度变化完全取决于新水的稀释作用,而其他三槽水的浊度变化则是由于前一槽进入水与其混合,变化规律见式(12)和式(13),b 槽、c 槽与 a 槽相同。

$$T_{am(i)} = T_{aw(i)} \frac{V_0 - q_p m_0}{V_0} + T_{bm(i-1)} \frac{q_p m_0}{V_0} \tag{12}$$

$$T_{dm(i)} = T_{dw(i)} \frac{V - q_p m_0}{V_0} \tag{13}$$

对于后三槽等量补充新水的情况,由于 b 槽、c 槽、d 槽都只有新水进入,其变化规律与式(13)相同。a 槽由于后三槽的水都进入,所以变化规律相当于 4 种浊度的水进行混合,其规律见式(14)。

$$T_{am(i)} = T_{aw(i)} \frac{V_0 - 3q_p m_0}{V_0} + T_{bm(i-1)} \frac{q_p m_0}{V_0} + T_{cm(i-1)} \frac{q_p m_0}{V_0} + T_{dm(i-1)} \frac{q_p m_0}{V_0} \tag{14}$$

2.2.4 不同用水模式的耗水量计算方法

假设蔬菜完成清洗时清洗水的浊度限定值为 T_{xz},不同用水模式的耗水量计算方法如下。

1)模式一

清洗过程仅维持初始水量,需要补充水量与带走水量相同。清洗水浊度达限定值 T_{xz} 时,已清洗 i 批次蔬菜,此时单位质量耗水量为:

$$\xi = \frac{V_0 + (i - 1)q m_0}{i m_0} \tag{15}$$

2)模式二

清洗过程中,补充水量 $q_p m_0$ 要维持清洗槽水浊度在限定值 T_{xz} 以下,给定限定值后,q_p 可计算求得。总耗水量为初始水量与补水量的总和,因此单位菜量耗水量随蔬菜清洗量变化,清洗 i 批次蔬菜后,单位质量耗水量为:

$$\xi = \frac{V_0 + (i - 1)q_p m_0}{i m_0} \tag{16}$$

3)模式三

与单槽清洗时类似,清洗模式三的补水量仅满足蔬菜带走水量,4 槽清洗 i 批次后,清洗水浊度达限定值 T_{xz},此时单位质量耗水量为:

$$\xi = \frac{4V_0 + (i - 1)q m_0}{i m_0} \tag{17}$$

4)模式四

该模式在给定 d 槽水浊度的限定值 T_{xz} 后,可计算求得补充水量 q_p,按照该补充水量补水,清洗 i 批次蔬菜后的单位质量耗水量可用式(18)计算。

$$\xi = \frac{4V_0 + (i - 1)q_p m_0}{i m_0} \tag{18}$$

5)模式五

同模式四,可计算求得补充水量 q_p,按照该补充水量补水,该模式不同于模式四的是 a 槽、b 槽、c 三槽等量补水,清洗 i 批次蔬菜后的单位质量耗水量可用式(19)计算。

$$\xi = \frac{4V_0 + 3(i - 1)q_p m_0}{i m_0} \tag{19}$$

模式一和模式二的清洗水浊度随清洗量的变化见图 1,单位质量耗水量与清洗量的关系见图 2。模式三、模式四和模式五的 d 槽清洗水浊度随清洗量的变化见图 3,单位质量耗水量与清洗量的关系见图 4。

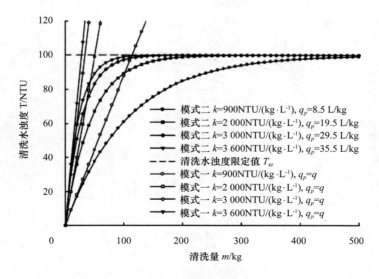

图1　单槽清洗时清洗水浊度变化

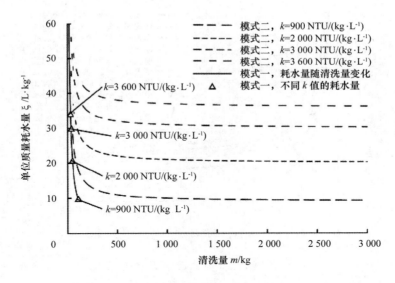

图2　单槽清洗耗水量与清洗量的关系

3　意义

经研究分析计算可以看出,蔬菜脏污程度不同,耗水量也不同,蔬菜越脏,耗水量越大。多槽清洗方式与单槽清洗方式相比,可大大节约耗水,蔬菜越脏表现得越突出。四槽清洗

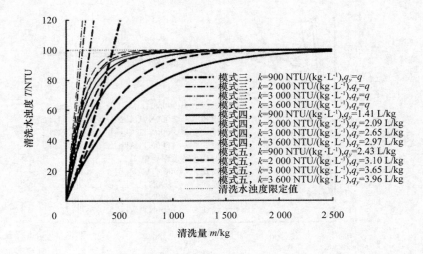

图3 四槽清洗时槽清洗水浊度变化

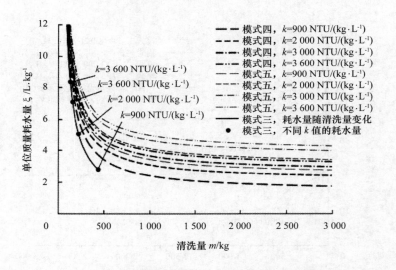

图4 四槽清洗时耗水量与清洗量的关系

方式与单槽清洗方式比较,只要蔬菜清洗量达到 200 kg,即可节水 45% 以上。四槽清洗模式不同补水方式进行比较,d 槽补水方式比三槽等量补水方式更省水,对同等脏污程度蔬菜而言,清洗量越大,越能节省用水,可节水 11% ~ 37% 。可见,减少水资源浪费是各行业都需要重视的问题,蔬菜清洗过程的水资源节约同样不可忽视。

参考文献

［1］ Wright M E,Hoehn R C. Minimization of water use in leafy vegetable washers. Agricultural Engineering Department &Civil Engineering Department Virginia Polytechnic Institute and State University,1977.

［2］ 王莉. 蔬菜清洗机不同清洗模式的节水比较. 农业工程学报,2008,24(9):103 – 107.

［3］ 王莉,丁小明. 淹没水射流方式清洗蔬菜的探索研究. 农业工程学报,2007,23(12):124 – 130.

农产品的光学无损测量方程

1　背景

2006 年 Zerbini 等报道了用时间分辨光谱测量光学参数并进行水果分级的尝试[1],但此方法成本高、操作困难,难以推广到应用中。因此,刘志存等[2]基于光子输运理论,针对农产品强散射介质的特点,采用光子输运方程的漫射近似理论,从其解的形式出发,进行以稳态空间分辨光谱技术(图 1)为基础的农产品光学参数无损测量方法的研究,设计了农产品光学参数的无损检测装置,用以获得吸收系数和约化散射系数等光学参数。通过对散射与吸收的标准液体模型(Intralipid – 10% 溶液与 Evan's blue 溶液)在波长 750 nm 处的光学参数的测量,对系统进行了测试校准。

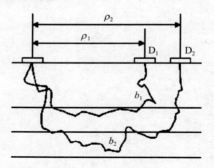

图 1　稳态空间分辨检测方法示意图

D1 和 D2 为检测器,ρ_1 和 ρ_2 分别为光源到检测器 D1 和 D2 的距离,b_1 和 b_2 分别为从光源 LED 发出的光经组织吸收、散射后到达检测器 D1 和 D2 的平均光学路径

2　公式

2.1　光子输运理论

光子输运理论描述了光能量在组织样品中的传播行为,设生物组织及农产品样品为均匀的散射、吸收体,光子输运方程[3]为:

$$\frac{\partial L(r,\check{s},t)}{c\partial t} = -\check{s}\,\nabla L(r,\check{s},t) - \mu_t L(r,\check{s},t) + \mu_s \int_{4\pi} L(r,\overrightarrow{s'},t) P(\check{s},\overrightarrow{s'})\,\mathrm{d}\Omega' + \Omega(r,\check{s},t) \tag{1}$$

20

式中，$\mu_t = \mu_s + \mu_a$，μ_a 为组织的吸收系数，mm^{-1}；μ_s 为组织的散射系数，mm^{-1}；$L(r,\check{s},t)$ 为光源辐射在 r 处 $\check{s}$ 方向单位立体角内的能量，即辐射强度，$W(/m^2 \cdot sr)$；$P(\check{s},\vec{s'})$ 为散射相位函数，表示 $\check{s}$ 方向的光子散射到 $\vec{s'}$ 方向的概率密度；$\Omega(r,\check{s},t)$ 为光源函数。

光子输运方程是描述辐射传输通过介质时与介质发生相互作用（吸收、散射等）而使辐射能按一定规律传输的方程。从式（1）可知，光子输运方程是一个积分微分方程，这种积分形式很难直接应用，可以通过近似和数值方法求解。

2.2 漫射近似理论

光子输运理论的近似方法主要有：一级散射近似、Kubelka – Munk 的二流理论、漫射近似理论。

由于农产品是多组分的强散射物质，满足漫射近似条件，可以采用漫射近似理论进行光子输运方程的求解。漫射近似理论假设漫射强度是光子同许多粒子相互作用得到的，在各个方向上的散射几乎是均匀的。生物组织及农产品样品大多为混浊介质，能够满足漫射近似理论的粒子密度要求，所以光在生物组织及农产品样品内传播时以多次散射效应为主导，光学无损检测的光子传输满足漫射近似条件。

根据漫射近似理论由式（1）得漫射近似方程：

$$\frac{\partial L_0(r,\check{s},t)}{c\partial t} - D\nabla^2 L_0(r,\check{s},t) + \mu_a L_0(r,\check{s},t) = \Omega_0(r,\check{s},t) \tag{2}$$

式中，$D = \dfrac{1}{3(\mu_a + \mu'_s)}$，$D$ 称为漫射系数；$\mu'_s = (1-g)\mu_s$ 称为约化散射系数；g 为各向异性因子；其中 $\Omega_0(r,\check{s},t)$ 为各向同性点光源：$L_0(r,\check{s},t) = \int_{4\pi} d\Omega L(r,\check{s},\Omega,t)$。

这里只讨论稳态情况下漫射方程的求解，此时入射光强为恒定值（一般假设其为单位强度）；因此式中各项均与时间无关，从而稳态漫射方程的描述用式（3）来表示：

$$\nabla^2 \psi(r) - K^2\psi(r) = -S_0(r)/D \tag{3}$$

式中，$\Psi(r)$ 为光能流率，mW/cm^2；$S_0(r)$ 为光源；r 为光源到检测器之间的距离。

漫射近似方程在不同的边界条件下，对大多数实际问题均可得到解析解，目前比较通用的有部分流边界条件解、零边界条件下的解、外推边界条件下的解等[4]。根据农产品光学参数测量的实际问题，对外推边界条件下的解做简要介绍。

外推边界条件假设在介质外，离介质一定距离处，光的平均漫射强度为零。利用外推边界，采用镜像法求解式（3），并给出半无限大均匀介质光能流率 $\Psi(\rho,z_0)$ 和表面漫射率 $R(\rho)$ 的表达式，分别如式（4）、式（5）所示。

$$\psi(\rho.z_0) = \frac{e^{-\mu_{eff}r_1}}{4\pi Dr_1} - \frac{e^{-\mu_{eff}r_2}}{4\pi Dr_2} \tag{4}$$

$$R(\rho) = \frac{1}{4\pi\mu_t}\left[\left(\mu_{eff} + \frac{1}{r_1}\right)\frac{e^{-\mu_{eff}r_1}}{r_1} + \left(\frac{4}{3}A + 1\right)\left(\mu_{eff} + \frac{1}{r_2}\right)\frac{e^{-\mu_{eff}r_2}}{r_2^2}\right] \tag{5}$$

有效衰减系数:$\mu_{eff} = \sqrt{3\mu_a(\mu_a + \mu'_s)}$,$\mu_t = \mu_a + \mu'_s$。

由于 $\mu'_s \gg \mu_a$,$\mu_{eff} = \sqrt{3\mu_a\mu'_s}$,有:

$$r_1 = \sqrt{\left(\frac{1}{\mu_t}\right)^2 + \rho^2}$$

$$r_2 = \sqrt{\left(\frac{\frac{4}{3}A + 1}{\mu_t}\right)^2 + \rho^2} \tag{6}$$

$$A = \frac{1 + r_d}{1 - r_d} \tag{7}$$

$$r_d = -1.44m^2 + 0.71m^{-1} + 0.668 + 0.063m , m = \frac{n_t}{n_a} \tag{8}$$

$$\mu'_s = \mu_s(1 - g) \tag{9}$$

式中,μ_{eff} 为有效衰减系数;n_t 为生物组织的折射率;n_a 为空气折射率;ρ 为光源中心点到检测器中心点之间的距离;μ'_s 为约化散射系数。

3   意义

农产品的光学无损测量方程表明,系统稳定、可靠,并且检测得到组织的光学参数与文献报道的理论值一致。首次应用基于稳态空间分辨光谱方法测量了富士苹果样品的光学参数,检测结果约化散射系数为 $(0.977\ 11 \pm 0.191\ 858)\,\text{mm}^{-1}$,吸收系数为 $(0.003\ 21 \pm 0.000\ 76)\,\text{mm}^{-1}$;同时测量了番茄样品,其约化散射与吸收系数分别为 $(1.134\ 5 \pm 0.227\ 49)\,\text{mm}^{-1}$,$(0.001\ 40 \pm 0.000\ 45)\,\text{mm}^{-1}$;稳态空间分辨光谱方法较时间分辨光谱 TRS 方法更适合应用在果蔬生产检测中。

参考文献

[1] Zerbini P E,Vanoli M,Grassi M,et al. A model for the softening of nectarines based on sorting fruit at harvest by time – resolved reflectance spectroscopy. Postharvest Biology and Technology,2006,39(3):223 – 232.

[2] 刘志存,王忠义,黄岚,等. 用稳态空间分辨光谱技术检测农产品光学参数的研究及应用. 农业工程学报,2008,24(9):115 – 120.

[3] Ishimaru A. Wave propagation and scattering in randommedia. Academic Press,1978.

[4] Farrell T J,Patterson M S,Wilson B C. A diffusion theory model of spatially resolved,steady – state diffuse reflectance for the noninvasive determination of tissue optical properties in vivo. Medical Physics,1992,19:879 – 888.

香蕉树的蒸散量公式

1 背景

涡度相关法(eddy covariance method)是一种直接测定蒸散量的方法,且不破坏作物的生长环境,现在已经广泛地应用于测定森林生态系统、农田生态系统和湿地生态系统等的辐射平衡、水循环和碳循环[1-7]。涡度相关法测定时需要一定大小的风浪区(fetch),一般风浪区的大小和仪器的安装高度之比不能小于100∶1[8]。但是网室一般较小,很难达到风浪区的要求。然而 Moller 等[9]研究认为涡度相关法可以用来测定网室内作物的蒸发量,如他们研究发现网室内用涡度相关法和茎液流法测定的甜椒蒸散量差异不显著。刘海军等[10]为了研究涡度相关法测定网室内香蕉树蒸散量,对其研究的涡度相关法和网室内辐射平衡进行了模型分析。

2 公式

2.1 涡度相关法

涡度相关法可测定垂直水汽通量和感热通量,计算公式如下[9,5]。

水汽通量(潜热通量):

$$LE = Lv \overline{w'q'} \tag{1}$$

感热通量:

$$H = \rho_a c_p \overline{w'T'} \tag{2}$$

式中,LE 为冠层潜热通量或者作物蒸散量,W/m^2;H 为冠层感热通量,W/m^2;Lv 为汽化潜热,2.45 MJ/kg;ρ_a 为空气密度,kg/m^3;c_p 为常压下空气比热容,$J/(kg \cdot K)$;w'、T'、q' 分别为垂直风速(m/s)、温度(K)和水汽密度(kg/m^3)与其相应平均值的差;$\overline{w'q'}$ 为垂直风速脉动值和水汽密度脉动值的协方差;$\overline{w'T'}$ 为垂直风速脉动值和温度脉动值的协方差。

植物的蒸散量计算为:

$$ET = \frac{LE}{Lv} \tag{3}$$

式中,ET 为香蕉的蒸散量,mm/d。

2.2 网室内辐射平衡

网室内的辐射平衡公式为:

$$R_n - (G + SF) = LE + H \tag{4}$$

式中,R_n 为网室内的净辐射,W/m^2;SF、G 分别为热通量板测定的热通量和热通量板上面 $0 \sim 8$ cm 厚度土壤中存贮热量的变化量,W/m^2。

热通量板布置在 0.08 m 深度,测定的热通量计算为:

$$SF = F_{wet}SF_{wet} + F_{dry}SF_{dry} \tag{5}$$

式中,SF、SF_{wet}、SF_{dry} 分别为实际的土壤热通量,湿润区域土壤热通量和干燥区域的土壤热通量,W/m^2;F_{wet}、F_{dry} 分别为湿润区域和干燥区域占总面积的比例,试验测量得到分别为 0.28 和 0.72。

热通量板上面 $0 \sim 0.08$ m 土壤内的土壤热量变化用下式计算:

$$\Delta C = (f_m c_m + f_o c_o + f_w c_w + f_a c_a)\Delta T_s \tag{6}$$

式中,ΔC 为两次测量之间土壤存贮热量的变化值,W/m^2;f_m、f_o、f_w、f_a 分别为土壤内的矿物质、有机质、水分和空气所占的体积百分比;c_m、c_o、c_w、c_a 分别为土壤中矿物质、有机质、水分和空气的体积热容量,取值为 2.0 MJ/$(m^3 \cdot K)$,2.5 MJ/$(m^3 \cdot K)$,4.2 MJ/$(m^3 \cdot K)$ 和 0.001 25 MJ/$(m^3 \cdot K)$;ΔT_s 为两次测量之间温度的变化值,K。在湿润区域,可以认为土壤含水量达到了田间持水量,这时 f_m、f_o、f_w 和 f_a 分别为 45%,1%,37.5% 和 16.5%。在土壤干燥的区域,认为土壤含水率为零,这时 f_m、f_o、f_w 和 f_a 分别为 45%,1%,0% 和 54%。实际的土壤热容量变化计算为:

$$\Delta C_a = (F_{wet}\Delta C_{wet} + F_{dry}\Delta C_{dry})D \tag{7}$$

式中,ΔC_a 为 0.08 m 土层内土壤热容量的变化,MJ/m^2;ΔC_{wet}、ΔC_{dry} 分别为单位体积内湿润区域和干燥区域土壤的热容量变化,MJ/m^3;F_{wet}、F_{dry} 分别为湿润区域和干燥区域占总面积的比例,试验测量分别为 28% 和 72%;D 为土层深度,为 0.08 m。

试验中土壤热存储量的变化以小时计,则土壤热通量变化可计算为:

$$G = \frac{10^6 \Delta C_a}{3\ 600} \tag{8}$$

3 意义

香蕉树的蒸散量公式研究显示,涡度相关法测定的能量的日变化过程与小气候仪器测定的能量日变化过程一致,统计显示两者显著线性相关,但是前者的值比后者少 5%,以上数据说明涡度相关法能够准确地测定网室内的能量平衡。在试验期间,涡度相关法测定的网室内香蕉树的蒸散量在 $4.83 \sim 6.50$ mm/d,考虑到当地每年 4—10 月之间气象要素变化较小,则其测定的蒸散量可用来指导当地网室内香蕉树的灌溉。

参考文献

[1] 康绍忠,刘晓明,熊运章. 土壤 – 植物 – 大气连续体水分传输理论及其应用. 北京:水利电力出版社,1994:30 – 37.

[2] Williams D G,Cable W,Hultine K,et al. Evapotranspiration components determined by stable isotope,sap flow and eddy covariance techniques. Agricultural and Forest Meteorology,2004,125:241 – 258.

[3] Testi L,Villalobos F J,Orgaz F. Evapotranspiration of a young irrigated olive orchard in southern Spain. Agricultural and Forest Meteorology,2004,121:1 – 18.

[4] Bakera J M,Griffisb T J. Examining strategies to improve the carbon balance of corn/soybean agriculture using eddy covariance and mass balance techniques. Agricultural and Forest Meteorology,2005,128:163 – 177.

[5] 于贵瑞,孙晓敏. 陆地生态系统通量观测的原理与方法. 北京:高等教育出版社,2006.

[6] 史长丽,郭家选,严昌荣,等. 作春玉米冠层及叶片瞬态气体交换及水分利用效率日变化特征. 农业工程学报,2007,23(1):24 – 31.

[7] 桑玉强,吴文良,张劲松,等. 毛乌素沙地杨树防护林内紫花苜蓿蒸散耗水规律的研究. 农业工程学报,2006,22(5):44 – 49.

[8] 郭家选,梅旭荣,卢志光,等. 测定农田蒸散的涡度相关技术. 中国农业科学,2004,37(8):1172 – 1176.

[9] Moller M,Tanny J,Li Y,et al. Measuring and predicting evapotranspiration in an insect – proof screenhouse. Agricultural. and Forest Meteorology,2004,127,35 – 51.

[10] 刘海军,黄冠华,Josef Tanny,等. 用涡度相关法测定网室内香蕉树蒸散量. 农业工程学报,2008,24(9):1 – 5.

地表温度的遥感反演公式

1 背景

地表温度(LST,Land Surface Temperature)是研究地表与大气之间能量与物质交换的重要参数。利用卫星遥感技术反演的大面积地表温度信息已被广泛地应用在农作物估产、作物长势和农业旱情监测、农田耗水量估算等方面。白洁等[1]在均匀与非均匀下垫面上,利用红外辐射计测量地表辐射温度,结合大气下行辐射、地表比辐射率等数据,分别以单点、两点的温度平均值以及多点的温度平均值获取像元尺度的地表实测温度,并对三种基于TM/ETM⁺数据的地表温度的遥感反演算法进行了比较与验证。

2 公式

2.1 地表比辐射率的确定

使用中国科学院地理科学与资源研究所研制的比辐射率测定仪测量裸土(干土与湿土)、植被叶片(玉米叶、杂草叶等)组分比辐射率[2]。2004 年干土、湿土、玉米叶和杂草叶的比辐射率观测值分别为 0.974、0.985、0.98、0.985;2005 年分别为 0.973、0.982、0.972、0.981。混合地表的比辐射率 ε(8 ~ 14 μm 波段范围)可由式(1)计算出[3]:

$$\varepsilon = \varepsilon_{vb}f + (1 - f)\varepsilon_{gb} + d\varepsilon \tag{1}$$

式中,ε 为地表比辐射率;ε_{vb} 为植被叶片比辐射率;ε_{gb} 为裸土比辐射率;f 为植被覆盖率,由遥感反演得到[4];$d\varepsilon$ 为由于土壤、植被的温度和比辐射率的差异所造成的补偿值,这里忽略不计。

根据 2001 年水体表面温度的观测,取水体比辐射率为 0.99[5]。

2.2 地面真实温度的计算

根据辐射平衡方程和斯蒂芬 – 玻尔兹曼(Stefen – Boltzmann)定律,可以得到地表真实温度的计算公式,即:

$$T_s = \sqrt[n]{\frac{\sigma T^n - (1 - \varepsilon)R_{ld}}{\varepsilon\sigma}} \tag{2}$$

式中,T_s 为地表真实温度;σ 为斯蒂芬 – 玻尔兹曼常数;T 为红外辐射计测量到的表面辐射温度;n 取决于波长范围以及目标物的表面温度,实验中 n 取 4;R_{ld} 为大气下行长波辐射

(环境辐照度),由于 2001 年怀柔水库的水体温度测量期间缺少大气下行辐射的观测,且考虑到水体的比辐射率为 0.99,即 $(1-\varepsilon)R_{nl}$ 项偏小,因此忽略了环境辐射在水体表面真实温度计算中的影响。

2.3 地表温度的遥感反演算法

目前,利用 TM 热红外波段反演地表温度的算法主要包括以下 3 种。

1)辐射传输方程算法

此算法是通过一些大气辐射传输模型(如 MODTRAN、LOWTRAN、6S 等)根据实时的大气探空数据或标准大气廓线数据,计算大气对地表热辐射的影响,包括热辐射传导中的大气吸收作用以及大气自身的上行和下行辐射强度,然后从卫星高度观测到的总辐射强度中减去这些大气影响,即为地表热辐射强度,最后可以根据地表比辐射率订正成地表真实温度。地表温度 T_s 的表达式为:

$$T_s = \frac{K_2}{\ln[1 + K_1/B(T_s)]} \tag{3}$$

式中,K_1、K_2 为传感器的定标常数,对于 LandsatTM/ETM$^+$ 有不同的取值;$B(T_s)$ 表示温度为 T_s 的黑体辐射亮度,可以通过下式计算得到:

$$L_{sensor} = \tau\varepsilon B(T_s) + (1-\varepsilon)\tau L_{atm}^{\downarrow} + L_{am}^{\uparrow} \tag{4}$$

式中,L_{sensor} 为传感器接收到的热红外光谱辐射亮度;$L_{am}^{\uparrow}$、$L_{atm}^{\downarrow}$、τ 分别为 MODTRAN/LOWTRAN 软件中模拟的大气上、下行辐射和大气透过率。

2)单窗算法

为了避免辐射传输方程算法中对实时探空数据的依赖,覃志豪等[6]通过引进大气平均温度,提出根据 TM6 反演地表温度的单窗算法。如果大气透过率 τ、大气平均温度 T_a 和地表比辐射率 ε 已知,则用如下算法就可从亮温 T_{sensor} 推算出地表温度 T_s:

$$T_s = \frac{1}{C}\{a(1-C-D) + [b(1-C-D)+C+D]T_{sensor} - DT_a\} \tag{5}$$

式中,$a=-67.35535$;$b=0.458608$;$C=\varepsilon\tau$;$D=(1-\tau)[1+(1-\varepsilon)\tau]$;$T_{sensor}$ 为由传感器得到的地表亮温;T_a 为大气平均温度,根据大气剖面各层的实时气温和水汽含量积分得到,本文根据覃志豪等建立的大气平均温度与地面附近气温之间的线性关系,由地面附近(1.5 m 高度)的气温计算大气平均温度 [4]。

3)普适性单通道算法

为了仅从一个热红外通道数据中反演地表温度,Jimënez-Muñoz 和 Sobrino 提出了一种普适性单通道算法,地表温度 T_s 的计算可由下式给出[7]:

$$T_s = \gamma[\varepsilon^{-1}(\psi_1 L_{sensor} + \psi_2) + \psi_3] + \delta \tag{6}$$

其中,

$$\gamma = \left\{\frac{c_2 L_{sensor}}{T_{sensor}^2}\left[\frac{\lambda^4}{c_1}L_{sensor} + \lambda^{-1}\right]\right\}^{-1} \tag{7}$$

$$\delta = - \gamma(\lambda, T_{sensor})L_{sensor} + T_{sensor} \qquad (8)$$

式中,λ 为有效波长,对于 TM6 是 11.457 μm;c_1、c_2 为辐射常数。

公式(6)中大气参数 ψ_1、ψ_2 和 ψ_3 可以通过下面针对 TM6 建立的方程得到:

$$\psi_1 = 0.147\,14w^2 - 0.155\,83w + 1.123\,4 \qquad (9)$$

$$\psi_2 = -1.183\,6w^2 - 0.376\,07w - 0.528\,94 \qquad (10)$$

$$\psi_3 = -0.045\,54w^2 + 1.871\,9w - 0.390\,71 \qquad (11)$$

式中,w 为大气水汽含量。

为了对这三种算法进行比较,本文统一采用了北京站早 8 时的大气探空数据,通过 MODTRAN 模拟得到反演所需的大气参数,即大气水汽含量和大气透过率。这种方法虽然与卫星过境时刻还是存在时相上的差异,但是显然比使用标准大气廓线要可靠。

根据三种不同的遥感反演算法,以 2004 年 7 月 6 日北京地区 TM 遥感数据为例,反演得到了地表温度的分布图(图 1)。可以看出:不同算法得到的北京地区地表温度空间分布趋势基本是一致的,均表现为中心城区的地表温度要明显高于郊区农田。

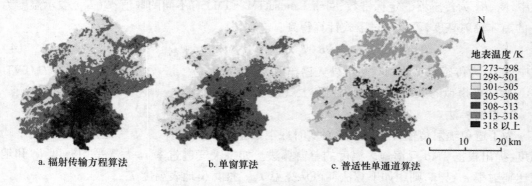

图 1   2004 年 7 月 6 日三种算法反演出的地表温度分布图

3   意义

地表温度的遥感反演公式表明:单窗算法得到的地表温度与地面实测值最为接近,平均绝对百分比误差和均方差分别为 4.3% 和 1.4℃,其次为辐射传输方程算法,平均绝对百分比误差和均方差分别为 8.4% 和 2.5℃,普适性单通道算法的平均绝对百分比误差和均方差分别为 10.1% 和 3.5℃。三种遥感反演算法得到北京地区地表温度的空间分布趋势一致。与地面实测数据相比,辐射传输方程算法的结果略高于地面实测值,单窗算法的结果与地面实测值一致性最好,而普适性单通道算法的结果明显低于地面实测值。从单窗算法反演的北京市地表温度分布图中可以看出,北京城市热岛效应显著,总体上城区地表温度高于郊区,水体温度最低,而且不同下垫面的地表温度差异明显。

参考文献

［1］ 白洁,刘绍民,扈光. 针对 TM/ETM⁺ 遥感数据的地表温度反演与验证. 农业工程学报,2008,24(9):148 - 154.

［2］ Xu J,Sun X,Zhang R. Measuring of thermal radiation multi - reflection information in soil - vegetation system. Proceedings of IEEE 2004 International Geoscience and Remote Sensing Symposium. 2004,20 - 24 September,Anchorage,Alaska,US,unpaginated CD - ROM.

［3］ Valor E,Caselles V. Mapping land surface emissivity from NDVI:application to European,African and South American areas. Remote Sensing of Environment,2004,(57):167 - 184.

［4］ 覃志豪,Li Wenjuan,Zhang Minghua,等. 单窗算法的大气参数估计方法. 国土资源遥感,2003,(2):37 - 43.

［5］ Waters R,Allen R,Tasumi M,et al. SEBAL(Surface Energy Balance Algorithms for Land):Advanced Training and Users Manual,2002,version1. 0,98.

［6］ 覃志豪,Zhang Minghua,Arnon Karnieli,等. 用陆地卫星 TM6 数据演算地表温度的单窗算法. 地理学报,2001,56(4):456 - 466.

［7］ Sobrinoa J A,Jimenez - Munoz J C,Paolini L. Land surface temperature retrieval from LANDSAT TM5. Remote Sensing of Environment,2004,(90):434 - 440.

沼气工程的温室气体排放量估算

1 背景

大中型沼气工程是中国可再生能源建设的重点项目,可提供清洁能源、减轻农村环境污染,具有良好的环境效益,同时也可减少 CO_2、CH_4 等温室气体排放,缓解全球变暖趋势。张培栋等[1]尝试根据国际通用的温室气体减排量计算方法,对中国大中型沼气工程温室气体的减排量进行估算,同时对 1996—2005 年间中国大中型沼气工程所带来的主要温室气体减排量和减排效益进行了计算分析。以期为中国温室气体减排方案、减排策略的确立和可再生能源发展战略以及生物质能产业发展规划的制订提供理论参考。

2 公式

大中型沼气工程对温室气体减排的影响主要表现在两个方面:①沼气可作为燃料用于发电、供热或居民炊事用能,替代煤炭、薪柴和秸秆,减少 CO_2 排放;②禽畜粪便和有机废水等经过厌氧处理,避免 CH_4 直接向大气排放[2]。

2.1 沼气替代其他燃料的 CO_2 排放量估算方法

研究以王革华[3]的 CO_2 排放量计算方法为依据,计算中国大中型沼气工程的 CO_2 减排量。燃烧煤炭、薪柴、秸秆以及沼气均排放 CO_2。

(1)燃煤的 CO_2 排放量计算公式为:

$$C_{coal} = C \times (C_p - C_s) \times C_0 \times 44/12 \tag{1}$$

式中,C_{coal} 为燃煤的 CO_2 排放量,t;C 为燃煤消耗量,t;C_p 为含碳量,%;C_s 为产品固碳量,%;C_0 为碳氧化率,%;44/12 为 CO_2 相对分子质量与 C 原子质量之比。

所谓产品固碳量是指燃料作非能源利用时不排放或不立即排放的碳,在能源消费中,一般不考虑这部分能源;含碳量的计算为燃料的热值与碳排放系数之积。对于煤炭,热值为 0.020 9 TJ/t,碳排放系数为 24.26 t/TJ,碳氧化率:民用80%,农业生产89.9%。燃煤的 CO_2 排放量计算公式为:

$$C_{coal民用} = C_{民用} \times 0.209 \times 24.26 \times 0.8 \times 44/12 = 14.78C_{民用} \tag{2}$$

$$C_{coal生产} = C_{生产} \times 0.209 \times 24.26 \times 0.899 \times 44/12 = 16.71C_{生产} \tag{3}$$

式中,$C_{coal民用}$、$C_{coal生产}$ 分别为民用燃煤、生产燃煤的 CO_2 排放量,t;$C_{民用}$、$C_{生产}$ 分别为民用煤炭、生产煤炭的消耗量,t。

(2)生物质燃料的 CO_2 排放量计算公式为:

$$C_{BM} = BM \times C_{cont} \times O_{frac} \times 44/12 \tag{4}$$

式中,C_{BM} 为生物质燃烧的 CO_2 排放量,t;BM 为生物质燃料的消耗量,t;C_{cont} 为生物质燃料的含碳量,%;O_{frac} 为生物质燃料的氧化率,%。

薪柴的含碳量为 45%,氧化率 87%;秸秆的含碳系数为 40%,氧化率 85%。生物质燃料的 CO_2 排放量分别采用下列公式计算:

$$C_W = W \times 0.45 \times 0.87 \times 44/12 = 1.436W \tag{5}$$

$$C_S = S \times 0.4 \times 0.85 \times 44/12 = 1.247S \tag{6}$$

式中,C_w 和 C_s 分别是薪柴和秸秆燃烧的 CO_2 排放量,t;W 和 S 分别是薪柴和秸秆的消费量,t。

(3)沼气燃烧的 CO_2 排放量为:

$$C_{BG} = BG \times 0.209 \times 15.3 \times 44/12 = 11.725BG \tag{7}$$

式中,C_{BG} 为沼气燃烧的 CO_2 排放量,t;BG 为沼气消耗量,10^4 m^3。

(4)沼气利用替代传统燃料的 CO_2 排放量为:

$$C = C_i - C_{BG} \tag{8}$$

式中,C 为沼气替代传统燃料的 CO_2 减排量,t;C_i 为沼气替代传统燃料的 CO_2 排放量,t。

2.2 CH_4 排放量估算方法

粪便管理系统中的 CH_4 排放采用《IPCC 国家温室气体清单优良作法指南和不确定性管理》中推荐的计算方法[4],公式为:

$$C_{CH_4} = \sum_i \gamma_i \times P_i \tag{9}$$

式中,C_{CH_4} 为牲畜粪便管理系统中的 CH_4 总排放量,kg;γ_i 为 i 种牲畜粪便管理中每头牲畜 CH_4 排放因子,kg/a;P_i 为 i 种牲畜数量。

曾国揆等的研究表明,禽畜粪便沼渣用于稻田比使用农家堆肥可减少 CH_4 排放 56.7% ~ 64.7%[5]。这部分的减排量能否发生取决于沼渣的用途以及稻田之前所施用的肥料等,不能准确估算,此处计算沼气工程的排放时不予考虑。相应地,在计算沼气工程自身的温室气体排放量时,也不考虑沼渣等部分的排放量。

工业污水在传输和处理过程中也会产生 CH_4 气体,联合国政府间气候变化专门委员会(IPCC)测定的由污水处理厂排放的 CH_4 气体约占全球排放量的 5%,工业污水处理过程中的 CH_4 排放根据 IPCC 的推荐公式进行计算[6]。

$$C_{CH_4} = C_{BOD_5} \times 0.22 \tag{10}$$

式中,C_{BOD5} 为废水中 5 日生化耗氧量(BOD_5)的总含量,kg;0.22 为 CH_4 排放系数,kg/kg。

根据以上公式,研究表明煤炭燃烧造成室内 CO、SO_2、总悬浮颗粒物(TSP)的浓度分别比沼气燃烧高出 73.94%、83.8%、77%。1996—2005 年,中国大中型沼气工程替代传统能源对 CO_2 的减排量呈逐渐上升趋势(图 1)。

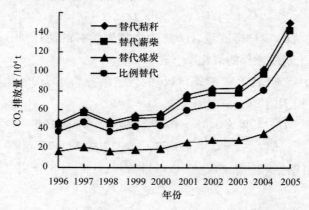

图 1 1996—2005 年中国大中型沼气工程 CO_2 减排趋势

3 意义

沼气工程的温室气体排放量估算可知,中国大中型沼气工程具有显著的温室气体减排效益。2005 年,中国大中型沼气工程减少 CO_2 排放 $0.54 \times 10^6 \sim 1.51 \times 10^6$ t,减少 CH_4 排放 1.53×10^5 t(CO_2 当量),根据《可再生能源中长期发展规划》预测,2010 年和 2020 年中国大中型沼气工程的 CO_2 减排量可分别达到 $0.56 \times 10^7 \sim 1.71 \times 10^7$ t 和 $1.95 \times 10^7 \sim 5.99 \times 10^8$ t,CH_4 减排量分别达到 1.79×10^6 t 和 6.28×10^6 t。可得出,中国大中型沼气工程建设可有效减少 CO_2 和 CH_4 等温室气体的排放,基于清洁发展机制具有显著的经济效益。

参考文献

[1] 张培栋,李新荣,杨艳丽,等. 中国大中型沼气工程温室气体减排效益分析. 农业工程学报,2008,24
(9):239 – 243.

[2] 刘尚余,骆志刚,赵黛青. 农村沼气工程温室气体减排分析. 太阳能学报,2006,27(7):652 – 655.

[3] 王革华. 农村能源建设对减排 SO_2 和 CO_2 贡献分析方法. 农业工程学报,1999,15(1):169 – 172.

[4] Jim Penman, Dina Kruger, Ian Galbally, et al. IPCC national greenhouse fine practice guide and uncertainty.
Paris: Institute of the global environment strategic,1996.

[5] 曾国揆,胡觉,张无敌,等. 沼气技术的减排效果与 CDM 项目合格性探讨. 能源工程,2005,5:36 – 38.

[6] IPCC. IPCC Guidelines for National Greenhouse Gas Inventories. Printed in France Paris: Institute of the
global environment strategic,1995.

猪生长的环境控制模型

1 背景

为了改善生猪的生长环境,提高养殖经济效益,高增月等[1]对猪舍温度控制应用技术进行了研究;戴欣平和严晗光[2]对夏季猪舍降温设施与控制系统的控制策略等进行了研究。总之,通过国内外对猪肉的生产过程进行质量监控和追溯以及对生产环境进行控制,有力地促进了生猪养殖业的发展。马从国等[3]构建了基于 CAN 现场总线的三级监控系统,实现对影响肉猪生长的温度、湿度等环境因子进行控制和对有害气体进行净化(图 1),并根据环境因子之间的耦合关系提出了模糊神经解耦的多输入多输出控制算法。

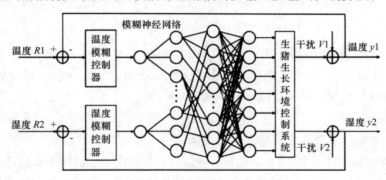

图 1　小气候环境控制系统图

2 公式

现场控制器主要是基于模糊神经网络解耦的智能控制器对生猪养殖环境进行控制,系统主要采用了模糊控制器和模糊神经网络串联的解耦控制系统,它运用人类的经验知识、模糊逻辑推理、神经网络学习,来求解适应生猪养殖环境的控制策略。

2.1 模糊控制器的设计

实验模糊控制器[4]采用了一种带自调整因子的模糊控制器,它由模糊控制和积分作用两部分并联组成。其模糊控制规则为:$U_f = k_0 \times f(e,e')$,其中:U_f 为模糊控制器的输出;k_0 为输出系数;$f(e,e')$ 为自适应控制规则函数,$f(e,e') = [a \times e + (1-a) \times e']$,其中:$a$ 为自适应修正因子,$0 \leq a \leq 1$;输出 U_f 按四舍五入取整。a 的大小反映了误差 e 和误差变化率 e' 对控制器输出影响的程度。

在常规模糊控制器设计中,误差 e 和其变化率 ec 对模糊控制器的影响是等同的。然而,通过对 e 及 ec 在控制的不同阶段所起作用分析可知,二者在不同控制阶段对控制器的影响是不同的。在初期阶段,如果 e 与 ec 异号,则起始误差比较大,这时应选取较大的 a 值,以便尽快消除误差的存在。因此,应加大误差在控制规则中的权重。在中期阶段,系统误差减小,系统的上升速度加快,为减小系统的超调,应突出对误差变化的控制作用,应选取较小的 a 值。当系统响应接近期望值时,由于此时误差及其变化都较小,二者可取相同的权重。基于以上考虑,决定采用带自调整因子的模糊控制器。在实现过程中,a 值的选取是通过查表程序获得的,研究模糊控制器的输入模糊变量为温度误差、湿度误差和它们的误差变化率,输出量为模糊神经网络的输入量;输入量温度误差变化范围即基本论域为 $[-2,2]$,量化论域为 $[-3,3]$,故量化因子 k_1 为 1.5;湿度误差基本论域为 $[-0.1, 0.1]$,量化论域为 $[-3,3]$,故量化因子 k_2 为 30,根据对应误差查表的情况如下:

$$U = a_0^* e + (1 - a_0)^* e', \quad E = 0 \tag{1}$$

$$U = a_1^* e + (1 - a_1)^* e', \quad E = \pm 1 \tag{2}$$

$$U = a_2^* e + (1 - a_2)^* e', \quad E = \pm 2 \tag{3}$$

$$U = a_3^* e + (1 - a_3)^* e', \quad E = \pm 3 \tag{4}$$

$a_0, a_1, a_2, a_3 \in [0,1]$,一般来说,$a$ 值由小至大顺序为:a_0, a_1, a_2, a_3,这样有利于满足控制系统在不同被控系统下对修正因子的不同要求。

2.2　模糊神经网络[5-6]

下面对它的每一层及其输入输出映射关系做进一步解释。

第一层:输入层有 2 个节点,对应系统要控制环境的温度和湿度两个参数,温度、湿度模糊控制器的输出作为模糊神经网络控制器的输入,温度和湿度的 e 和 Δe,分别作为它们的输入。

$$O_i^{(1)} = x_i, \quad i = 1,2 \tag{5}$$

第二层:模糊化层,共有 14 个节点。模糊神经网络控制器的每个输入节点划分为 7 个模糊子集,因此第二层节点(模糊化)为 14,分别对应负大、负中、负小、零、正小、正中、正大。统计结果表明,采用正态分布的隶属度函数来描述模糊概念比较适宜。

$$I_{ik}^{(2)} = -(x_i - a_{ik})^2 / b_{ik}, \quad k = 1,2,\cdots,7 \tag{6}$$

$$o_{ik}^{(2)} = f(I_{ik}^2), \quad i = 1,2; \quad k = 1,2,\cdots,7 \tag{7}$$

第三层:第三层节点实现模糊推理层,因为第二层的模糊化等级分别为 7 个等级,所以实现推理层为 $7 \times 7 = 49$ 节点,节点执行"与"(AND)运算。

$$I_j^{(3)} = \prod_{i=1}^{2} O_{ik}^{(2)} \tag{8}$$

$$o_j^{(3)} = I_j^{(3)}, \quad j = 1,2,\cdots,K^2 \tag{9}$$

第四层:去模糊化层,表示模糊神经控制器的输出,模仿重心法进行解模糊,结果输出给对应的控制结构,研究采用 7 个输出点节,它们分别对应系统的 7 个控制执行机构,由输出量的大小决定它们的工作状态。

$$I_k^{(4)} = \sum_{j=1}^{m} o_j^{(3)} \cdot W_j \qquad (10)$$

$$O^{(4)} = u^* = I^{(4)} / \sum_{j=1}^{m} o_j^{(3)} , j = 1, \cdots, m \qquad (11)$$

因为研究模糊神经网络的前面三层是由模糊化到模糊逻辑推理的过程,模糊逻辑推理与常规神经网络不同之处是参数不再是体现于连接权,而是反映在连接点中[7],所以连接权重为 1,第三层到第四层采用的是神经网络,网络权值为 W_j。可见,本文模糊神经网络的每一层对应于现场智能控制器的每一步计算,清晰地描述和表示出了模糊神经网络推理的全过程。

把 FNC(Fuzzy Network Controller)控制器接入生猪生长环境的控制系统中,为了使控制系统自适应被控对象的变化,采用在线学习方式,利用 BP 最速梯度算法调节网络的权值 W_j。在线学习的性能指标如式(12)所示,其中 $r_s(t)$ 和 $y_s(t)$ 分别为系统的期望输出和实际输出;网络权值的调整[8]如式(13)所示。

$$J = E(t) = \frac{1}{2} \cdot \sum_{s=1}^{2} \left[r_s(t) - y_s(t) \right]^2 \qquad (12)$$

$$w_j(t+1) = w_j(t) - \eta \frac{\partial E}{\partial w_j} + \beta \Delta w_j(t) \qquad (13)$$

式中,η 为学习率;β 为动量因子。

其中:

$$\frac{\partial E}{\partial w_j} = \frac{\partial E}{\partial y(t)} \cdot \frac{\partial y(t)}{\partial u^*(t)} \cdot \frac{\partial u^*(t)}{\partial w_j}$$

$$= -\sum_{s=1}^{2} \left[r_s(t) - y_s(t) \right] \cdot \frac{\partial y(t)}{\partial u^*(t)} \cdot \frac{\partial}{\partial w_j} \left(\sum_{j=1}^{m} o_j^{(3)} \cdot w_j / \sum_{j=1}^{m} o_j^{(3)} \right)$$

$$= -\sum_{j=1}^{2} \left[r_s(t) - y_s(t) \right] \cdot \frac{o_j^{(3)}}{\sum\limits_{j=1}^{m} o_j^{(3)}} \cdot \frac{\partial y(t)}{\partial u^*(t)} \qquad (14)$$

在模糊神经网络中隶属函数的参数调整如式(15)和式(17)所示。

$$a_{ik}(t+1) = a_{ik}(t) - \eta_a \frac{\partial y(t)}{\partial a_{ik}} + \beta_a \Delta a_{ik}(t) \qquad (15)$$

其中:

$$\frac{\partial E}{\partial a_{ik}} = -\sum_{s=1}^{2} \left[r_s(t) - y_s(t) \right] \cdot \frac{\partial y(t)}{\partial u^*(t)} \cdot \left[\frac{w_k \sum\limits_{j=1}^{m} o_j^{(3)} - \sum\limits_{j=1}^{m} o_j^{(3)} \cdot w_j}{\left(\sum\limits_{j=1}^{m} o_j^{(3)} \right)^2} \right] \cdot$$

$$2(x_i - a_{ik}) \cdot o_k^{(3)} / b_{ik} \tag{16}$$

$$b_{ik}(t+1) = b_{ik}(t) - \eta_b \frac{\partial E}{\partial b_{ik}} + \beta_b \Delta b_{ik}(t) \tag{17}$$

$$\frac{\partial E}{\partial b_{ik}} = \frac{\partial E}{\partial y(t)} \cdot \frac{\partial y(t)}{\partial u^*(t)} \cdot \frac{\partial u^*(t)}{\partial b_{ik}} = -\sum_{s=1}^{m} [r_s(t) - y_s(t)] \cdot$$

$$\left[w_k \cdot \sum_{j=1}^{m} o_j^{(3)} - \sum_{j=1}^{m} o_j^{(3)} w_j \right] \cdot (x_i - a_{ik})^2 \cdot o_k^{(3)} / \left[b_{ik}^2 \left(\sum_{j=1}^{m} o_j^{(3)} \right)^2 \right] \cdot \frac{\partial y(t)}{\partial u^*} \tag{18}$$

式(14)、式(16)、式(18)中，$\frac{\partial y(t)}{\partial u^*}$ 仅为一个相乘因子，其正负决定收敛方向，大小决定收敛速度，因此近似用符号 $\text{sgn}\frac{\partial y(t)}{\partial u^*}$ 函数代替，其影响的计算精度可通过调整学习速率 η_1 来补偿，并且 $\text{sgn}\frac{\partial y(t)}{\partial u^*} = \text{sgn}\frac{y(t) - y(t-1)}{u^*(t) - u^*(t-1)}$。

3 意义

模糊神经网络解耦控制生猪生长小气候环境，猪生长的环境控制模型表明，系统初始值为温度 30℃，湿度 65%，系统温度设定值为 25℃，湿度设定值为 70%。可见，控制过程基本无超调，调节时间短，基本没有稳态误差。根据控制过程的统计结果，表明解耦控制后电能节约 15%，生猪养殖的效益提高 20%。因此，该系统操作方便，人机界面友好，性能价格比高。系统的实施提高了猪肉生产的质量和效益。

参考文献

[1] 高增月,卢朝义,赵书广. 猪舍温度控制技术应用的研究. 农业工程学报,2006,22(增刊2):75-78.

[2] 戴欣平,严晗光. 夏季猪舍降温设施与控制系统的研究. 农机化研究,2006,21(12):151-156.

[3] 马从国,赵德安,刘叶飞,等. 猪肉工厂化生产的全程监控与可溯源系统研制. 农业工程学报,2008, 24(9):121-125.

[4] 郝久玉,陈伟,李惠敏,等. 多变量模糊控制系统的前馈解耦. 天津大学学报,2004,6(5):396-399.

[5] 王耀南. 一种神经网络自组织模糊控制与应用. 模式识别与人工智能,1994,17(4):285-2936.

[6] 戚志东,朱新坚,朱伟兴. 基于模糊遗传算法的神经模糊控制器的综合优化. 计算机仿真,2004,21 (6):122-126.

[7] 莫友声,朱荣,李思思,等. 汽车 ABS 模糊神经网络控制系统. 上海交通大学学报,1999,33(5):570-573.

[8] 张春有,张化光,王晓喧,等. 一种基于 BP 神经网络的解耦控制方法及其在微型燃机控制中应用的研究. 信息与控制,2005,34(2):214-218.

多喷嘴射流泵的控制方程

1　背景

袁丹青等[1]设计了一种能够缩短喉管长度的多喷嘴射流泵（图1）。并采用 $k-\varepsilon$ 湍流模型和壁面函数法对不同结构参数下的多喷嘴射流泵进行了数值模拟和试验研究。实验采用数值模拟和试验两种方法分别对该多喷嘴射流泵在不同喷嘴数，喷嘴角度以及喉嘴距下的效率、外特性和混合长度进行了研究分析。鉴于国内外学者对射流泵数值模拟研究较多，其计算结果得到大量验证，说明了其计算公式和方法的正确性。所以实验借鉴了关于流体机械流场的数值模拟方法[2-4]。试验结果为合理选择这些结构参数提供了依据。

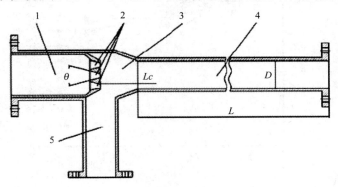

图1　多喷嘴射流泵结构示意图

1. 工作管；2. 喷嘴；3. 吸入室；4. 喉管；5. 吸入管

2　公式

2.1　基本参数

考虑到多喷嘴射流泵性能影响参数较多，将主要影响参数（喷嘴数，喷嘴角度，喉嘴距）作为研究对象，分别计算4个流量比下不同喷嘴数、喷嘴角度和喉嘴距下的射流泵内部流动情况。找出多喷嘴射流泵性能结构参数。射流泵计算参数如表1所示。

表1　计算参数

流量比 M	喷嘴数 n	喷嘴角度 $\theta/(\degree)$	喉嘴距 L/mm
0.3	4	10	50
0.6	6	15	70
0.9	8	20	90
1.2			

射流泵性能曲线无量纲参数压力比 N 和流量比 M 的曲线,如图2所示。

$$N = (H_d - H_s)/(H_1 - H_s)$$

式中,H_1 为工作流体扬程,m;H_s 为被吸流体扬程,m;H_d 为射流泵出口扬程,m。

$$M = Q_2/Q_1$$

式中,Q_1 为工作流体流量,$\mathrm{m^3/s}$;Q_2 为被吸流体流量,$\mathrm{m^3/s}$[5]。

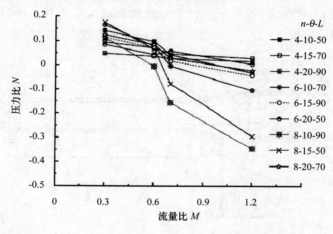

图2　数值计算性能曲线

2.2　控制方程与湍流模型

　　流体在射流泵内流动时,认为流体在整个泵内是湍流流动[6]。实验在建立射流泵实际几何模型的前提下,考虑射流泵的喉管入口段、喉管段、出口段对射流泵性能的影响,利用贴体坐标变换技术,结合有限体积法对射流泵三维空间模型进行数值模拟。根据射流泵特点,设流场为不可压、定常、等温流场,湍流采用 $k - \varepsilon$ 湍流模型,则在柱坐标系下相应的控制方程[7]如下。

　　连续性方程:

$$\frac{\partial}{\partial x}(\rho U) + \frac{1}{r}\frac{\partial}{\partial r}(r\rho V) = 0 \qquad (1)$$

　　动量方程:

$$\frac{\partial}{\partial x}(\rho U^2) + \frac{1}{r}\frac{\partial}{\partial r}(r\rho UV) = \frac{\partial}{\partial x}\Big[\mu_{eff}\frac{\partial U}{\partial x}\Big] + \frac{1}{r}\frac{\partial}{\partial r}\Big[r\mu_{eff}\frac{\partial U}{\partial r}\Big] +$$

$$\frac{\partial}{\partial x}\Big[\mu_{eff}\frac{\partial U}{\partial x}\Big] + \frac{1}{r}\frac{\partial}{\partial r}\frac{\partial}{\partial r}\Big[r\mu_{eff}\frac{\partial V}{\partial x}\Big] - \frac{\partial P}{\partial x}\frac{\partial}{\partial x}(\rho UV) + \frac{1}{r}\frac{\partial}{\partial r}(r\rho V^2) \tag{2}$$

$$= \frac{\partial}{\partial x}\Big[\mu_{eff}\frac{\partial V}{\partial x}\Big] + \frac{1}{r}\frac{\partial}{\partial r}\Big[r\mu_{eff}\frac{\partial V}{\partial r}\Big] + \frac{\partial}{\partial x}\Big[\mu_{eff}\frac{\partial U}{\partial x}\Big] + \frac{1}{r}\frac{\partial}{\partial r}\Big[r\mu_{eff}\frac{\partial V}{\partial x}\Big] - 2\mu_{eff}\frac{V}{r^2} - \frac{\partial P}{\partial x} \tag{3}$$

湍动能 k 方程：

$$\frac{\partial}{\partial x}(\rho uk) + \frac{1}{r}\frac{\partial}{\partial r}(r\rho vk) = \frac{\partial}{\partial x}\Big[\frac{\mu_{eff}}{\sigma_k}\frac{\partial \varepsilon}{\partial x}\Big] + \frac{1}{r}\frac{\partial}{\partial r}\Big[r\frac{\mu_{eff}}{\sigma_k}\frac{\partial k}{\partial x}\Big] + G - \rho\varepsilon \tag{4}$$

耗散率 ε 方程：

$$\frac{\partial}{\partial x}(\rho u\varepsilon) + \frac{1}{r}\frac{\partial}{\partial r}(r\rho v\varepsilon) = \frac{\partial}{\partial x}\Big[\frac{\mu_{eff}}{\sigma_k}\frac{\partial \varepsilon}{\partial x}\Big] + \frac{1}{r}\frac{\partial}{\partial r}\Big[r\frac{\mu_{eff}}{\sigma_k}\frac{\partial \varepsilon}{\partial x}\Big] + \frac{\varepsilon}{k}(C_1 G - C_2\rho\varepsilon) \tag{5}$$

$$\mu_{eff} = \mu_t + \mu = C_\mu\rho k^2/\varepsilon + \mu \tag{6}$$

$$G = \mu_{eff}\Big\{2\Big[\Big(\frac{\partial U}{\partial x}\Big)^2 + \Big(\frac{\partial U}{\partial r}\Big)^2 + \Big(\frac{V}{r}\Big)^2\Big] + \Big(\frac{\partial U}{\partial x} + \frac{\partial U}{\partial r}\Big)^2\Big\} \tag{7}$$

式中，U、V 分别为轴向、径向时均速度；P、ρ 分别为压强、流体密度；μ_{eff}、μ_t、μ 分别为有效黏性系数、紊流黏性系数和分子黏性系数；C_1、C_2、C_μ、σ_k、σ_ε 为模型常数。

模型中的常数按文献[8]确定，$C_1 = 1.44$，$C_2 = 1.92$，$C_\mu = 0.09$，$\sigma_k = 1.0$，$\sigma_\varepsilon = 1.22$。

3 意义

多喷嘴射流泵的控制方程表明，喷嘴数和喉嘴距对射流泵工作性能影响较大；在吸入室及喉管入口处湍动能较大。得出了射流泵的最佳性能喷嘴数，确定了工作流体和被吸流体喉管混合均匀长度，验证了多喷嘴射流泵可缩短喉管长度，提高了射流泵工程应用价值。

参考文献

[1] 袁丹青，王冠军，乌骏，等. 多喷嘴射流泵数值模拟及试验研究. 农业工程学报，2008，24(10)：95 - 99.

[2] 梁爱国，刘景植，龙新平，等. 射流泵内流动的数值模拟及喉管优化. 水泵技术，2003，(1)：4 - 15.

[3] 常洪军，李忠良. 液体射流泵内部三维流场的数值模拟. 节水灌溉，2006，(5)：55 - 59.

[4] 褚良银，陈文梅. 水力旋流器湍流数值模拟及湍流结构. 高校化学工程学报，1999，13(2)：107 - 113.

[5] 段新胜. 环形多喷嘴射流泵结构参数的实验研究. 探矿工程，1999，(6)：17 - 19.

[6] 陶文铨. 数值传热学. 西安：西安交通大学出版社，1998.

[7] 何培杰，龙新平，梁爱国，等. 射流泵内部流动的实验研究. 热能动力工程，2004，19(1)：10 - 13.

[8] Kang Y，Suzuki K. Numerical study of canfined jets I prediction of flow pattern and turbulence guantities with a two eguation model of turbulence. Memoirs of the Faculty of Engineering，1978，XL(2)：41 - 61.

田间渗灌的水分运动模型

1 背景

针对不同灌溉方式,数值模拟作为一种重要的研究方法存在许多不足之处。例如,为了简化计算过程,不得不在数学模型中将一些影响水分运动的因素忽略。为了寻找一种准确实用的土壤水分运动模拟方法用于指导田间渗灌,梁海军等[1]对一种橡塑渗灌管田间渗灌过程进行监测,并采用 Green – Ampt 积水入渗模型和一维水平吸渗模型 Philip 解法分别对渗灌过程中土壤水分在垂直和水平方向的运动进行模拟,并将剩余水头压力引入模拟计算中,通过与田间实际监测结果对比,分析该模拟方法的适用性,为指导田间渗灌寻找一种简便实用的理论方法。

2 公式

2.1 橡塑渗灌管及其渗水性能测试

渗灌管水平放置在一个水分收集槽上,由一个可调节高度的恒压水箱向渗灌管供水,在渗灌管的首、尾端分别安装水银压力计,用于测试管内的水头压力(亦即管内外压差)。在不同供水压力(0 ~ 7 m H_2O 范围内)下,分别测试渗灌管的渗水速率,试验结果经曲线回归拟合得到渗水速率 $q[\mathrm{mL/(m \cdot min)}]$ 与管壁内外压差水头 $\Delta h(\mathrm{m})$ 的关系如下($R^2 = 0.98$):

$$q = 44.3\Delta h^{1.26} \tag{1}$$

2.2 土壤水分运动参数的确定

试验地土壤水分特性曲线 $\theta(h)$ 和非饱和导水率 $K(h)$ 分别采用 van Genuchten – Mualem 模型[2]描述,如式(2)和式(3)所示,土壤假定为均质。

$$\theta(h) = \theta_r + (\theta_s - \theta_r)\left[1 + (\alpha|h|)^n\right]^{-m} \tag{2}$$

$$K(h) = \frac{K_s\{1 - (\alpha|h|)^{n-1}[1 + (\alpha|h|)^n]^{-m}\}^2}{[1 + (\alpha|h|)^n]^{m/2}} \tag{3}$$

根据式(2)和式(3)以及土壤水扩散率 $D(\theta)$ 与导水率 $K(\theta)$ 和比水容量 $C(\theta)$ 间的关系可得:

$$C(h) = C(\theta) = -\frac{\mathrm{d}\theta}{\mathrm{d}h} = \frac{\alpha mn(\theta_s - \theta_r)|\alpha h|^{n-1}}{(1 + |\alpha h|^n)^{m+1}} \tag{4}$$

$$D(\theta) = K(\theta)/C(\theta) = K(h)/C(h)$$

$$= \frac{K_s[1 - |\alpha h|^{mn}(1 + |\alpha h|^n)^{-m}]^2(1 + |\alpha h|^n)^{1+\frac{m}{2}}}{\alpha mn(\theta_s - \theta_r)|\alpha h|^{mn}} \tag{5}$$

式中,θ_r 为残留含水率,%;θ_s 为饱和含水率,%;α 为标定参数,其值与土壤的平均孔隙半径成反比,其倒数为土壤的进气值 s_a;h 为负压力水头即土壤基质势值, $-\mathrm{cmH_2O}$;n 为土壤水分特征曲线指数或孔径分布指数;K_s 为饱和导水率,cm/min;$m = 1 - 1/n$。根据土壤机械组成(表1),应用 RETC 软件拟合[3]上述参数所得结果如表2所示。

表1　供试土壤的物理性质

土层深度/cm	沙粒/%	粉粒/%	黏粒/%	质地	容重/g·cm^{-3}
0~20	19.29	49.68	31.03	黏壤土	1.32

表2　部分土壤水分运动参数的数值

参数	$\theta_r/\%$	$\Theta_s/\%$	a	n	$K_s/\mathrm{cm \cdot min^{-1}}$	m
数值	8.50	46.00	0.008 2	1.526 6	1.069×10^{-2}	0.344 9

2.3　土壤水分运动模拟方法

实验选取 TDR 时域反射仪探头所在的土壤剖面,以渗灌管位置为原点,水平和竖直方向为坐标轴建立直角坐标系,其中水平方向向右为正,竖直方向向下为正(图1)。

1)垂直方向入渗方程

地下渗灌过程中,渗灌管周围的湿润范围由初始渗灌时的圆形逐渐向两侧对称且竖立的长椭圆形状转化,整个土壤湿润面中水分运动与 Green - Ampt 模型存在差异。然而,应用该模型在沿渗灌管中心的竖直垂线上计算湿润锋的推进过程,仍然可以较好地描述水分运动情况,原因在于:实际渗灌应用中,渗灌管渗水速率通常大于水分在土壤中的扩散速率,在渗灌管周围一定范围内存在积水,该积水对于沿渗灌管中心竖直垂线方向水分运动的影响与 Green - Ampt 模型相近;为达到节水灌溉、防止出现深层渗漏的目的,渗灌结束前,水分在竖直方向入渗较浅,应用 Green - Ampt 模型仅对渗灌过程中湿润峰在渗灌管竖直垂线方向的推进过程进行模拟不会产生较大的误差。

Green - Ampt 模型[4]的基本方程为:

$$t = \frac{\theta_s - \theta_i}{K_s}\left[z_f - (z_f + H)\ln\frac{z_f + s_f + H}{s_f + H}\right] \tag{6}$$

式中,t 为入渗时间,min;θ_i 为土壤初始含水率,%;z_f 为湿润峰的入渗高度,cm;s_f 为湿润峰

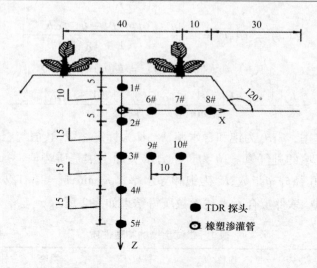

图 1　TDR 探头田间布设图(单位:cm)

处的土壤水吸力,cm;H 为积水深度,cm,其他参数同前。

2)水平方向吸渗方程

现已知的土壤水动力学模型中,对于有压供水条件下土壤水分在水平方向吸渗问题均未作考虑,实验亦忽略其影响,由于渗灌时间相对较短,忽略地表蒸发和作物吸水对水分运动的影响,则第一类边界条件的水平吸渗定解方程为:

$$\begin{cases} \dfrac{\partial \theta}{\partial T} = \dfrac{\partial}{\partial x}\Big[D(\theta)\dfrac{\partial \theta}{\partial x}\Big] \\ \theta = \theta_i \quad T = 0 \quad x > 0 \\ \theta = \theta_0 \quad T > 0 \quad x = 0 \\ \theta = \theta_t \quad T > 0 \quad x \to \infty \end{cases} \quad (7)$$

式中,θ 为土壤体积含水率,cm^3/cm^3;T 为渗水时间,min;x 为水平方向渗水距离,cm;$D(\theta)$ 为水分扩散率,cm^2/s;θ_i、θ_0 分别表示渗灌前土壤含水率、渗灌过程中水源边界土壤含水率,cm^3/cm^3。

应用 Boltzmann 变换,将偏微分方程式(7)转化为如下的常微分方程,其中 $\lambda(\theta)$ 为变换参数。

$$\begin{cases} \lambda(\theta) = x(\theta,T)T^{\frac{1}{2}} \\ \displaystyle\int_{\theta_i}^{\vartheta} \lambda(\theta)\,\mathrm{d}\theta = -2D(\theta)\dfrac{\mathrm{d}\theta}{\mathrm{d}\lambda(\theta)} \end{cases} \quad (8)$$

方程式(8)给出了土壤含水率 θ 随时间 T 和水平坐标 x 的变化关系,若 $D-\theta$ 函数关系已知,则可以采用 Philip 迭代计算方法[4] 求解其中的微分方程,得出 $\lambda(\theta)$ 与 θ 间的对应关

42

系,进而由其中的 Boltzmann 变换参数方程得出 θ 与 x、T 的关系,即 $\theta(x,T)$ 函数。利用该函数,在已知渗水时间 T 的条件下,可以确定水平方向吸渗距离 x 与相应位置土壤含水率 θ 间的对应关系。

本研究中 $D-\theta$ 关系确定如下。在水平 x 轴上,应用式(2)可以得出任一位置土壤的负压水头 h(即总水头,不考虑气压水头,位置水头为零)与含水率 θ 的关系为:

$$|h| = \alpha^{-1}\left[\left(\frac{\theta_s - \theta_r}{\theta - \theta_r}\right)^{\frac{1}{m}} - 1\right]^{\frac{1}{n}} \tag{9}$$

将式(9)代入式(5),为了简化方程形式,引入中间变量 R,可得:

$$\begin{cases} R = \dfrac{\theta_s - \theta_r}{\theta - \theta_r} \\ D(\theta) = \dfrac{K_s\left[1 - (R^{\frac{1}{m}} - 1)^m/R\right]^2 R^{(\frac{1}{2}+\frac{1}{m})}}{\alpha mn(\theta_s - \theta_r)(R^{\frac{1}{m}} - 1)^m} \end{cases} \tag{10}$$

将表 2 中各参数值代入式(10),即可得出 $D-\theta$ 函数关系。

2.4 垂直方向土壤水分运动

地下渗灌过程中,渗灌管渗水速率受到供水压力和水分在土壤中入渗速率的共同影响,在较大供水压力情况下(如本试验中采用水泵供水),在渗灌管与土壤界面将产生积水,这部分积水所具有的剩余水头压力可以作为 Green-Ampt 模型中的积水厚度(该积水厚度为理论值,实际渗灌中不一定在空间上真正达到相应的厚度)。

由于渗灌管内外压差水头决定其渗水速率,所以根据该渗灌管实验室渗水性能测试结果,即式(1),结合田间供水压力和流量监测结果,可以计算出剩余水头压力,即 Green-Ampt 模型中的积水厚度 H 为:

$$H = h_e = h_i - \Delta h = h_i - 0.051 q^{0.79} \tag{11}$$

式中,h_i、h_e 分别为渗灌管内、外侧的水头压力,m;q 为灌溉过程的渗水速率,mL/(m·min);其余变量同前。3 次渗灌过程中渗水量、渗灌时间和供水压力(即管内侧水头压力)监测结果以及据此计算渗灌管渗水速率、管外侧剩余水头压力(亦即积水厚度 H)得出的结果列于表 3。

表 3　田间渗灌结果

渗灌日期	渗水量/L	渗灌时间/min	管内侧水头压力/m	渗水速率/mL·(m·min)$^{-1}$	管外侧剩余水头压力/cm
4 月 1 日	215.5	100	5.90	359.2	68
4 月 28 日	168.2	80	5.50	350.4	28
5 月 16 日	191.5	90	5.7	354.6	43

3 意义

田间渗灌的水分运动模型表明,应用 Green – Ampt 模型计算渗灌过程中渗灌管下方垂直方向上湿润锋推进过程具有较好的准确性,在水平方向采用一维水平吸渗方程的 Philip 解法则存在一定的偏差,且随入渗距离增加偏差逐渐增大。在实验室测试橡塑渗灌管渗水性能的基础上,通过监测渗灌供水压力和灌水量,应用 Green – Ampt 积水入渗模型可以有效预测水分向土壤深层运移过程,指导田间渗灌。

参考文献

[1] 梁海军,刘作新,王振营,等. 地下渗灌土壤水分运动数值模拟. 农业工程学报,2008,24(10):11 – 14.

[2] 李少龙,杨金忠,蔡树英. 基于 van Genuchten – Mualem 模型的饱和 – 非饱和介质流动随机数值分析. 水利学报,2006,37(1):33 – 39.

[3] 魏义长,刘作新,康玲玲. 辽西淋溶褐土土壤水动力学参数的推导及验证. 水利学报,2004,3:81 – 87.

[4] 雷志栋,杨诗秀,谢森传. 土壤水动力学. 北京:清华大学出版社,1988:34 – 44.

土壤养分的管理分区模型

1 背景

科学合理的土壤养分管理分区技术是实施精准农业变量施肥的高效手段[1-4]，并成为国内外精准农业研究的热点。针对以往多数研究的分区方法是模糊聚类，但其最小平方准则对数据的异常值高度敏感。王子龙等[5]利用基于稳态函数的属性均值聚类算法定义土壤养分管理分区，并运用粒子群算法优化其目标函数，以消除聚类算法对迭代初值的敏感性，获得了最优的分区结果。

2 公式

2.1 属性均值聚类

属性均值聚类(Attribute Means Clustering, AMC)是一种平稳的非监督聚类方法，该方法引入稳态函数以减小在最小平方准则中大误差的影响[6-7]。它的基本思想是寻求基于稳态函数的目标函数最小化，应用到土壤养分管理分区中，其目标函数为：

$$P(\mu, m) = \sum_{k=1}^{K} \sum_{n=1}^{N} \rho[\|\mu_{nk}(x_n - m_k)\|] \tag{1}$$

式中，K 为土壤养分管理分区数；N 为土壤样本数；$\rho(t)$ 为稳态函数；μ_{nk} 为第 n 个土壤样本属于第 k 管理分区的属性测度值，满足 $\sum_{k=1}^{K} \mu_{nk} = 1$；$x_n$ 为第 n 个土壤样本；m_k 为第 k 管理分区的聚类中心。

稳态函数选择可靠性和稳定性好的柯西稳态函数：

$$\rho(t) = \ln(c + t^2) \tag{2}$$

式中，c 为一正数。

根据式(1)和式(2)寻求目标函数最优值之后得到的属性测度 μ 和聚类中心 m，运用属性识别理论[8]中的置信度准则即可判断土壤样本的归属。对任一土壤样本 x_n：

$$k_0 = \min\{k: \sum_{i=1}^{k} \mu_{nk} \geq \lambda, 1 \leq k \leq K\} \tag{3}$$

则认为土壤样本 x_n 所代表的区域属于第 k_0 土壤养分管理分区，其中，λ 为置信度，取值范围通常为 0.6 ~ 0.7。

2.2 粒子群算法

粒子群算法(Particle Swarm Optimization,PSO)是一种源于对鸟群捕食行为的研究而发明的进化技术[9]。PSO 算法同时具有全局和局部搜索能力,参数调整简单易行,收敛速度快,能够解决通过迭代求解聚类分析目标函数对初始值敏感的问题,避免聚类算法陷入局部最优[10-11]。

对于优化问题,PSO 算法中的每个粒子代表一个可能的解,群体中每个粒子在优化过程中所经历的最好位置就是该粒子本身所找到的最好解,整个群体所经历的最好位置就是整个群体目前找到的最好解。前者称为个体极值,用 $pbest$ 表示;后者称为全局极值,用 $gbest$ 表示,每个粒子都通过 $pbest$ 和 $gbest$ 不断更新自己,从而产生新一代群体,在这个过程中整个群体对解区域进行全面搜索。

设粒子的群体规模为 N,第 $i(i=1,2,\cdots,N)$ 个粒子的位置可表示为 x_i,速度表示为 v_i,其个体极值表示为 $pbest_i$。所以任意粒子 i 将根据以下公式来更新自己的位置和速度:

$$v(t+1) = wv_i(t) + c_1 r_1(t)[pbest_i(t) - x_i(t)] +$$
$$c_2 r_2(t)[gbest(t) - x_i(t)] \qquad (4)$$
$$x_i(t+1) = x_i(t) + v_i(t+1) \qquad (5)$$

式中,c_1,c_2 为常数,称为加速系数;r_1,r_2 为 $(0,1)$ 上的随机数;w 为惯性权重。

每个粒子的个体极值和全体粒子的全局极值的更新公式为:

$$pbest_i(t+1) = \begin{cases} x_i(t+1) & x_i(t+1) \geqslant pbest_i(t) \\ pbest_i(t) & x_i(t+1) < pbest_i(t) \end{cases} \qquad (6)$$

$$gbest(t+1) = \max[pbest_i(t+1)] \quad i = 1,2,\cdots,N \qquad (7)$$

以上即构成粒子群算法的主体,将其与属性均值聚类相结合,用粒子群优化聚类算法的目标函数,求得粒子群全局极值 $gbest$,即可定义土壤养分管理分区。

2.3 合理分区数的确定

合理的分区数是指聚类算法在客观数据的基础上,以最好的聚类效果对数据进行的尽可能明晰的划分,本研究引入分离系数 F、分离熵 H、紧致与分离性效果 S 来确定合理分区数。

分离系数 F 是所有输入土壤样本相对于各土壤养分管理分区聚类中心的接近程度,可定义为:

$$F(\mu,K) = \frac{1}{N} \sum_{n=1}^{N} \sum_{k=1}^{K} (\mu_{nk})^2 \qquad (8)$$

F 的值在 $0 \sim 1$ 变动。如果每个样本仅属于同一分区,即 μ_{nk} 取 0 或 1,则聚类效果最好,此时 $F(\mu,K)$ 为 1,因此分离系数越大聚类效果越好。

分离熵 H 可定义为:

$$H(\mu,K) = -\frac{1}{N} \sum_{n=1}^{N} \sum_{k=1}^{K} \mu_{nk} \log(\mu_{nk}) \qquad (9)$$

若所有的属性测度 μ_{nk} 都接近 0 或 1,则熵就小,管理分区对土壤样本的划分明晰,所得的聚类效果就好,若 μ_{nk} 接近 0.5,则熵就大,划分不明晰,聚类效果就差。

紧致与分离性效果 S 是输入土壤样本与它们相应管理分区的聚类中心间距的平均值与聚类中心最小间距的比值,可定义为:

$$S(\mu, K) = \frac{\frac{1}{N} \sum_{n=1}^{N} \sum_{k=1}^{K} \mu_{nk}^2 \|x_n - m_k\|^2}{\underset{1 \le i,j \le K}{min} \|m_i - m_j\|^2} \tag{10}$$

合理的聚类应当使聚类中心的间距尽可能大,而样本与聚类中心的间距尽可能小,即 S 的值越小聚类效果越好。

根据以上算法,试验区分别划分成 2、3、4、5、6 个管理分区,计算各分区的 3 个确定合理分区数指标如图 1 所示。可以看出,当土壤养分管理分区数为 2 时,F 最大,H 和 S 最小,说明此时管理分区内差异最小,而区间差异最大,因此试验区的合理分区数为 2。

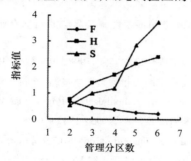

图 1   指标值随管理分区数增加的变化

3   意义

通过土壤养分的管理分区模型计算得出,试验区的合理分区数目为 2 个,对各管理分区实际采样点的土壤养分数据进行单因素方差分析,除速效磷外,各土壤养分均在 99% 的置信水平上,具有极显著差异,其中分区 2 土壤肥力水平较高,分区 1 较低。基于粒子群优化属性均值聚类算法可以很好地划分土壤养分管理分区,分区结果能够为精准农业变量施肥提供决策依据。能够对可行解域整体和局部同时进行搜索等优良特性,结合用于划分土壤养分管理分区,为变量施肥管理和农业管理分区的划分提供了有效途径,对于精准农业管理具有重要的理论和实践意义。

参考文献

[1] Khosla R,Fleming K,Delgado J A,et al. Use of site – specific management zones to improve nitrogen management for precision agriculture. Journal of Soil and Water Conservation,2000,57(6): 513 – 518.

[2] Delgado J A,Khosla R,Bausch W C,et al. Nitrogen fertilizer management based on site – specific management zones reduce potential for nitrate leaching. Journal of Soil&Water Conservation,2005,60(6): 15.

[3] Mzuku M,Khosla R,Reich R,et al. Spatial variability of measured soil properties across site – specific management zones. Soil Science Society of America Journal,2005,69(5): 1572 – 1579.

[4] 李艳,史舟,吴次芳,等. 基于多源数据的盐碱地精确农作管理分区研究. 农业工程学报,2007,23(8):84 – 89.

[5] 王子龙,付强,姜秋香. 基于粒子群优化算法的土壤养分管理分区. 农业工程学报,2008,24(10):80 – 84.

[6] 李翔,潘瑜春,赵春江,等. 基于空间连续性聚类算法的精准农业管理分区研究. 农业工程学报,2005,21(8):78 – 82.

[7] 程乾生. 属性均值聚类. 系统工程理论与实践,1998,(9):124 – 126.

[8] 程乾生. 属性识别理论模型及其应用. 北京大学学报(自然科学版),1997,33(1):12 – 20.

[9] Kennedy J,Eberhart R C. Particle swarm optimization. Proceedings of IEEE International Conference on Neural Networks. Piscataway,NJ:IEEE Press,1995: 1942 – 1948.

[10] Paterlini S,Krink T. Differential evolution and particle swarm optimization in partitional clustering. Computational Statistics & Data Analysis,2006,50(5): 1220 – 1247.

[11] 刘靖明,韩丽川,侯立文. 基于粒子群的 K 均值聚类算法. 系统工程理论与实践,2005,(6):54 – 58.

平面翻堆机的转子调节模型

1 背景

平面翻堆机(图1)主要用于农业废弃物的分层翻堆及堆肥处理,提高农业废弃物堆层的氧浓度,同时增大水分的挥发,加速其发酵反应。为了实现平面翻堆机转子的高度调节、水平平衡及安全保护,田晋跃等[1]对翻堆机行走系悬置的液压系统及其控制器进行了研究,研究采用变结构和 PID 联合控制,获得转子水平的较高控制精度;通过采用线性随机二次型最优控制推导出转子高度调节的控制规律。油气悬置采用 LQG 控制,对转子高度调节性能有所提高。

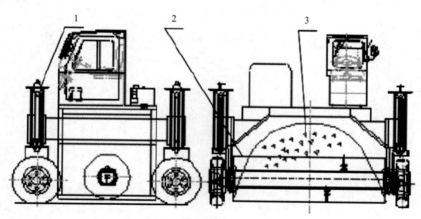

图1 平面翻堆机结构示意图

1. 油气悬置总成;2. 转子总成;3. 农业废弃物堆条

2 公式

2.1 平面翻堆机转子调节模型

图 2 为平面翻堆机油气悬置系统的 1/4 等效数学模型。其中 k_s 表示油缸在平衡位置时的线性化等效刚度,N/s;k_t 为轮胎刚度,N/s;c_s 为阻尼孔阻尼,(N·s)/m;m_s、m_u 分别为悬置质量和非悬置质量,kg;Q 为充入油缸的油流量,m³/s;F_r 为油缸壁与活塞之间的摩擦

力,N;$y_n(n=0,1,2,3)$表示第 n 个元件处的位移,m[2]。

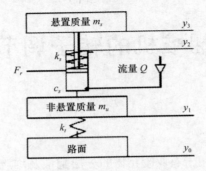

图 2 转子油气悬置系统 1/4 模型

根据图 2 所建立的模型,考虑到摩擦力的影响,整个闭环控制系统会有振荡现象,系统便处于振荡之中,车身高度无法稳定在目标高度处。采用变结构与 PID 联合控制策略[3-6],可消除由于摩擦力和控制中积分环节的影响而产生的振荡现象。得到系统的运动学方程:

$$\begin{cases} m_s\,\dot{y}_3 + c_s(\dot{y}_3 - \dot{y}_1) + k_s(y_3 - y_2) - F_r = 0 \\ m_u\,\dot{y}_1 + c_s(\dot{y}_1 - \dot{y}_3) + k_t(y_1 - y_0) + k_s(y_2 - y_3) + F_r = 0 \\ \dot{y}_2 - \dot{y}_1 = Q/A_c \end{cases} \quad (1)$$

其中摩擦力为:

$$F_r = \begin{cases} F_{st}\operatorname{sign}(\dot{y}_1 - \dot{y}_3), & (|\dot{y}_1 - \dot{y}_3| \le \Delta V) \\ F_{co}\operatorname{sign}(\dot{y}_1 - \dot{y}_3), & (|\dot{y}_1 - \dot{y}_3| > \Delta V) \end{cases} \quad (2)$$

$$F_{st} = \begin{cases} F_{stmax}, & |\Delta F| > F_{stmax} \\ |\Delta F|, & |\Delta F| \le F_{stmax} \end{cases} \quad (3)$$

式中,F_{st} 为静摩擦力,N;F_{stmax} 为静摩擦力的最大值,N;F_{co} 为滑动摩擦力幅值,N;ΔV 为小的速度域值,m/s;ΔF 为活塞所受油液压力与悬架弹簧上质量重力之差,N;$\dot{y}_n$ 为位移速度,m/s;A_c 为油缸面积,m^2。

对原非线性高阶系统采取变结构控制,加入如下切换逻辑,PID 控制的积分控制参数 K_{VS} 为:

$$K_{VS} = \begin{cases} K_i^+ & e\int edt < 0 \\ K_i^- & e\int edt \ge 0 \end{cases} \quad (4)$$

式中,K_i 为系统的 PID 控制参数,$K_i^+ = K_i$,$K_i^- = K_i$;e 为控制误差。

得到 VSC + PID 控制律:

$$Q_u = K_p + K_{VS}\int edt + K_d\frac{de}{dt} \quad (5)$$

式中，K_p、K_d 为系统的 PID 控制参数。

对于如图 3 所示的侧倾模型，当存在转子水平调节控制的时候，运动方程为：

$$
\begin{cases}
M_b \ddot{x}_{bL} = c_s(\dot{x}_{wL} - \dot{x}_{bL}) + k_s(x_{wL} - x_{bL}) + Gh\Phi/B + U_L \\
M_w \ddot{x}_w = c_s(\dot{x}_{bL} - \dot{x}_{wL}) + k_t(x_g - x_w) - k_s(x_w - x_b) - U_L \\
M_b \ddot{x}_b = c_s(\dot{x}_{wR} - \dot{x}_{bR}) + k_s(x_w - x_b) - Gh\Phi/B + U_R \\
M_w \ddot{x}_w = c_s(\dot{x}_{wR} - \dot{x}_{bR}) + k_t(x_g - x_w) - k_s(x_w - x_b) - U_R \\
\Phi = \arctan[(x_{bL} - x_{bR})/B] \approx (x_{bL} - x_{bR})/B \\
U_L = -(k_1 \dot{x}_{bL} + k_2 \dot{x}_{wL} + k_3 x_{bL} + k_4 x_{bL} + k_5 x_{gL}) \\
U_R = -(k_1 \dot{x}_{bR} + k_2 \dot{x}_{wR} + k_3 x_{bR} + k_4 x_{bR} + k_5 x_{gR})
\end{cases}
\tag{6}
$$

式中，M_b 为车辆质量分配到左右悬架上并使得两边质量相等，kg；B 为悬置安装间距，m；h 为车辆重心与侧倾中心的距离，m；x_{bL}、x_{bR}、x_{wL}、x_{wR}、x_g 分别为左右悬置的等效车身质量位移、轮胎位移以及路面输入位移，m；Φ 为车辆侧倾角，(°)；G 为悬挂重量，N；U_L、U_R 分别为左右油气缸控制力，N；k_1，k_2、k_3、k_4 为方程系数。

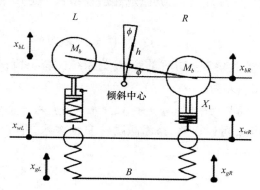

图 3　油气悬架路面激励运动模型

2.2　油气悬置高度的 LQG 控制

建立模型[7-10]：

$$
\begin{cases}
M_b \ddot{x}_b = k_s(x_w - x_b) + U \\
M_w \ddot{x}_w = k_t(x_g - x_w) - k_s(x_w - x_b) - U
\end{cases}
\tag{7}
$$

式中，U 为控制器的控制力，N。

以悬置动挠度为指标，得到输出方程：

$$
Y = CX + DU
\tag{8}
$$

其中：$C = [0\ 0\ 1\ 1\ 0]$；$D = 0$。

目标函数为：

$$J = \lim_{T \to \infty} \frac{1}{T} \int_0^T (X^T Q X + U^T R U + 2X^T N U)\, \mathrm{d}T \tag{9}$$

得到：

$$Q = \begin{bmatrix} 0 & 0 & 0 & 0 & 0 \\ 0 & 0 & 0 & 0 & 0 \\ 0 & 0 & \dfrac{k_s^2}{M_b^2} + q_2 & -\dfrac{k_s^2}{M_b^2} - q_2 & 0 \\ 0 & 0 & -\dfrac{k_s^2}{M_b^2} - q_2 & \dfrac{k_s^2}{M_b^2} + q_1 + q_2 & -q_1 \\ 0 & 0 & 0 & -q_1 & q_1 \end{bmatrix}$$

$$N = \left(0, 0, -\frac{k_s}{M_b^2}, \frac{k_s}{M_b^2}, 0\right)^T \quad R = \frac{1}{M_b^2}$$

式中，R 为状态变量的加权矩阵；Q 为控制变量的加权矩阵；N 为交叉项的权重；q_1、q_2 为综合考虑保证车辆良好的乘坐舒适性和操纵稳定性加权系数。运用 MATLAB 中提供的 LQR 函数，求反馈增益矩阵：

$$(K, S, E) = LQR(A, D, Q, R, N)$$

式中，K 为反馈增益矩阵；S 为黎卡提方程的解；E 为系统的特征值；A、D 为系数矩阵。则线性二次型最优控制器的控制力为：

$$U = -KX = -(k_1 \dot{x}_b + k_2 \dot{x}_w + k_3 x_b + k_4 x_b + k_5 x_g) \tag{10}$$

对式(10)利用 Simulink 可以求解，路面激励从左轮输入，即在 x_{gL} 的输入中，加入正弦输入、阶跃或离散脉冲输入[11-13]。

3 意义

平面翻堆机的转子调节模型表明，用变结构与 PID 联合控制的系统控制器对高度调节进行控制，此控制策略在获得较高控制精度方面具有较好的控制性能，能有效地消除因干扰力而引起的振荡现象，平滑地达到控制目标。在转子水平调节方面，油气悬置采用 LQG 控制，将油气弹簧静平衡时的刚度作为它的等效刚度，求解控制规律。虽然这个简化对模型的精确性有所减弱，但通过仿真发现其转子水平调节性能有所提高。

参考文献

[1] 田晋跃,郜青华,禹宙,等. 平面翻堆机转子高度调节系统. 农业工程学报,2008,24(10):110 – 113.

[2] 吕景忠,杨永海,王勋龙,等. 油气悬架的振动特性分析. 农业机械学报,2005,36(4):141 – 142.

[3] 苑士华,侯国勇,张宝斌. 液压机械无级变速器的变参数 PID 控制. 机械工程学报,2004,40(7):81 – 84.

[4] 金立生,赵丁选,丁德胜. 液压挖掘机节能参数自适应模糊 PID 控制器研究. 农业工程学报,2003,19(6):87 – 90.

[5] 陈志林,金达锋,黄兴惠,等. 油气主动悬架车身高度非线性控制仿真和试验研究. 中国机械工程,2000,(11):1228 – 1231.

[6] Roebuck R L,Cebon D,Jeppesen B P. Systems approach to controlled heavy vehicle suspensions. International Journal of Heavy Vehicle Systems,2005,12(3):169 – 192.

[7] 金达锋,黄兴惠,陈志林,等. 油气主动悬架试验模型的研制. 汽车工程,2000,(2):100 – 103.

[8] 赵凯辉,贾鸿社,周志立. 油气悬架的模糊半主动控制. 拖拉机与农用运输车,2005,(1):44 – 48.

[9] 庄德军. 主动油气悬架车辆垂向与侧向动力学性能研究. 上海:上海交通大学,2007.

[10] 孙建民,田洪森. 油气悬架自适应半主动控制仿真分析. 起重运输机械,2005,(3):62 – 64.

[11] 兰波,喻凡,刘娇蛟. 主动悬架 LQG 控制器设计. 系统仿真学报,2003,(1):138 – 141.

[12] 曹树平,易孟林. 重型越野车半油气主动悬架系统的设计. 液压与气动,2004,(2):61 – 62.

[13] 黄兴惠,金达锋,赵六奇,等. 线性最优控制主动悬架系统的鲁棒稳定性研究. 汽车工程,1998,(4):162 – 165.

遥感图像的退化模型

1 背景

  遥感数据的多空间分辨率复合分析是遥感处理技术的重要发展方向。为了解决低分辨率图像混合像元分类精度低、高分辨率数据分类处理时间长以及大区域高分辨率数据获取困难等实际应用问题,郭琳等[1]拟采用非线性退化函数模型对传统基于线性退化模型的复合分类方法加以改进,提出一种基于组合核函数的非线性退化模型复合分析方法,提高对局部和全局区域特征的描述能力,并在模型中引入纹理等空间结构信息,同时通过实际多空间分辨率遥感数据对分类精度进行比较分析。

2 公式

2.1 基于退化模型复合分类方法分析

  退化模型是描述空间分辨率发生退变时,高、低空间分辨率遥感数据空间对应关系的一种传递函数,基于图 1 给出了一个最简单的类别属性映射关系,可以看出低空间分辨率数据 W_L 的属性信息是其对应高空退化模型的复合分类中高、低空间分辨率遥感数据间的基本空间映射关系。高空间分辨率图像块 W_H 的属性信息是通过映射关系来决定的,我们注意到虽然 WL_2 和 WL_3 的类别属性一致,但从 WH_2 和 WH_3 可以看出,WL_2 和 WL_3 在地物构成与空间分布方面有很大的不同,如果采用更为复杂的映射关系,就可以对这些信息进行描述,从而获得能在较大尺度反映高、低空间分辨率图像之间的退化关系。

  传统基于退化模型的复合分类做法是利用基于参数的线性退化模型对高、低空间分辨率遥感数据的对应关系进行学习。常用的线性退化模型如式(1)所示[2]:

$$I = c + aX + \beta Y + \varepsilon \tag{1}$$

式中,c 为常量;α,β 为系数;ε 为噪声项;X,Y 为"独立"变量;I 为非"独立"变量。低空间分辨率像元 W_L 的地表辐射值、植被指数等类特征能够从低分辨率图像直接获取,可作为独立变量使用。W_L 的分类结果、材积量、森林覆盖率等应用参数,由于分辨率的限制难以直接从低分辨率图像获取,可由所对应区域的高空间分辨率图像 W_H 求得,作为非独立变量使用。

2.2 基于组合核函数的非线性退化模型复合分类方法

  实验对传统基于线性退化模型的复合分类方法进行改进,提出了通过如下非线性退化

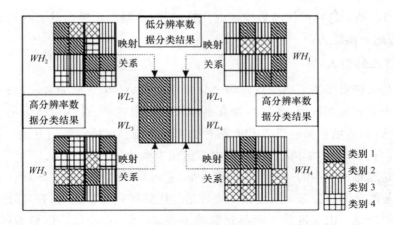

图1　基于退化函数模型的复合分类示意图

模型改进原有线性退化模型的基本思路。

$$A_{H_j} = f(\alpha_{L_j}, F_{L_j}) \tag{2}$$

式中,f 为某一非线性函数;A_{Hj} 为从高空间分辨率遥感数据得到的第 j 个独立变量,可根据试验目的选取一个或多个不同的变量;F_{Lij} 为从高空间分辨率遥感数据 W_H 所在区域对应的低空间分辨率遥感数据的图像块 W_L 中获得的第 i 个分类特征,可以通过最终试验精度确定分类特征的选取情况;α_{Lij} 为模型参数。可见,退化模型的构建是算法的核心,退化模型的建立过程就是利用高低分辨率数据中若干个独立变量得到加权系数 α_{Lij} 的过程,它反映了空间分辨率退变对地表观测值的影响。

2.2.1　非线性退化模型的构建

核函数根据对样本的学习和预测能力主要分为全局核函数和局部核函数两大类型。由于复合分类应用需要构建的退化核函数要在广域低空间分辨率遥感数据上具有指导分类的能力,模型性能须在已知样本学习和未知样本预测两方面均有较好体现,因此核函数须同时具备全局特性和局部特性。实验采用组合核函数形式,由局部核函数与全局核函数共同组成组合核函数,基本形式可表示为两个核函数的线性混合形[3]:

$$K(x,y) = \mu K_p(x,y) + (1-\mu)K_g(x,y) \tag{3}$$

多项式核函数具有较好的外推能力,可作为全局核函数 $K_p(x,y)$,且在 d 为 2 时,多项式核能获得比较好的外推效果;条件正定核函数具有较好的插值能力,可作为局部核函数 $K_g(x,y)$,在 q 为 0.5 时,条件正定核的局部特性较强[4]。由此得到基于组合核函数的非线性退化模型(MK – R,Multi – Kernel based Non – linear Regression Model):

$$K(x,y) = \mu(x \cdot y)^d - (1-\mu)\|x-y\|^q + 1, \quad d \in N \quad 0 < q \leqslant 2 \tag{4}$$

式中,$\mu, 1-\mu$ 表示两种核函数的比例系数,它的取值情况确定了 MK – R 模型的具体形式。最简单的处理方式是将条件正定核与多项式核两种函数的样本学习和预测性能同等对待,

即 μ 取值为0.5。基于这两种核函数构建退化核函数,使得退化模型既具有较好的学习能力,又具有较好的外推能力。

2.2.2 分类特征的引入

植被指数是一种重要的遥感参数。归一化植被指数 $NDVI$ 是最为常用的植被指数,其在有植被的地方会有较高的值,其缺点是在高植被区容易饱和,在低植被区易受土壤背景影响,故应该同时引入增强植被指数 EVI,两种植被指数能够在特性反应方面互补。实验中将 $NDVI$ 和 EVI 综合考虑,均作为分类特征引入退化模型。

纹理信息是遥感图像中的一种空间结构特征,它可以看做是局部图案在一个比它本身大的区域做重复的非随机分布。灰度共生矩阵是常用的纹理分析方法,在实际应用中纹理识别和应用的特征量是由灰度共生矩阵获取的某些统计量,对于遥感图像来说,角二阶矩(ASM)、熵(ENT)、同质区(HOM)、非相似性(DIS)是能发挥较好识别作用的统计量[5]。

$$ASM = \sum_{i=1}^{N} \sum_{j=1}^{N} P_{\delta}(i,j)^2 \qquad (5)$$

$$ENT = \sum_{i=1}^{N} \sum_{j=1}^{N} P_{\delta}(i,j) \cdot \log P_{\delta}(i,j) \qquad (6)$$

$$HOM = \sum_{i=1}^{N} \sum_{j=1}^{N} P_{\delta}(i,j) / [1 + (i-j)^2] \qquad (7)$$

$$DIS = \sum_{i=1}^{N} \sum_{j=1}^{N} |i-j| P_{\delta}(i,j) \qquad (8)$$

3 意义

研究阐述了多空间分辨率遥感图像复合解析技术的必要性,指出了传统基于线性退化函数模型的复合分类算法所存在的问题,提出了基于组合核函数的非线性退化模型复合分类方法,利用高、低空间分辨率图像间的多对一空间关系,建立非线性退化模型,试验中通过与传统线性退化模型复合分类精度的比较分析,表明新方法可较大程度地提高总体分类精度,纹理信息的引入有助于进一步改善分类精度。

参考文献

[1] 郭琳,孙卫东,王琼华,等. 基于组合核非线性退化模型的遥感图像复合分类. 农业工程学报,2008,24(10):145–150.

[2] Sykes A O. An Introduction to Regression Analysis. ChicagoWorking Paper in Law & Economics. 1993:8–10.

[3] Smits G F,Jordan E M. Improved SVM regression usingmixtures of kernels. IEEE Proceeding of IJCNN 02

onNeural Networks,2002：785 – 790.

[4]　张冰,孔锐. 一种支持向量机的组合核函数. 计算机应用,2007,(1):44 – 46.

[5]　Baraldi A,Parminggian F. An Investigation on the Texture Characteristics Associated with Gray Level Co – occurrence Matrix Statistical Parameters. IEEE Trans. On Geosciences and Remote Sensing,1995,32(2): 293 – 303.

毛乌素沙地的土壤水分遥感模型

1 背景

目前国内外关于土壤水分的遥感监测已有大量研究成果[1,2]。根据遥感光谱波段,可分为可见光和近红外遥感方法、热红外遥感方法与微波遥感方法。周会珍等[3]拟利用NO-AA – AVHRR资料与常规气象数据,采用条件温度植被指数法,以地处毛乌素沙地腹地的乌审旗为例,建立了基于条件温度植被指数的0~50 cm土壤水分遥感估算模型,计算出1982—1993年乌审旗地区0~50 cm土体各层土壤水分,并对乌审旗土壤水分状况的时空分布特征进行分析,为今后该地区水资源的合理利用以及相应的产业结构调整提供了科学依据。

2 公式

2.1 数据处理

2.1.1 遥感数据

选取1982—1993年AVHRR—pathfinder中的第4、5通道亮温数据,空间分辨率为8 km×8 km,用旬NDVI最大值进行检云处理,然后将像元的灰度值转换成亮度温度[4]:

$$BT = (DN - Offset) \times Gain \tag{1}$$

式中,BT(Brightness Temperature)为亮度温度;DN(Digital Number)为像元的灰度值;Offset = -31 990;Gain =0.005。经图像截取、投影转换(由古德投影类型为等积圆锥投影,其中,第一标准纬线33°N,第二标准纬线39°N,中央经线108°E),并重采样为1 km×1 km乌审旗每月的亮度温度图像。

2.1.2 气象与土壤水分数据

实验选取1982—1993年毛乌素沙地3个农业气象观测站(乌审旗、榆林、盐池)的土壤水分观测数据,包括土壤质量含水率、田间持水量、土壤容重、地下水深度等,计算出各层(0~10 cm,10~20 cm,20~30 cm,30~40 cm,40~50 cm)月平均土壤质量含水率,然后利用下式计算出月平均各层土壤水分 w[5]:

$$w = c \times H \times \rho_b \times 10 \tag{2}$$

式中,w 为土壤水分,mm;c 为土壤质量含水率,%;H 为土层厚度,cm;ρ_b 为土壤容重,g/cm³。

2.2 研究方法

2.2.1 条件温度植被指数的计算模型

条件温度植被指数(VTCI)综合了地面植被和地表温度状况,研究特定年内某一时期整个区域相对干旱的程度及其变化规律,其计算公式为[6]:

$$VTCI = \frac{LST_{NDVI_{i},\max} - LST_{NDVI_{i}}}{LST_{NDVI_{i},\max} - LST_{NDVI_{i},\min}} \tag{3}$$

式中,$NDVI_i$ 为第 i 个像元的 $NDVI$ 值,LST_{NDVI_i} 为某一像元 $NDVI$ 值为 $NDVI_i$ 时的地表温度;$LST_{NDVI_{i},\max}$、$LST_{NDVI_{i},\min}$ 分别为在研究区域内,当 $NDVI$ 值为 $NDVI_i$ 时地表温度的最大值和最小值,即"干边"和"湿边"。"干边"和"湿边"可根据 $NDVI$ 和 LST 的散点图来确定,其计算公式分别为:

$$LST_{NDVI_{i},\max} = a + bNDVI_i$$
$$LST_{NDVI_{i},\min} = a' + b'NDVI_i \tag{4}$$

式中,a、b、a'、b'分别为"干边"和"湿边"的截距与斜率。

2.2.2 "干边"与"湿边"的确定

利用每月地表温度 LST 与植被指数 $NDVI$ 组成的特征空间绘制 LST 与 $NDVI$ 散点图。在散点图中,找出每个 $NDVI$ 值所对应的该图像中最大的 $LST_{\max}$ 和最小的 $LST_{\min}$,然后每个 $NDVI$ 值与对应的 $LST_{\max}$ 组成"干边",每个 $NDVI$ 值与对应的 $LST_{\min}$ 组成"湿边",分别拟合出每月的"干边"与"湿边",并得到系数 a、b、a'、b'的值。图 1 是以 1982 年 8 月和 1992 年 7 月为例得到的 LST 与 $NDVI$ 的散点图。

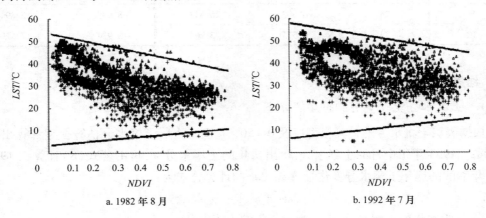

a. 1982 年 8 月　　　　　　　　　　b. 1992 年 7 月

图 1　LST 与 $NDVI$ 散点图

1982 年 8 月的关系式为：

$$LST_{NDVI_{i,max}} = 52.613 + 41.702NDVI_i$$
$$LST_{NDVI_{i,min}} = 3.831 + 7.197NDVI_i \tag{5}$$

1992 年 7 月的关系式为：

$$LST_{NDVI_{i,max}} = 58.602 - 26.79NDVI_i$$
$$LST_{NDVI_{i,min}} = 7.201 + 8.687NDVI_i \tag{6}$$

2.2.3 表层土壤水分的计算模型

利用实测表层 0～10 cm 土壤水分数据，建立土壤水分与条件温度植被指数、降水量和潜在蒸散量之间的相关模型[7]：

$$w = a_0 + a_1 \times e^{-VTCI} + a_2 \times e^{-(p/Ep)} \tag{7}$$

式中，w 为土壤水分；a_0、a_1、a_2 为经验系数；P 为降水量；Ep 为潜在蒸散量，由 Penman 公式计算得到。结合观测数据建立每个月的统计关系式，然后据此可得到区域的表层土壤水分。其中各个月份的经验系数 a_0、a_1、a_2 如表 1 所示。

表 1 各月表层土壤水分计算模型的经验系数取值

月份	样本数	相关系数 R^2	a_0	a_1	a_2
3	23	0.599	29.882	-11.966	-14.602
4	23	0.416	20.338	-0.591	-12.312
5	23	0.341	18.759	-2.840	-8.890
6	23	0.742	24.596	-3.259	-18.262
7	24	0.573	22.403	-6.903	-14.039
8	24	0.571	16.979	-2.166	-10.244
9	24	0.802	26.433	-8.985	-15.894
10	23	0.575	23.963	-2.934	-17.929

2.3 结果与分析

2.3.1 土壤水分变化量 Δw 的空间分布

根据表层土壤水分的计算模型以及 0～50 cm 土体逐层土壤水分估算模型计算出乌审旗 1982—1993 年每个月的土壤水分，得出每年的土壤水分 w，再由公式（8）计算出 1982—1993 年期间的逐年土壤水分变化量 Δw。Δw 的计算公式为：

$$\Delta w = w_{本年} - w_{上年} \tag{8}$$

式中，$w_{本年}$ 为本年的土壤水分；$w_{上年}$ 为上一年的土壤水分。

2.3.2 区域平均土壤水分变化量 Δw 的时间分布

图 2a 为乌审旗 1982—1993 年平均土壤水分变化量 Δw 的动态变化图。可以看出：年

土壤水分变化量 Δw 的变化不大,基本在 ± 50 mm 之间变动。其中 1983 年、1984 年、1985 年、1988 年、1989 年、1990 年及 1992 年区域平均土壤水分变化量 Δw 为正值,而 1986 年、1987 年、1991 年及 1993 年平均土壤水分变化量 Δw 为负值。

图 2b 为乌审旗 1982—1993 年 3—10 月各月平均土壤水分变化量 Δw 及降水变化量 Δp 的动态变化图。其中,降水变化量 Δp 的计算公式为:

$$\Delta p = p_{本月} - p_{上月} \tag{9}$$

式中,$p_{本月}$ 为本月的降水量;$p_{上月}$ 为上一月的降水量。

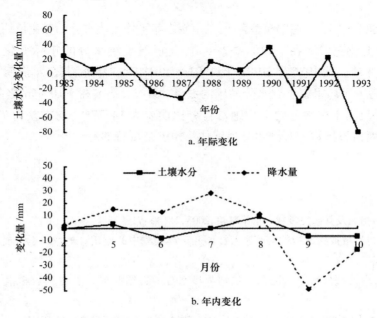

图 2　乌审旗平均土壤水分变化量(Δw)的年际和年内变化
(1982—1993 年)

2.3.3　误差分析

利用乌审旗农业气象观测站 1985—1993 年的 0~50 cm 土体各层土壤重量含水率计算得出月平均土壤水分(1982—1984 年乌审召农业气象观测站土壤重量含水率数据有缺失),然后计算得到年土壤水分,最后将年土壤水分与遥感反演的土壤水分相比较,通过平均相对误差($MAPD$)和均方差($RMSD$)两种统计量对模型的精度进行验证。

平均绝对百分比误差($MAPD$):

$$MAPD = \frac{100}{n} \sum_{i=1}^{n} \frac{|P_i - O_i|}{\overline{O}} \tag{10}$$

均方差($RMSD$):

$$RMSD = \left[\frac{1}{n} \sum_{i=1}^{n} (P_i - O_i)^2 \right]^{1/2} \tag{11}$$

式中, P 为计算值; O 为实测值; n 为样本数。

结果表明,基于条件温度植被指数的 0 ~ 50 cm 土体土壤水分遥感估算模型的平均绝对百分比误差为 14.77%,均方差为 77.54 mm。

3 意义

毛乌素沙地的土壤水分遥感模型表明:乌审旗多年平均土壤水分的变化量约为 -3.47 mm,逐年土壤水分变化量 Δw 在 -118 ~ 82 mm。乌审旗土壤水分的年际变化不大,基本在 ±50 mm 之间变动。除 1986 年、1987 年、1991 年以及 1993 年外,其余年份乌审旗土壤水分变化量 Δw 都为正。乌审旗土壤水分的年内波动也不大,基本在 ±10 mm 之间。通过误差分析可知,遥感反演土壤水分的平均绝对百分比误差为 14.77%,均方差为 77.54 mm。可见基于条件温度植被指数的土壤水分遥感估算模型是可行的。

参考文献

[1] 郭铌. 植被指数及其研究进展. 干旱气象,2003,21(4):71 - 75.

[2] 郭铌,管晓丹. 植被状况指数的改进及在西北干旱监测中的应用. 地球科学进展,2007,22(11): 1160 - 1168.

[3] 周会珍,刘绍民,白洁,等. 毛乌素沙地土壤水分的遥感监测. 农业工程学报,2008,24(10): 134 - 140.

[4] The Goddard Distributed Active Archive Center,NOAA/NASA Pathfinder AVHRR Land Data Set User's Mannual. September 1994,Version 3.1.

[5] 刘伟. 植被覆盖地表极化雷达土壤水分反演与应用研究. 北京:中国科学院遥感应用研究所,2004.

[6] 王鹏新,Wan Zhengming,龚健雅,等. 基于植被指数和土地表面温度的干旱监测模型. 地球科学进展,2003(4):527 - 532.

[7] 杨胜天,刘昌明,王鹏新. 黄河流域土壤水分遥感估算. 地理科学进展,2003,22(5):454 - 462.

蒸散和土壤含水量的遥感模型

1 背景

遥感技术是获取区域信息的强有力手段。目前,区域蒸散[1-2]和区域表层土壤含水量[3-5]的遥感估算研究很多,大部分需要地表温度[1-2]、植被指数、净辐射通量、植被覆盖度[6-7]或叶面积指数[8]等地表参数,因此蒸散和土壤含水量与这些地表参数存在一定的反馈效应。王春梅等[9]应用灌溉前后两景 Landsat TM - 5 卫星遥感数据,采用 SEBAL 模型进行了区域蒸散估算,综合应用归一化植被指数($NDVI$)和地表温度(T_s),计算了该区域的条件植被温度指数($VTCI$),并估算了表层土壤含水量(0~20 cm)。在获得区域净辐射通量、地表温度以及植被覆盖度空间分布的基础上,进一步对灌溉前后两景影像中日蒸散和表层土壤含水量的影响因素进行了分析。

2 公式

2.1 SEBAL 模型原理

2.1.1 SEBAL 遥感蒸散模型

SEBAL 模型(Surface Energy Balance Algorithm for Land)是国际上应用较为成功的遥感蒸散模型[10]。该模型有着清晰的物理概念,自 1998 年应用以来,已被作为利用遥感计算蒸散的重要方法,在欧美与亚非拉等一些国家得到成功应用[10-12]。

SEBAL 模型是基于地表能量平衡的模型方程:

$$R_n = LE + G + H \tag{1}$$

式中,R_n 为地表净辐射通量;LE 为潜热通量;G 为土壤热通量;H 为显热通量。SEBAL 模型首先利用遥感数据的可见光、近红外及热红外波段进行区域地面参数的反演,包括植被指数、反照率、比辐射率和地表温度,然后根据地面参数分别计算卫星过境时的瞬时 R_n、G 和 H,再通过能量平衡方程计算剩余项 LE,最后转换成当天的日蒸散量。

2.1.2 SEBAL 模型参数的确定

1)大气外光谱反射率 ρ

计算反射率 ρ 之前,需要进行辐射定标,计算各波段的大气外光谱辐射亮度 L〔W/

63

$(m^2 \cdot \mu m \cdot sr)$〕:

$$L = G_{rescale} \times Q_{cal} + B_{rescale} \tag{2}$$

式中，Q_{cal} 为遥感像元的灰度值；$G_{rescale}$、$B_{rescale}$ 分别为该波段的增益和偏移，可通过影像的头文件获得。

大气外光谱反射率 ρ 的计算方法为：

$$\rho = \frac{\pi \cdot L \cdot d^2}{ESUN \cdot \cos \theta_s} \tag{3}$$

式中，d 为日地天文单位距离；$ESUN$ 为相应波段大气外光谱辐照度，$W/(m^2 \cdot \mu m)$；θ_s 为太阳天顶角，rad。

2）地面反照率 α

根据得到的各波段反射率计算大气外的反照率 α_{toa}，然后得到地面的反照率 α：

$$\alpha_{toa} = \sum c_i \rho_i \tag{4}$$

$$\alpha = \frac{\alpha_{toa} - \alpha_{path-r}}{\tau_{sw}^2} \tag{5}$$

式中，c_i 为第 i 波段的权重系数，$i = 1,2,3,4,5,7$；α_{path-r} 为程辐射，取 0.03；τ_{sw} 为大气单向透射率。

3）归一化植被指数 $NDVI$

$$NDVI = \frac{\rho_4 - \rho_3}{\rho_4 + \rho_3} \tag{6}$$

式中，ρ_3、ρ_4 分别为 TM 第 3、4 波段的反射率。

4）比辐射率 ε_0

地表比辐射率 ε_0 的计算采用 $NDVI$ 估算法[13]：

$$\varepsilon_0 = 1.009 + 0.047\ln(NDVI) \tag{7}$$

5）地表温度 T_s

SEBAL 模型对地表温度的反演进行了简化，即 TM 第 6 波段计算的亮度温度 T 经简单校正后，获得地表温度 T_s：

$$T_s = \frac{K_2}{\varepsilon_0^{0.25}\ln\left(\frac{K_1}{L_6} + 1\right)} \tag{8}$$

式中，L_6 为 TM 第 6 波段的大气外光谱辐射亮度；K_1、K_2 为常数，分别为 607.76 $W/(m^2 \cdot sr \cdot \mu m)$、1 260.56 K。

2.1.3 能量平衡各分量的确定

SEBAL 模型对地表净辐射通量 R_n 和土壤热通量 G 的计算方法与其他模型基本相同，主要区别在于其显热通量计算方法的创新。

1）地表净辐射通量 R_n

$$R_n = (1 - \alpha)K_{in} + (L_{in} - L_{out}) - (1 - \varepsilon_0)L_{in} \tag{9}$$

式中，K_{in} 为入射短波辐射，W/m^2；L_{in} 为入射长波辐射，W/m^2；L_{out} 为出射长波辐射，W/m^2。

其中：

$$K_{in} = G_{sc} \times \cos (\theta_s) \times dr \times \tau_{sw} \tag{10}$$

$$L_{in} = 1.08(-\ln\tau_{sw})^{0.265}sT_{oref}^4 \tag{11}$$

$$L_{out} = \varepsilon_0 sT_0^4 \tag{12}$$

式中，G_{sc} 为太阳常数，$1\ 367\ W/m^2$；s 为波尔兹曼常数，$5.67 \times 10^{-8}W/(m^2 \cdot K^4)$；$T_{oref}$ 为参考高度的空气温度，可以取灌水充足的植被表面温度。

2）土壤热通量 G

在热量平衡中，土壤热通量是一个相对较小的量，直接计算较为困难，SEBAL 模型应用经验公式对植被下垫面的土壤热通量进行简单估算：

$$G = \frac{T_s}{\alpha}(0.003\ 8\alpha + 0.007\ 4\alpha^2)(1 - 0.98NDVI^4)R_n \tag{13}$$

对非植被下垫面，式（13）近似为：

$$G = 0.2R_n \tag{14}$$

3）显热通量 H

显热通量的计算方法通常为：

$$H = \rho \times C_\rho \times \frac{dT_a}{r_{ah}} \tag{15}$$

式中，ρ 为空气密度，kg/m^3；C_p 为空气定压比热，$J/(kg \cdot K)$；r_{ah} 为空气动力学阻力，s/m；dT_a 为地面高度 z_1、z_2 处的空气温度差。

式（15）中，H、r_{ah} 和 dT_a 均为未知量且彼此相关，因此 SEBAL 模型引入了较为复杂的循环递归算法，需要迭代计算直到 H 稳定为止。具体计算步骤如下。

假设 200 m 高度处的风速不受地面粗糙度的影响，求得中性稳定度下的摩擦速度 u^* 与空气动力学阻力 r_{ah}：

$$u^* = \frac{ku_{200}}{\ln\left(\frac{z_{200}}{z_{om}}\right)} \tag{16}$$

$$r_{ah} = \frac{\ln\left(\frac{z_2}{z_1}\right)}{u^* k} \tag{17}$$

式中，u_{200} 为 z_{200} 高度处的风速，m/s；z_{om} 为动量表面粗糙度；k 为卡曼常数，取 0.41。

4）瞬时潜热通量 LE

根据计算的 R_n、G、H，由能量平衡方程[式（1）]，即可得到瞬时潜热通量 LE。

5）日蒸散通量 ET_{24}

假定蒸发比(Λ)在 24 h 内为常数,则日蒸散 ET_{24}(mm/d)为:

$$ET_{24} = \frac{86\ 400\Lambda(R_{n24} - G_{24})}{\lambda} \tag{18}$$

$$\Lambda = \frac{R_n - G - H}{R_n - G} \tag{19}$$

式中,λ 为汽化潜热,J/kg;R_{n24}、G_{24} 分别为日平均净辐射通量和日平均土壤热通量。通常假设 G_{24} 近似为 0(对于植被和土壤表层),主要是因为白天储存在土壤中的能量将会在晚上释放到空气中去。

2.2 条件温度植被指数

条件温度植被指数(vegetation temperature condition index,VTCI)是研究区域相对干旱程度及其变化规律的重要参数[3,5]。VTCI 的定义为:

$$VTCI = \frac{T_{sNDVI_{i.\ max}} - T_{sNDVI_i}}{T_{sNDVI_{i.\ max}} - T_{sNDVI_{i.\ min}}} \tag{20}$$

其中:

$$T_{sNDVI_{i.\ max}} = a + bNDVI_i \tag{21}$$

$$T_{sNDVI_{i.\ min}} = a' + b'NDVI_i \tag{22}$$

式中,$T_{sNDVI_{i.\ max}}$、$T_{sNDVI_{i.\ min}}$ 分别表示在研究区域内,当 $NDVI_i$ 值等于某一特定值时的地表温度的最大值和最小值;T_{sNDVI_i} 为某一像元的 $NDVI$ 值为 $NDVI_i$ 时的土地表面温度;a、b、a'、b' 为待定系数。在本研究中,通过绘制散点图得到 $T_{sNDVI_{i.\ max}}$、$T_{sNDVI_{i.\ min}}$ 与 $NDVI_i$ 间的线性方程,从而得到待定系数。

2.3 植被覆盖度

植被覆盖度 f 的遥感反演选用"混合像元"条件下的密度模型[14]:

$$f = \frac{NDVI - NDVI_{min}}{NDVI_{max} - NDVI_{min}} \tag{23}$$

式中,$NDVI_{max}$ 为研究区植被全覆盖像元的 $NDVI$ 值;$NDVI_{min}$ 为裸土的 $NDVI$ 值。

2.4 蒸散量和表层土壤含水量的空间变异分析

本区域表层土壤含水量的估算模型是先计算 $VTCI$,然后再结合地面土壤含水量观测资料建立表层土壤含水量计算模型。根据 2005 年 6 月 6 日和 2005 年 6 月 22 日影像数据的 $NDVI$ 和 T_s 的空间散点图拟合的"干边"和"湿边"分别表示如下。

6 月 6 日:

$$T_{sNDVI_{i,max}} = -29.69NDVI_i + 331.97 \tag{24}$$

$$T_{sNDVI_{i,min}} = -12.50NDVI_i + 302.88 \tag{25}$$

6 月 22 日:

$$T_{sNDVI_{i,max}} = -34.54NDVI_i + 320.35 \tag{26}$$

$$T_{sNDVI_{i,\min}} = 11.77NDVI_i + 274.53 \tag{27}$$

根据以上拟合的"干边"和"湿边"方程,利用式(20)~式(22)计算 VTCI,同时建立基于 VTCI 的表层土壤含水量反演模型。2005 年 6 月 6 日和 6 月 22 日表层土壤(0~20 cm)含水量 θ 和相应的 VTCI 之间的拟合方程分别是:

$$\theta = 0.053 \times e^{(2.07VTCI)} \quad r = 0.80 \tag{28}$$
$$\theta = 0.051 \times e^{(2.11VTCI)} \quad r = 0.92 \tag{29}$$

经方差分析,基于条件温度植被指数的土壤含水量反演模型达到极显著性水平。

根据 SEBAL 模型,在估算净辐射通量、地表温度和覆盖度等地表参数的基础上,最终获得灌溉前后两景的日蒸散量的空间分布(图 1),可见研究区域日蒸散的空间分布存在区域差异性,这主要与土地利用类型有关,西部蒸散量较小的区域主要是低密度草地,其他大部分区域主要种植农作物。

3 意义

蒸散和土壤含水量的遥感模型表明,区域蒸散和表层土壤含水量的遥感估算与地面同步观测值比较,能较好地反映研究区域的蒸散和地表含水量的空间变异特征。当土壤较干时,区域蒸散的空间分布变异较大,而表层土壤含水量的空间变异较小。在灌溉前后两景影像中,日蒸散与净辐射通量、地表温度和覆盖度之间都有极显著的相关性,决定系数均在 0.90 以上,而日蒸散量与表层土壤含水量的相关性以灌溉后较高。此外,表层土壤含水量与地表温度、覆盖度都呈显著的相关性,但比较而言,地表温度指数关系的离散性较小,相关系数也大。但地表温度、覆盖度与表层土壤含水量的相关性都依赖于土壤干湿程度,通常土壤越湿,相关性也越高。

参考文献

[1] Bastiaanssen W G M, Menenti M, Feddes R A, et al. A remote sensing surface energy balance algorithm for land(SEBAL): 1. Formulation. Journal of Hydrology, 1998a, 212 – 213: 198 – 212.

[2] Bastiaanssen W G M, Pelgrum H, Wang J, et al. A remote sensing surface energy balance algorithm for land (SEBAL): 2. Validation. Journal of Hydrology, 1998b, 212 – 213: 213 – 229.

[3] 王鹏新, Wan Zhengming, 龚健雅, 等. 基于植被指数和土地表面温度的干旱监测模型. 地球科学进展, 2003, 18(4): 527 – 533.

[4] Allen R G, Bastiaanssen W G M, Tasumi M, et al. Evapotranspiration on the watershed scale using the SEBAL model and Landsat Images. Paper Number 01 – 2224, ASAE, Annual International Meeting. Sacramento, California, 2001, July 30 – August 1.

[5] Wan Z, Wang P, Li X. Using MODIS land surface temperature and Normalized Difference Vegetation Index

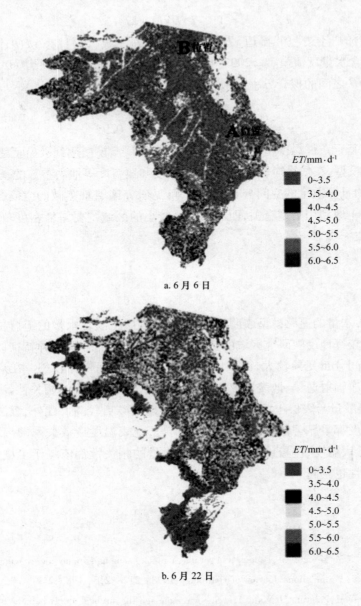

a. 6月6日

b. 6月22日

图 1　日蒸散量的空间分布

products for monitoring drought in the southern Great Plains, USA. International Journal of Remote Sensing, 2004, 25(1): 61 -72.

[6]　Leprieur C, Kerr Y H, Mastorchio S, et al. Monitoring vegetation cover across semi - arid regions: comparison of remote observations from various scales. International Journal of Remote Sensing, 2000, 21 (2): 281 - 3001.

[7] Symeonakis E, Drake N. Monitoring desertification and land degradation over sub – Saharan Africa. International Journal of Remote Sensing, 2004, 25(3): 573 – 5921.

[8] Warren B C, Thomas K M, Zhi Q Y, et al. Comparisons of land cover and LAI estimates derived from ETM[+] and MODIS for four sites in North America: a quality assessment of 2000/2001 provisional MODIS products. Remote Sensing of Environment, 2003, 88(3): 233 – 255.

[9] 王春梅, 王鹏新, 朱向明, 等. 区域蒸散和表层土壤含水量遥感模拟及影响因子. 农业工程学报, 2008, 24(10):127 – 133.

[10] Bastiaanssen W G M. SEBAL – based sensible and latent heat fluxes in the irrigated Gediz Basin Turkey. Journal of Hydrology, 2000, 229(1 – 2): 87 – 100.

[11] Allen R G, Morse A, Tasumi M, et al. Evapotranspiration from Landsat(SEBAL)Water Rights Management and Compliance with Multi – State Water Compacts. Geoscience and Remote Sensing Symposium. IGARSS. IEEE International, 2001, 2: 830 – 833.

[12] Lalith C, Malika W. Satellite measurement supplemented with meteorological data to operationally estimate evaporation in Sri Lanka. Agriculture Water Management, 2003, 58(2): 89 – 107.

[13] van de Griend A A, Owe M. On the relationship between thermal emissivity and the normalized difference vegetation index for natural surfaces. International Journal of Remote Sensing, 1992, 14(6): 1119 – 1131.

[14] Price J C. Estimating leaf area index from satellite data. IEEE Transactions on Geoscience and Remote Sensing, 1993, 31(3): 727 – 734.

食品的挤压模型

1 背景

食品挤压加工能够同时完成多种单元操作,具有操作简单、原料损失少、能量利用率高、原料适应性强、加工成本低等优点[1]。挤压可以用来生产多种食品,其中在膨化和组织化方面的应用最多[2]。在食品挤压研究中对挤压过程数值模拟的研究相对较少,而对挤压产品的特性进行了较广泛的研究,有些还建立了相应的数学模型。可以将挤压引起的食品特性变化模型分为动力学模型、降解模型、流变模型、膨胀模型、质构模型和统计模型6类。对每一类中不同研究者所建立的模型进行比较分析,可以理清建立模型的思路,了解在建立某一类模型时应当考虑哪些因素,在模型中如何体现。赵学伟等[3]仅就前3种模型进行综述。

2 公式

2.1 流变模型

食品物料经过挤压机的高温和剪切作用,变为具有黏弹性的熔融体,通常用幂律模型描述熔融体的黏度与剪切速率的关系[4]:

$$\eta = K \dot{\gamma}^{m-1} \tag{1}$$

式中,η 为黏度;K 为稠度指数;$\dot{\gamma}$ 为剪切速率;m 为流动行为指数。

2.1.1 温度、含水率的影响

除材料自身的组分构成外,挤压过程中的含水率(M)、温度(T)以及剪切作用均对黏度产生影响。Cervone 和 Harper 在研究预糊化玉米粉的黏度时,提出公式(2)来表示温度和含水率对黏度的影响[5]。温度对黏度的影响符合 Arrhenius 方程,含水率对黏度的影响符合指数函数关系。该公式被后来的很多研究者所采用。

$$\eta = K_0 \exp\left(\frac{\Delta E_v}{RT} - a_1 M\right) \dot{\gamma}^{m-1} \tag{2}$$

式中,K_0 为稠度指数的指前因子;ΔE_v 为温度导致流动的活化能;R 为气体常数;a_1 为常数。

比较式(1)与式(2)可以看出:

$$K = K_0 \exp\left(\frac{\Delta E_v}{RT} - a_1 M\right) \tag{3}$$

70

很多流变模型研究的目的其实就是建立黏度影响因素与 K 的关系。

2.1.2 剪切作用的影响

1) 以单位机械能耗表示

单位机械能耗是反映挤压过程中物料吸收剪切能量多少的重要参数。一般在式(2)指数项中加入单位机械能耗(W)项,以考虑剪切作用对黏度产生的影响。Vergenes 和 Villemaire 在进行玉米淀粉挤压研究时得出式(4),同时发现 m 与 T、W 有关[6]。Della 等研究玉米淀粉挤压熔融体的黏度时得出式(5),还发现 m 与 T、M、W 有关[7]。

$$\eta = K_0 \exp\left[-\frac{\Delta E_v}{R}\left(\frac{1}{T} - \frac{1}{T_r}\right) - a_1(M - M_r) - a_2(M - M_r)\right]\dot{\gamma}^{m(T,W)-1} \qquad (4)$$

$$\eta = K_0 \exp\left(\frac{\Delta E_v}{RT} - a_1 M - a_2 W\right)\dot{\gamma}^{m(T,M,W)-1} \qquad (5)$$

式中,a_2 为常数;T_r 为参考温度;M_r 为参考含水率;W_r 为单位机械能耗参考值。

也有研究者在黏度与 W 之间建立线性关系。例如,Wang 等就 M 和 W 对黏度的影响得出式(6)[8]。

$$\eta = K_0 \exp\left(a_1 M\right)\left(1 - a_2 W\right)\dot{\gamma}^{m-1} \qquad (6)$$

2) 以转速表示

Senouci 和 Smith 在研究玉米粉和马铃薯粉的黏度时,用螺杆转速(N)反映剪切效应对黏度的影响[9][式(7)]。Akdogan 等在研究大米淀粉高水分挤压的流变特性时采用方程(8)表示转速对黏度的影响[10],该方程认为黏度是转速的指数函数,而方程(7)认为黏度是转速的幂函数。

$$\eta = K_0 \exp\left(\frac{\Delta E_v}{RT} - a_1 M\right)N^{-a_3}\,\dot{\gamma}^{m(T,M,W)-1} \qquad (7)$$

$$\eta = K_0 \exp\left(\frac{\Delta E_v}{RT} + a_1 M + a_4 N\right)\dot{\gamma}^{m-1} \qquad (8)$$

式中,a_3、a_4 为常数。

2.1.3 同时考虑热效应和剪切效应的影响

剪切作用和热效应使蛋白质变性、淀粉糊化,同时还产生降解作用,从而对黏度产生影响。

1) 以糊化度表示

Lai 在研究玉米淀粉挤压过程中的黏度时,根据聚合物体系的黏度是浓度的幂函数以及淀粉聚合物的浓度与糊化度(D_g)成正比,得出式(9),并指出式(5)中的 ΔE_v 和 a_1 不是常数,而是与挤压条件有关[11]。Sandoval 的研究则显示黏度是糊化度的指数函数[12][式(10)]。

$$\eta = K_0 \exp\left[\frac{\Delta E_{v,0} + a_5 M}{RT} - (a_6 + a_7 T)M\right]D_g^{a_8}\dot{\gamma}^{m-1} \qquad (9)$$

式中,$\Delta E_{v,0}$ 表示 M 为 0 时的活化能;a_5、a_6、a_7、a_8 为常数。

$$\eta = 337\exp\left(\frac{2341}{T} - 5.78 \times 10^{-2}M + 0.64D_g\right)\dot{\gamma}^{-0.82} \tag{10}$$

2)以时温历程和剪切历程表示

Morgan 等在研究蛋白面团的黏度时,根据变性蛋白面团的黏度等于未变性时的黏度与由于蛋白分子展开导致的黏度增大量之和,在一系列假设的基础上推导出式(11)[13]。该模型十分复杂,可以看做是对剪切黏度式进行分步校正后的结果(表1)。

$$\eta_{\gamma,T,M,\psi,\varphi} = \exp\left[\frac{\Delta E_v}{R}\left(\frac{1}{T} - \frac{1}{T_r}\right) + a_1(M - M_r)\right]\left[\left(\frac{\tau_r}{\dot{\gamma}}\right)^m + \mu_r^m\right]^{\frac{1}{m}} \times$$

$$\{1 + \beta_r(A_3 M^\varepsilon h_p)^\alpha[1 - \exp(-k_d\psi)]^\alpha\}\{1 - \beta_0[1 - \exp(-k_\varphi\varphi)]\} \tag{11}$$

式中,β_r、A_3、ε、α 为与物料特性有关的常数;τ_r、μ_r 分别为未变性蛋白面团在参考温度时的屈服应力和剪切速率趋于无穷大时的黏度极限值;k_d 为蛋白质变性反应速率常数;h_p 为蛋白质的比热;k_φ 为剪切历程对黏度影响的速率常数;ψ 为时温历程:

$$\psi = \begin{cases} \int_0^t T(t)\exp\left(\frac{\Delta E_d}{RT(t)}\right)\mathrm{d}t & T \geqslant T_d \\ 0 & T < T_d \end{cases}$$

式中,T_d 为蛋白质变性温度;ΔE_d 为蛋白变性活化能;t 为时间;φ 为剪切历程,$\varphi = \int^t \dot{\gamma}(t)\mathrm{d}t$; $\beta_0 = \dfrac{\eta_{\varphi=0} - \eta_{\varphi\to\infty}}{\eta_{\varphi=0}}$; $\eta_{\varphi=0}$ 为 φ 等于 0 时的黏度;$\eta_{\varphi\to\infty}$ 表示 $\varphi \to \infty$ 时的黏度。

表 1 对剪切黏度的分步校正

校正内容	校正后的黏度方程
(剪切黏度)	$\eta_{\dot{\gamma}} = \left[\left(\dfrac{\tau_r}{\dot{\gamma}}\right)^m + \mu_r^m\right]^{\frac{1}{m}}$
温度	$\eta_{\dot{\gamma},T} = \eta_{\dot{\gamma}}\exp\left[\dfrac{\Delta E_v}{R}\left(\dfrac{1}{T} - \dfrac{1}{T_r}\right)\right]$
含水率	$\eta_{\dot{\gamma},T,M} = \eta_{\dot{\gamma},t}\exp[a_1(M - M_r)]$
时温历程	$\eta_{\gamma,T,M,\psi} = \eta_{\dot{\gamma},T,M}\{1 + \beta_r(A_3 M^\varepsilon h_p)^\alpha[1 - \exp(-k_d\psi)]^\alpha\}$
剪切历程	$\psi_{\gamma,T,M,\phi} = \eta_{\dot{\gamma},T,M,\psi}\{1 - \beta_0[1 - \exp(-k_\phi\phi)]\}$

注:等式左边参数符号表示考虑下标物理量时的黏度。

Mackey 等在 Morgan 模型的基础上推导出用于描述低含水率淀粉质面团的黏度模型[式(12)][14]。该式右边第二项为温度和水分对黏度的影响,最后两项分别表示时温历程和剪切历程造成的淀粉糊化对黏度的影响。

$$\eta_{\dot{\gamma},T,M,\psi,\varphi} = \eta_{\dot{\gamma}} \exp\left[\frac{\Delta E_v}{R}\left(\frac{1}{T} - \frac{1}{T_r}\right) + a_1(M - M_r)\right] \times$$

$$\{1 + A[1 - \exp(-k_d\psi)]^{\alpha}\}\{1 - \beta_0[1 - \exp(-k_{\varphi}\varphi)]\} \tag{12}$$

式中,$\eta_{\dot{\gamma}}$ 为在温度、水分为参考值 T_r、W_r 以及 $\psi = \varphi = 0$ 时的黏度模型;k_g 为淀粉糊化速率

常数;$\psi = \begin{cases} \int_0^t T(t) \exp\left(\dfrac{\Delta E_g}{RT(t)}\right) \mathrm{d}t & T \geq T_g \\ 0 & T < T_g \end{cases}$,$T_g$ 为淀粉的糊化温度;ΔE_g 为淀粉糊化活化

能;$A = \dfrac{\eta_{\infty}^*}{\eta_{\dot{\gamma},T,M}}$,$\eta_{\infty}^*$ 为 $\psi \to \infty$ 时糊化导致的黏度增大量。

2.1.4 其他因素的影响

Martin 等对塑化小麦淀粉的黏度研究表明,甘油含量(P_c)与黏度存在如下关系[15]:

$$\eta = K_0(\dot{\gamma})^{m-1} \exp\left(\frac{\Delta E_v}{RT} - a_1M - a_2M - a_9P_c\right) \tag{13}$$

式中,a_9 为常数。

Tomas 等在研究大米淀粉加酶挤压的流变特性时指出,加酶量(Y_c)对黏度的影响可以表示为[16]:

$$\eta = 102.8\exp\left[-4\,077\left(\frac{1}{T} - \frac{1}{343.15}\right) - 454(M - 0.55)\right]Y_c^{-0.46}\dot{\gamma}^{0.35} \tag{14}$$

2.2 动力学模型

2.2.1 动力学方程的一般式

挤压引起的食品中某种组分变化的速率可以用方程(15)表示:

$$-\frac{\mathrm{d}C}{\mathrm{d}t} = kC^n \tag{15}$$

式中,C 为浓度;t 为时间;k 为速率常数;n 为反应级数。

一般认为温度对 n 不产生影响,对 k 的影响符合 Arrhenius 方程,即:

$$k = k_0\exp\left[\frac{-E_c^T}{R}\left(\frac{1}{T} - \frac{1}{T_r}\right)\right] \tag{16}$$

式中,k_0 为反应速率常数的指前因子;E_c^T 为温度导致组分变化的活化能。

对式(15)积分得[17]:

$$\frac{C}{C_0} = \begin{cases} \exp(-kt) & n = 1 \\ [1 + (n-1)C_0^{n-1}kt] & n \neq 1 \end{cases} \tag{17}$$

式中,C_0 为初始浓度。

2.2.2 考虑非等温过程

由于物料在挤压机内经历的是一个非等温过程,即样品的温度随时间而变化,这时式

(17)中的 kt 项应采用积分的形式,令: $\beta = \int_0^t \exp\left[\frac{-E_c^T}{R}\left(\frac{1}{T(t)} - \frac{1}{T_r}\right)\right]\mathrm{d}t$,则 $kt = k_0\beta$ 。这时式(17)转变为[17]:

$$\frac{C}{C_0} = \begin{cases} \exp(-k_0\beta) & n = 1 \\ \left[1 + (n-1)C_0^{n-1}k_0\beta\right]^{\frac{1}{1-n}} & n \neq 1 \end{cases} \tag{18}$$

2.2.3 考虑停留时间分布

上述推导是以所有反应物的反应时间相同为基础的。与普通的反应不同,物料在挤压机内的停留时间(即所经历的反应时间)是不相等的,也就是存在停留时间分布。这时以样品中的一个微元为研究对象,认为每个微元内物料的温度相同,则某组分的浓度变化仍可以用式(18)表示。

用 $\bar{C}$ 代表挤压样品中某组分的平均浓度,则 $\bar{C}$ 的值由式(19)求出[17]:

$$\frac{\bar{C}}{C_0} = \begin{cases} \int_0^\infty \exp(-k_0\beta)E(t)\mathrm{d}t & n = 1 \\ \int_0^\infty \left[1 + (n-1)C_0^{n-1}k_0\beta\right]^{\frac{1}{1-n}}E(t)\mathrm{d}t & n \neq 1 \end{cases} \tag{19}$$

式中, $E(t)$ 为停留时间分布函数。

2.2.4 考虑剪切效应

与一般的热处理相比,物料在挤压过程中除经受热效应外还经受剪切效应。除温度外,物料含水率、物料经受的剪切作用也可能对反应速率产生影响。由于剪应力、螺杆转速、单位机械能耗都在一定程度上反映剪切效应的大小,不同研究者采用不同的方式考虑挤压过程中的剪切效应对速率常数的影响。

1)以体积与剪应力的乘积表示

Wang 等在研究淀粉挤压过程中的转化动力学(以 $1 - \frac{\Delta H}{\Delta H_0}$ 表示转化度, ΔH_0 、 ΔH 表示扫描量热法测得的挤压前、后淀粉的糊化热焓)时,采用与 Arrhenius 方程相似的形式来表示剪切作用对转化度的影响。该研究发现热效应与剪切效应之间存在相互作用,反应级数 n 为 0 时,反应速率常数用式(20)表示[18]:

$$k = k_T + k_S + (k_T k_S)^{1/2} \tag{20}$$

式中, k_T 为热效应引起的淀粉转化速率常数, $k_T = k_{T0}\exp\left(-\frac{\Delta E_c^T}{RT}\right)$; k_S 为剪切效应引起的淀粉转化速率常数, $k_S = k_{S0}\exp\left(-\frac{\Delta E_c^S}{v\tau}\right)$; k_{T0} 、 k_{s0} 为指前因子; ΔE_c^T 、 ΔE_c^S 分别为热效应、剪切效应导致淀粉转化的活化能; τ 为剪应力; v 为葡萄糖酐的摩尔体积。

Cai 和 Diosady 对小麦淀粉的挤压糊化动力学研究表明,反应级数 n 为 1 时,则糊化动

力学方程为 $\dfrac{d(1 - D_g)}{dt} = k(1 - D_g)$ 。根据受到机械应变时键解离的活化能 $\Delta E = \Delta E_0 - F\delta$ (F 为作用于键上的拉应力,δ 为约等于键断裂时的键长),提出以方程式(21)表示剪应效应对反应速率常数的影响[19]。

$$k = k_0 \exp\left(-\frac{\Delta E_c^T - \Delta V\tau}{RT}\right) \tag{21}$$

式中,ΔV 为活化积。

与糊化动力学方程结合得:

$$D_g = 1 - \exp\left[-k_0 \exp\left(-\frac{\Delta E_c^T - \Delta V\tau}{RT}\right)t\right] \tag{22}$$

Ilo 和 Berghofer 在根据式(21)计算赖氨酸等氨基酸[20]以及维生素 B1[21]损失动力学(反应级数 n 为 1)的速率常数时,假设剪切速率 $\dot{\gamma} = G \cdot N$,结合 Harper 黏度模型[式(2),其中 $K_0 = 7\,041$,$\Delta E_v = 15\,332$,$a_1 = 0.097$,$m = 0.15$]得出剪应力表示式:

$$\tau = 7041C^{0.15}N^{0.15}\exp\left(\frac{1844}{T} - 0.097M\right) \tag{23}$$

式中,N 为螺杆转速;G 为与螺杆构型有关的常数。

2)以螺杆转速表示

一般来说,螺杆转速越大对物料的剪切作用越强,从而对反应速率的影响越大,为此,有研究者试图建立螺杆转速与速率常数的关系。Ilo 和 Berghofer[21]、Guzman 和 Cheftel[22] 假设维生素 B1 损失的反应级数 n 为 1,利用式(24)描述螺杆转速对率常数的影响。该式同时表示了物料含水率对速率常数的影响。

$$k = k_0 \exp\left(-\frac{\Delta E_c^T}{RT} + b_1M + b_2N\right) \tag{24}$$

式中,b_1、b_2 为常数。

Ilo 和 Berghofer 在研究玉米糁子挤压中的颜色变化动力学时,假设反应级数 n 为 0,采用式(25)表示螺杆转速对速率常数的影响,该式同时表示了喂料速度(F_r)的影响[23]。

$$k = k_0 \exp\left(-\frac{\Delta E_c^T}{RT} + b_1M + b_2N + b_3F_r\right) \tag{25}$$

式中,b_3 为常数。

式(24)、式(25)表明螺杆转速、物料含水率、喂料速度与速率常数之间为指数函数关系。

3)以单位机械能耗表示

Lei 等在研究挤压引起的大米粉水溶性变化动力学时,假设反应级数 n 为 1,分别采用式(26)、式(27)、式(28)表示单位机械能耗对反应速率常数的影响。结果表明,这 3 个模型的预测性能均好于 Arrhenius 方程[24],说明剪切作用对水溶性的影响大于热效应的影响。

$$k = k_0 \exp\left(-\frac{\Delta E_{W-T}}{W \cdot T}\right) \tag{26}$$

$$k = k_0 \exp\left(-\frac{\Delta E_W}{W} - \frac{\Delta E_T}{T}\right) \tag{27}$$

$$k = k_0 \exp\left(-\frac{\Delta E_W}{W}\right) \tag{28}$$

式中，ΔE_{W-T} 为单位机械能耗 – 温度常数；ΔE_W 为单位机械能耗常数；ΔE_T 为温度常数。

4）热效应与剪切效应的关系

Cha 等在研究热效应和机械效应对挤压小麦粉中维生素 B1 保留率的影响时，认为热效应和剪切效应是相互独立的[25]，即：

$$\frac{C(\beta,\varphi)}{C_0} = \frac{C(\beta,\varphi = 0)}{C_0} \times \frac{C(\beta,\varphi)}{C(\beta,\varphi = 0)} \tag{29}$$

式中，$\dfrac{C(\beta,\varphi)}{C_0}$ 表示同时考虑剪切效应和热效应时的保有率；$\dfrac{C(\beta,\varphi = 0)}{C_0}$ 表示剪切效应为 0 时，仅考虑热效应时的保有率；$\dfrac{C(\beta,\varphi)}{C(\beta,\varphi = 0)}$ 表示热效应相等时，仅考虑剪切效应时的保有率。

通过分别测定热处理和挤压处理后的样品中维生素 B1 的保留率，由式（29）计算出仅考虑剪切效应时的保有率[25]：

$$\frac{C(\beta,\varphi)}{C(\beta,\varphi = 0)} = (-3 \times 10^5)\varphi + 1.0071 \tag{30}$$

Van den Einde 等在研究淀粉的热 – 机械降解时发现热效应和剪切效应是相互独立的[26]。而 Wang 等在研究挤压过程中淀粉转化的动力学时认为热效应和剪切效应之间存在交互作用[见式（20）][18]。

2.3 降解模型

降解度（χ）的表示方法有多种，可以通过测定极限黏度，以 $[\eta]/[\eta]_{rs}$ 表示（$[\eta]_{rs}$、$[\eta]$ 分别为挤压前后样品的极限黏度）；也可以用 A_1/A_{1rs} 表示降解度（A_{1rs}、A_1 为色谱法测得的挤压前后样品的第一个峰的面积）。$[\eta]$ 或挤压产品的相对分子质量 Mw 是表示降解度的最直接的方法。

2.3.1 基于单位机械能耗的降解模型

单位机械能耗反映挤压过程中物料吸收剪切能量的多少，由于剪切作用是导致降解的重要因素，一些研究者试图建立降解度与单位机械能耗之间的关系。Parker 等以极限黏度比表示的淀粉降解程度，得出式（31）[27]。Willett 等在研究糯玉米淀粉的挤压降解时，得出式（32）[28]。Yeh 和 Jaw 对大米粉的挤压降解研究得出式（33）[29]。

$$\chi = c_1 \exp(-c_2 W) \tag{31}$$

$$\ln Mw = 19.44 - (1.7 \times 10^{-3})W \tag{32}$$

$$[\eta] = c_3 W^{c_4} \tag{33}$$

式中,c_1、c_2、c_3、c_4 为常数。

Van Lengrich 采用 Fermi 分布函数的形式[式(34)]来描述相对分子质量随 W 的变化,但是发现在 W 较高时估计值接近于 0,与实际值差异较大[30]。赵学伟对该方程进行改进,用式(35)模拟小米挤压后的极限黏度随 W 的变化,发现改进后的方程在 W 较高时仍能有效预测极限黏度[31]。

$$Mw = \frac{Mw_0}{1 + \exp[c_5(W - c_6)]} \tag{34}$$

$$[\eta] = [\eta]_r + \frac{[\eta]_0 - [\eta]_r}{1 + \exp[c_5(W - c_6)]} \tag{35}$$

式中,Mw_0 为相对分子质量降低前的初始值;$[\eta]_0$ 为极限黏度降低前的初始值;$[\eta]_r$ 为 $W \to \infty$ 时极限黏度的剩余值;c_5、c_6 为常数。

2.3.2 基于剪应力与时间乘积的降解模型

该类降解模型认为降解度与剪应力以及物料在挤压机内的停留时间有关。Davidson 等用凝胶渗透色谱测定小麦淀粉挤压后的降解度,假设降解反应级数 n 为 1,采用式(36)表示降解度[32]。

$$\chi = \exp(-k'\bar{\tau}t + c_7) \tag{36}$$

式中,$\bar{\tau}$ 为平均剪应力;k' 为常数;c_7 为常数。

可以把式(36)中的 $k'\bar{\tau}$ 看做降解反应的速率常数,则该模型认为降解速率常数与 $\bar{\tau}$ 成正比。

Diosady 等认为未糊化的淀粉不易发生降解,为了考虑糊化度对降解程度的影响,对方程式(36)进行改进[33]。以极限黏度表示降解度,则终产品的极限黏度 $[\eta]'$ 为:

$$[\eta]' = D_g[\eta]_i + (1 - D_g)[\eta]_{rs} \tag{37}$$

式中,$[\eta]_i$ 为糊化淀粉的极限黏度;$[\eta]_{rs}$ 为未糊化淀粉的极限黏度。

则总降解度 χ_T 为:

$$\chi_T = \frac{[\eta]'}{[\eta]_{rs}} = D_g \frac{[\eta]_i}{[\eta]_{rs}} + (1 - D_g) \tag{38}$$

由式(36)及 $\chi = \frac{[\eta]_i}{[\eta]_{rs}}$ 得:$\frac{[\eta]_i}{[\eta]_{rs}} = \exp(-k'\bar{\tau}t + c_7)$,将该式代入式(38)得出考虑糊化度时的淀粉降解模型:

$$\chi_T = D_f \exp(-k'\bar{\tau}t + c_7) + (1 - D_g) \tag{39}$$

Cai 等在研究小麦淀粉的挤压降解时,根据 Cai 等建立的糊化动力学模型[式(22)],结合式(39)得如下降解模型[34]:

$$\chi_T = 1 - \left\{1 - \exp\left[-k_0\exp\left(-\frac{\Delta E_c^T - \Delta V\tau}{RT}\right)t\right]\right\}\left[1 - \exp(-k'\overline{\tau}t + c_7)\right] \quad (40)$$

2.3.3 基于最大应力的降解模型

Beyer 研究指出:在施加的外力超过键的强度时直链淀粉分子中的共价键立即发生断裂[35],Einde 等据此认为最大剪切应力是影响降解程度的关键因素,提出如下模型[36]:

$$\chi = c_8\exp(-c_9\tau_{max}) \quad (41)$$

式中,τ_{max} 为最大剪切应力;c_8、c_9 为常数。

该模型表明是最大剪切应力决定分子的降解程度,而停留时间对降解没有影响,称为最大应力模型。

以上研究都是在特殊设计的剪切实验装置中进行的。Einde 等利用最大应力模型模拟玉米淀粉因挤压机的挤压作用引起的降解。假设拉应力(σ)和剪应力对降解是等效的,在某挤压区受到最大剪应力或拉应力后的降解度分别用式(41)或式(42)计算;在同时存在剪应力和拉应力时只考虑两者中较大者的降解效应。结果表明:根据这些假设,应用最大应力模型能够很好地预测挤压后的玉米淀粉的降解度[37]。

$$\chi = c_{10}\exp(-c_{11}\sigma_{max}) \quad (42)$$

式中,σ_{max} 为最大拉应力;c_{10}、c_{11} 为常数。

将支链淀粉的结构看做具有分形特征,从分子水平上建立玉米支链淀粉的降解与最大剪切应力的关系式(43)[38]。

$$\lg(\tau_{max}) = \left(1 - \frac{3}{D_f}\right)\lg M_{ap} + \lg\left(\frac{c_{12}E_{C-O} - DP_0^{3/D_f}}{4\pi r^3 M_{glu}^{1-3/D_f}}\right) \quad (43)$$

式中,D_f 为分形维数;M_{ap} 为支链淀粉的相对分子质量;c_{12} 为常数;M_{glu} 为葡萄糖单元的相对分子质量;E_{C-O} 为 $C-O$ 键的平均能量;r、DP_0 分别为分形结构中一个统计单元的半径和聚合度。

3 意义

实验对引起的食品特性变化的数学模型分为 6 类:流变模型、动力学模型、降解模型、膨胀模型、质构模型和统计模型。在食品挤压加工过程中物料的含水率、温度、停留时间分布、时温历程、剪切历程等因素都可能对熔融体的黏度、某组分的含量或降解程度产生影响。在建立数学模型时,应当先明确主要影响因素,然后确定体现这些因素的合适物理量,再选定反映两者关系的数学模型,最后根据试验数据进行统计分析,求出模型参数。现可以从拓宽研究对象、考虑更多因素和探索理论基础三个方面加强对这些数学模型的研究。

参考文献

［1］ Haper J M. Extrusion of Food vol. 1. Boca Raton FL：CRC Press，1984.

［2］ Frame N D. The Technology of Extrusion Cooking. London：Blackie Academic & Professional，1994.

［3］ 赵学伟,魏益民,杜双奎．挤压引起食品特性变化的数学模型研究综述．农业工程学报,2008,24（10）:301 – 307.

［4］ Kokini J L，Chang C N，Lai L S. The role of rheological properties on extrudate expansion. In：Kokini JL，Ho C – T，Karwe MV. Food extrusion science and technology. New York：Marcel Dekker Inc，1992：31 – 53.

［5］ Cervone N W，Harper J M. Viscosity of an intermediate moisture dough. J Food Proc Eng，1978，2：83 – 95.

［6］ Vergenes B，Villemaire J P. Rheological behaviour of low miosture molten maize starch. Rheologica Acta，1987，26：570 – 576.

［7］ Della Valle G，Colonna P，Patria A. Influence of amylose content on the viscous behavior of low hydrated molten starches. J Rheology，1996，40（3）：347 – 362.

［8］ Wang S M，Bouvier J M，Gelus M. Rheological behaviour of wheat flour dough in twin – screw extrusion cooking. Int J Food Sci Technol，1990，25：129 – 139.

［9］ Senouci A，Smith A C. An experimental study of food melt rheology. I. Shear viscosity using a slit die viscometer and a capillary rheometer. Rheologica Acta，1988，27：546 – 554.

［10］ Akdogan H，Tomas R L，Oliveira J C. Rheological properties of rice starch at high moisture contents during twin – screw extrusion. LWT，1997，30：488 – 496.

［11］ Lai L S. The effect of extrusion operating conditions on the on – line apparent viscosity of 98% amylopectin and 70% amylose corn starches during extrusion. J Rheolgy，1990，34（8）：1245 – 1267.

［12］ Sandoval A J. A novel rheometer for kinetic measurements under extrusion conditions. http：//www. Imeche org. uk/process/food/apv. Rtf，2005 – 6 – 21.

［13］ Morgan R G，Steffe J F，Ofoli R Y. A general viscosity model for extrusion of protein doughs. J Food Proc Eng，1989，11：55 – 78.

［14］ Mackey K L，Ofoli R Y. Rheological modeling of potato flour during extrusion cooking. J Food Proc Eng，1989，21：1 – 11.

［15］ Martin O，Averous L，Valle D G. In – line determination of plasticized wheat starch viscoelastic behavior：impact of processing. Carbohydrate Polymers，2003，53：169 – 182.

［16］ Tomas R L，Oliveria J C，McCarthy K L. Rheological modeling of enzymatic extrusion of rice starch. J Food Eng，1997，32：167 – 177.

［17］ Dolan K D. Estimation of kinetics parameters for nonisothermal food processes. J Food Sci，2003，68（3）：728 – 741.

［18］ Wang S S，Chiang W C，Zheng X，et al. Application of an energy equivalent concept to study the kinetics of starch conversion during extrusion. In: Kokini JL, Ho C – T, Karwe MV. Food extrusion science and technology[M]. New York: Marcel De – kker, 1992: 165 – 176.

[19] Cai W, Diosady L L. Model for gelatinization of wheat starch in a twin – screw extruder. J Food Sci, 1993, 58(4): 872 – 875,887.

[20] Ilo S, Berghofer E. Kinetics of lysine and other amino acids loss during extrusion cooking of maize grits. J Food Sci, 2003, 68(2): 496 – 502.

[21] Ilo S, Berghofer E. Kinetics of thermomechanical destruction of thiamin during extrusion. J Food Sci, 1998, 63(2): 312 – 315.

[22] Guzman – Tello R, Cheftel J C. Thiamine destruction during extrusion cooking as an indicator of the intensity of thermal processing. Int J Food Sci Technol, 1987, 22: 549 – 562.

[23] Ilo S, Berghofer E. Kinetics of colour changes during extrusion cooking of maize grits. J Food Eng, 1999, 39: 73 – 80.

[24] Lei Hanwu, Fulcher R G, Ruan R, et al. SME – Arrhenius model for WSI of rice flour in a twin – screw extruder. Cereal Chemistry, 2005, 82(5): 574 – 581.

[25] Cha J Y, Suparno M, Dolan K D, et al. Modeling thermal and mechanical effects on retention of thiamin in extruded foods. J Food Sci, 2003, 68(8): 2488 – 2496.

[26] van den Einde R M, Akkermans C, van der Goot A J, et al. Molecular breakdown of corn starch by thermal and mechanical effects. Carbohydrate Polymers, 2004, 56: 415 – 422.

[27] Parker R, Ollett A L, Smith A C. Starch melt rheology: Measurement, modelling and applications to extrusion processing. In: Zeuthen P. Processing and quality of foods. London: Elsevier, 1990: 290 – 295.

[28] Willett J L, Millardt M M, Jasberg B K. Extrusion of waxy maize starch: melt rheology and molecular weight degradation of amylopectin. Polymer, 1997, 38(24): 5983 – 5989.

[29] Yeh An – I, Jaw Y – M. Effect of feed rate and screw speed on operating characteristics and extrudate properties during single – screw extrusion cooking of rice flour. Cereal Chemistry, 1999, 76(2): 236 – 242.

[30] Van Lengerich B. Influence of extrusion processing on in – line rheological behavior, structure and function of wheat starch. In: Faridi H, Faubion J M. Dough rheology and baked products texture. New York: Van Nostrand Reinhold, 1990: 35 – 53.

[31] 赵学伟. 小米挤压加工特性研究. 杨凌: 西北农林科技大学食品科学与工程学院, 2006.

[32] Davidson V J, Paton D, Diosady L L, et al. A model for mechanical degradation of wheat starch in a single – screw extruder. J Food Sci, 1984, 49: 1154 – 1157.

[33] Diosady L L, Paton D, Rubin L J, et al. Degradation of wheat starch in a single – screw extruder: mechano – kinetics breakdown of cooked starch. J Food Sci, 1985, 50: 1697 – 1699.

[34] Cai W, Diosady L L, Rubin L J. Degradation of wheat starch in a twin – screw extruder. J Food Eng, 1995, 26: 289 – 300.

[35] Beyer M K. The mechanical strength of a covalent bond calculated by density function theory. J Chem Physics, 2000, 112(17): 7307 – 7312.

[36] van den Einde R M, Bolsius A, van Soest J J G, et al. The effect of thermomechanical treatment on starch breakdown and the consequences for process design. Carbohydrate Polymers, 2004, 55: 57 – 63.

[37] van den Einde R M, van der Veen M E, Bosman H, et al. Modeling macromolecular degradation of corn starch in a twin screw extruder. J Food Eng, 2005, 66: 147 – 154.

[38] van den Einde R, van der Linden E, van der Goot A, et al. A mechanistic model of the relation between molecular structure of amylopectin and macromolecular degradation during heatingeshearing processes. Polymer Degradation and Stability, 2004, 85: 589 – 594.

地膜覆盖的作物产量公式

1 背景

近年来,国内不少学者分别从地膜覆盖技术对作物生长发育及其增产效应、残膜对农作物生长及产量的影响、土壤中地膜残留的特征等方面进行了研究[1-5],鉴于综合考虑地膜增产效应和残膜减产作用的研究则不多见。毕继业等[6]同时考虑了地膜覆盖技术的正反两方面效应,试图构建地膜覆盖技术对农作物产量的综合评价模型。

2 公式

针对使用地膜覆盖技术对农作物产量的正效应和地膜残留对农作物产量的负效应同时并存的现状,假定未使用地膜覆盖技术的农作物单位面积产量在短时间内不变(即不考虑由于其他农业技术进步引起的农作物产量的增加),在此条件下构建地膜覆盖技术对农作物产量的影响模型。其中主要变量包括:①未使用地膜覆盖技术的农作物单位面积产量用 Y 来表示;②第 i 年使用地膜覆盖技术的作物增产率 IR_i;③第 i 年使用地膜覆盖技术由地膜残留引起的作物减产率 DR_i(其中 $DR_1 = 0$,第 1 年使用地膜覆盖技术由于不存在地膜残留问题,因此也不存在由地膜残留引起的减产率);④地膜覆盖技术引起的农作物增产量 IY;⑤地膜残留引起的农作物减产量 DY。

综合考虑地膜覆盖技术的正效应和地膜残留引起的负效应,则可得到使用地膜覆盖技术第 i 年的粮食增产率为:

$$IR_i = IR_1 - DR_i \tag{1}$$

累计计算 n 年内由地膜覆盖技术引起的农作物增产量 IY 为:

$$IY = \sum_{i=1}^{n} Y \times IR_i \tag{2}$$

由公式(1)可知,当 IR_i 为 0,即 DR_i 为 IR_1 时,表明此时由地膜覆盖技术引起的农作物增产率和由地膜残留引起的农作物减产率相等,假设此时 i 等于 m,也即在第 m 年由地膜残留导致的农作物减产量和由地膜覆盖技术引起的农作物增产量相当。

大量研究结果显示,地膜残留量随地膜使用年限的增加而增加(表 1)[7-9],而一般农作物减产幅度随地膜使用年限和残留量的增加而加大[10]。

表1　地膜残留量与使用年限调查资料表

调查地点	调查作物	单位面积地膜使用量/kg·hm^{-2}	覆盖年限/a	地膜残留量/kg·hm^{-2}
黑龙江、辽宁、北京、天津等省(市)10多个县	各种作物	150	1	64.5~105.6
			2	129
			3	187.5~201
湖北	玉米	45	1	26.55
			3	32.85
			5	42.45
			8	86.10
湖北	花生	105	1	77.50
			3	112.50
			5	140.11
宁夏	小麦、玉米等各种作物	70.5（全区平均）	1	28.50
			2	34.50
			3	51.00
			4	55.50
			5	78.00

假设在第 m 年后由地膜残留引起的农作物减产率大于由地膜覆盖技术引起的农作物增产率,而由地膜残留引起的负效应将以减产率 DR_m 延续,下面对第 m 年后由地膜残留引起的作物减产的持续负效应进行估算。农作物减产量估算公式为:

$$DY = \sum_{i=m+1}^{n} Y \times DR_m \qquad (3)$$

由 IY 等于 DY ,即 $\sum_{i=1}^{n} Y \times IR_i = \sum_{i=m+1}^{n} Y \times DR_m$,则可以估算出在使用地膜覆盖技术多少年后,由地膜覆盖引起的负效应和正效应相当。

侯绪友等[11]和季善贵等[12]分别在山东省临沂地区和莒南县地膜覆盖农田对地膜残留状况进行了持续调查研究,结果表明:地膜残留量与盖膜次数呈正相关,相关分析证明其相关性达显著水平。

而根据赵素荣和张书荣[13]在河南省土壤中残留农膜对小麦、玉米、花生、蔬菜等作物产量的模拟试验数据结果分析可得,地膜残留引起的农作物减产率与地膜残留量之间呈显著正相关;因此我们认为由地膜残留引起的作物减产率与盖膜次数之间呈显著正相关。本研究中假设一年中盖膜次数为一次,那么由地膜残留引起的作物减产率与地膜使用年数(次数)之间呈显著正相关。假设由地膜残留引起的作物减产率与地膜使用年数(次数)之间的

关系符合简单线性相关关系,即:

$$DR_i = ai + b \qquad (4)$$

式中,a、b 为参数。

3 意义

地膜覆盖的作物产量公式表明,湖北省在使用地膜覆盖技术 36 年后,残膜所造成的农作物减产率将大于由地膜覆盖技术引起的农作物增产率,残膜对农作物产量的负效应再持续 16 年则可以抵消由于地膜覆盖增温保墒使农作物增加的全部产量。由此可见,从长远来看,在现有残膜回收技术条件下使用地膜覆盖技术是不经济的。

参考文献

[1] 马树庆,王琪,郭建平,等. 东北地区玉米地膜覆盖增温增产效应的地域变化规律. 农业工程学报,2007,23(8):66 – 71.

[2] 李明思,康绍忠,杨海梅. 地膜覆盖对滴灌土壤湿润区及棉花耗水与生长的影响. 农业工程学报,2007,23(6):49 – 54.

[3] 马辉,梅旭荣,延昌荣,等. 华北典型农区棉田土壤中地膜残留特点研究. 农业环境科学学报,2008,27(2):570 – 573.

[4] 王秀芬,陈百明,毕继业. 基于县域的地膜覆盖粮食增产潜力分析. 农业工程学报,2005,21(11):146 – 149.

[5] 刘秀红,申毅力,杨贵兰,等. 玉米渗水地膜温度水分效应及增产效果. 山西农业大学学报,2003,23(2):109 – 111.

[6] 毕继业,王秀芬,朱道林. 地膜覆盖对农作物产量的影响. 农业工程学报,2008,24(11):172 – 175.

[7] 肖军,赵景波. 农田塑料地膜污染及防治. 四川环境,2005,24(1):102 – 105.

[8] 李秋洪. 论农田"白色污染"的防治技术. 农业环境与发展,1997,(2):17 – 19.

[9] 杨素梅,董学礼,陈福. 宁夏农田农膜污染现状及防治对策研究. 宁夏农林科技,1999,(6):43 – 46.

[10] 刘辛斐,关今悦. 论农田"白色污染"的危害及防治. 宁夏农林科技,1997,(5):36 – 38.

[11] 侯绪友,王允成,刘祥雷,等. 覆膜农田地膜残留量的调查研究. 花生学报,1993,(2):11 – 12.

[12] 刘祥雷,季善贵,付廷贵,等. 覆膜农田地膜残留量演变的调查与研究. 花生科技,2000,(4):11 – 14.

[13] 赵素荣,张书荣. 农膜残留污染研究. 农业环境与发展,1998,(3):7 – 10.

盐碱土的水盐运移函数

1 背景

针对西北地区膜下滴灌技术开发利用盐碱地的实际情况,王全九等[1]以新疆地区盐碱土为研究对象,将化学改良方法与滴灌技术相结合,研究不同石膏配比对土壤水盐运移特征的影响,在相同入渗条件下,湿润锋水平、垂直运移距离不仅与入渗时间有关,而且与石膏配比也有函数关系。为寻求科学开发利用和改良盐碱土,提高膜下滴灌淋洗盐分的效果提供了一条新的途径。

2 公式

滴灌条件下,在盐碱土中拌施石膏的土壤水分入渗过程中,分解的 Ca^{2+} 离子能够将盐碱土壤中原来吸附在土壤胶体表面上的 Na^+ 等离子代换到土壤溶液中,从而实现盐碱土的改良。同时,拌施石膏使土壤胶粒产生的凝聚作用越强,形成较大的团聚体也越多,从而改变了土壤表面的结构,使土壤颗粒粒径增大,相应土壤的孔隙也变大,水分运动的通道增多,土壤盐分也随之向下运移,实现了良好的脱盐效果。

在相同滴头流量和灌水量条件下,不同石膏配比的湿润锋水平、垂直运移距离曲线如图 1 所示。结果表明,随着入渗时间的增大,不同石膏配比的湿润锋水平、垂直运移距离均在增大。在相同入渗时间内,随着石膏配比的增加,湿润锋水平运移距离减少,湿润锋垂直运移距离增大。

通过分析,不同石膏配比湿润锋的水平、垂直运移距离与入渗时间之间符合幂函数关系,即:

$$Rx = At^B \tag{1}$$

$$Ry = Ct^D \tag{2}$$

式中,t 为入渗时间,min;Rx、Ry 分别为湿润锋水平、垂直运移距离,cm;A、B、C、D 为拟合参数,并对实测结果拟合,结果如表 1 所示。

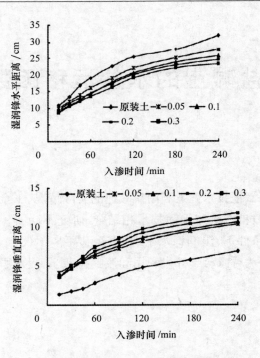

图 1 湿润锋水平、垂直运移曲线

表 1 拟合系数表

拟合系数	石膏配比/kg · kg^{-1}			
	0.05	0.1	0.2	0.3
A	3.353 5	3.183 7	3.024 3	2.924
B	0.381	0.381 4	0.385	0.386
R^2	0.991 9	0.987 4	0.988 2	0.989 9
C	1.585 9	1.276 2	1.163 0	1.160 5
D	0.339 9	0.349	0.423 1	0.435
R^2	0.996 1	0.995 1	0.990 2	0.986 8

从表 1 可以看出,随着石膏配比的增加,拟合系数 A、C 均减小,B、D 均增大。假定拟合系数 A、B、C、D 与石膏配比之间符合幂函数关系,可表示为:

$$A = a_1 m^{b_1} \quad B = a_2 m^{b_2} \quad C = a_3 m^{b_3} \quad D = a_4 m^{b_4} \quad\quad (3)$$

式中,m 为石膏配比,kg/kg;a_1、b_1、a_2、b_2、a_3、b_3、a_4、b_4 为拟合参数,拟合结果为:

$$A = 2.671 9 \, m^{-0.007 6} \quad R^2 = 0.999 6$$

$$B = 0.389\ 6\ m^{0.007\ 9} \quad R^2 = 0.967\ 9 \tag{4}$$

$$C = 0.901\ 8\ m^{-0.174\ 9} \quad R^2 = 0.893\ 6$$

$$D = 0.525\ 3\ m^{0.164} \quad R^2 = 0.905\ 3 \tag{5}$$

将以上两式分别代入式(1)和式(2)中,得湿润锋运移距离的拟合结果为:

$$Rx = 2.671\ 9\ m^{-0.076\ 1} t^{0.389\ 6} m^{0.007\ 9} \tag{6}$$

$$Ry = 0.901\ 8\ m^{-0.174\ 9} t^{0.525\ 3} m^{0.164} \tag{7}$$

3 意义

通过盐碱土的水盐运移函数分析表明,在相同入渗条件下,湿润锋水平、垂直运移距离不仅与入渗时间关系密切,而且与石膏配比也存在关系。湿润锋水平、垂直运移距离的计算数据和实验数据误差均在5%以内,说明石膏配比与湿润锋水平、垂直运移距离也存在良好的函数关系。

参考文献

[1] 王全九,孙海燕,姚新华. 滴灌条件下石膏配比对盐碱土水盐运移特征影响. 农业工程学报,2008, 24(11):36 - 40.

植物生长的结构功能模型

1　背景

植物生长的结构功能模型研究开始于 20 世纪 90 年代中期[1-2]。近年来,国内外众多学者对植物结构功能反馈机制进行了深入研究,建立了许多有深度的模型。这些模型可大致归纳为两类:一类是将成熟的植物功能模型与结构模型相结合,实现植物生长过程中结构功能的互反馈,如 LIGNUM 模型、L – Peach 模型等;另一类是在同一模型中将结构和生理功能一起考虑,以并行方式模拟二者的反馈机制,如 GreenLab 模型等。丁维龙等[3]总结国内外已有相关研究成果,归纳了基于结构 – 功能反馈机制的植物生长可视化建模的步骤,研究了建模过程中涉及的植物形态结构描述模型、结构模型与功能模型的结合。

2　公式

植物结构与功能模型的结合,实质上是在拓扑结构的计算基础上,依据植物的生长机理模型,如呼吸蒸腾作用,计算鲜物质生产量,利用器官生物量积累及其形态建成之间的关系,模拟整个植株结构的变化过程。实现结构模型与功能模型有机结合的算法见参考文献[3]。

2.1　鲜物质的生产模型

在生长单元周期水平上,鲜物质的产量与叶片蒸腾作用、植物的结构组成和植物体内的水力阻抗有关系。在实际建模过程中,常基于一些假设,如植物生长在最佳的环境下,只考虑作物的地上部分,生物量在器官水平上进行分配等[4-5]。

在第 i 个单元周期内生产的总的生物量 $Q(t)$ 可用下式计算[6]:

$$Q(t) = \sum_{i=1}^{N(t)} \frac{E(t)}{\dfrac{r_1}{s(i,t)} + r_2} \tag{1}$$

式中,$E(t)$ 为生长单元周期为 t 时鲜物质的生长势,由植物体内所受的内外水势差及水分利用效率(受环境因素影响)决定;$N(t)$ 为能够进行光合作用的叶子数目;$s(i,t)$ 为序号为 i 的叶片在第 t 个生长单元周期内的面积;r_1 为叶片的水力阻抗;r_2 为叶柄和叶脉等其他部分的综合阻抗。

2.2 鲜物质分配模型

鲜物质在不同植物器官间的分配取决于器官的类型 o（o 为 L,B,I,F,分别代表叶片、叶柄、茎、果实）、表征器官对物质竞争能力的汇强 p_o 和器官本身的扩展率 f_o。通常,汇强定义为热年龄的系数[5],器官的扩展率可采用 Beta 分布的概率密度函数表示[7]。

生长年龄为 x 的器官,在第 t 个生长单元周期内的扩展量 $\Delta q_o(x,t)$ 为:

$$\Delta q_o(x,t) = \frac{p_o(t)f_o(t-x+1)Q(t-1)}{\sum_{o=L,I,F} p_o(t)\left[\sum_{i=1}^{l_o} f(t-i+1)\right]} \tag{2}$$

式中,t 为器官扩展周期数;$t-x$ 为该器官的实际生长年龄。

值得说明的是,在第 1 个生长周期里,鲜物质质量由种子提供,记为 $Q(0)$。

设生长年龄为 x 的器官在第 t 个生长周期的总的物质量为 $q_o(x,t)$,则有:

$$q_o(x,t) = q_o(x,t-1) + \Delta q_o(x,t) \tag{3}$$

2.3 器官几何尺寸的计算

器官几何尺寸的计算中常进行如下假设:器官的密度都为 1,且忽略量纲;所有叶片的厚度 e 都相同;节间是一个质地均匀的圆柱体;果实的形状看做一个规则的几何体,如球体。因此,在获得各生长阶段不同植物器官所获得的鲜物质后,即可根据密度、体积和质量的关系计算器官的几何尺寸。

如生长年龄为 x 的叶片在第 t 个生长周期内的表面积为:

$$S_L(x,t) = \frac{q_L(x,t)}{e} \tag{4}$$

相应地,果实半径为:

$$R_F(x,t) = \sqrt[3]{\frac{3 \cdot q_F(x,t)}{4 \cdot \pi}} \tag{5}$$

与叶片表面积和果实半径的计算相比,节间几何尺寸的求解相对复杂。若将节间看做是一个圆柱体,则它的节间重量、直径和长度满足:

$$q_I(x,t) = \frac{1}{4}\pi[d_I(x,t)]^2 \times l_I(x,t) \tag{6}$$

实践中,若已知某个生长单元周期内节间的质量,则它的直径可采用下面的经验公式进行计算,即:

$$d_I(x,t) = \alpha \times q_I(x,t)^2 + \beta \times q_I(x,t) + \gamma \tag{7}$$

此外,也可根据异速生长规则[8]来表达节间长度及其截面积之间的关系。若定义节间圆柱体的比例系数为 η,形状系数为 ζ,则生长年龄为 x 的节间在第 t 个生长单元周期内的长度 $L_I(x,t)$、截面积 $S_I(x,t)$ 分别为:

$$L_I(x,t) = \eta^{0.5}[q_I(x,t)]^{\frac{1+\zeta}{2}} \tag{8}$$

$$S_I(x,t) = \eta^{-0.5}\left[q_I(x,t)\right]^{\frac{1-\zeta}{2}} \tag{9}$$

节间圆柱体的比例系数 η 和形状系数 ζ,可通过对特定节间的长度和横截面积进行动态测量和分析获得。

3 意义

植物生长的结构功能模型表明,通过植物结构与功能模型的结合,展示了植物的生长机理,如呼吸蒸腾作用,而且能够计算鲜物质生产量。通过利用器官生物量积累及其形态建成之间的关系,模拟整个植株结构的变化过程,说明了植株结构如何发生变化的。基于结构-功能反馈机制的作物生长模型,不但能可视化模拟不同环境因素下作物的生长发育状况,而且可在作物理想株型培育、群体产量预测、栽培管理等领域发挥实际作用。

参考文献

[1] Mech R,Prusinkievize P. Visual models of plants interacting with their environment. Proceedings of SIG-GRAPH'96. ACMSIGGRAPH,New York,1996:397-410.

[2] Perttunen J,Sievanen R,Nikinmaa E. LIGNUM:a model combining the structure and the functioning of trees. Ecological Modelling,1998,108:189-198.

[3] 丁维龙,马培良,程志君. 基于结构-功能互反馈机制的植物生长可视化建模与仿真. 农业工程学报,2008,24(11):165-168.

[4] 侯加林,王一鸣,展志刚,等. 基于改进型非线最小二乘法的作物模型隐含参数估计. 农业机械学报,2005,36(5):75-79.

[5] 展志刚. 植物生长的功能-结构模型 GreenLab 的标定问题研究. 博士后研究工作报告. 北京:中国科学院自动化研究所,2003.

[6] 董乔雪,王一鸣,Jean Francois BARCZI,等. 番茄的结构-功能模型 II:基于器官水平的功能模型与验证研究. 中国生态农业学报,2007,15(1):122-126.

[7] 宋有洪,郭焱,李保国,等. 基于植株拓扑结构的生物量分配的玉米虚拟模型. 生态学报,2003,23(11):2333-2341.

[8] 赵星,de Reffye P,熊范纶,等. 虚拟植物生长的双尺度自动机模型. 计算机学报,2001,24(6):608-615.

蔬菜基地的评价公式

1 背景

针对良好农业规范在蔬菜示范基地实施中,技术专家的评价信息集结时存在很大程度的主观性,语言评价信息易损失和扭曲等问题,以山东省3个备案蔬菜种植基地的评价和选择为例进行了实证研究。张东玲等[1]提出了一种基于语言信息的多指标群体综合评价方法,根据良好农业规范标准构建了蔬菜基地的评价指标体系(表1),统计了3个基地的评价信息,将语言信息转换为二元语义形式,通过建立优化模型并求解得到各基地的群体综合评价结果,并对结果进行分析,进行基地的评价和选择。

表 1 蔬菜种植地农产品安全综合评价指标体系

序号	一级指标	二级指标
1	土地使用情况	C_1 种植地历史安全性
2		C_2 潜在危害控制
3		C_3 农药残留控制
4	土壤分析检测情况	C_4 重金属控制
5		C_5 营养成分
6		C_6 结构条件适宜性
7	灌溉用水情况	C_7 水源充足性
8		C_8 水质适宜性
9		C_9 微生物含量适宜性
10		C_{10} 污染控制情况
11	环境问题管理	C_{11} 周围环境情况
12		C_{12} 生态环境保护
13		C_{13} 资源保护状况
14		C_{14} 技术管理状况
15	基地管理系统有效性	C_{15} 标识和可追溯性管理状况
16		C_{16} 肥料使用情况
17		C_{17} 作物保护情况

2 公式

2.1 问题描述

设决策群体集为 $E = \{E_1, E_2, \cdots, E_m\}, m \geqslant 2$,其中 E_k 表示第 k 个决策者(这里假设所有决策者的重要程度均相同);被考虑评价决策的有限方案集为 $X = \{x_1, x_2, \cdots, x_n\}, n \geqslant 2$,其中 x_i 表示第 i 个方案;评价指标集为 $C = \{C_1, C_2, \cdots, C_q\}, q \geqslant 2$,其中 C_j 表示第 j 个决策指标,本群决策问题拟考虑的语言评价集为:

$$S = \{S_0 = N(非常差), S_1 = VL(很差), S_2 = L(差), S_3 = M(一般),$$
$$S_4 = H(好), S_5 = VH(很好), S_6 = P(非常好)\} \tag{1}$$

2.2 二元语义

二元语义是一种基于符号转移的概念,它采用一个二元组 (s_i, α_i) 来表示语言评价信息的方法,s_i 为预先定义的语言信息集 S 中的第 i 元素,它表示由给出或计算得到的语言信息与 S 中最贴近语言短语,α_i 为符号转移值,它表示给出或计算得到的语言信息与预先定义的语言信息集 S 中最贴近语言短语 s_i 之间的偏差,$\alpha_i \in [-0.5, 0.5]$。通过转换函数 θ 可以将单个语言短语 s_i 转化为二元语义形式[2]:

$$\theta : S \to S \times [-0.5, 0.5]$$
$$\theta(s_i) = (s_i, 0), s_i \in S \tag{2}$$

设 $\beta \in [0, T]$ 是一个数值,表示语言符号集结运算的结果,那么二元语义的换算可通过函数 Δ 及其逆函数 Δ^{-1} 进行,即:

$$\Delta : [0, T] \to S \times [-0.5, 0.5]$$
$$\Delta(\beta) = (s_i, \alpha_i) = \begin{cases} s, i = \text{Round}(\beta) \\ \alpha_i = \beta - i, \alpha_i \in [-0.5, 0.5] \end{cases} \tag{3}$$

Round 表示四舍五入的取整运算:

$$\Delta^{-1} : S \times [-0.5, 0.5] \to [0, T]$$
$$\Delta^{-1}(s_i, \alpha_i) = i + \alpha_i = \beta \tag{4}$$

2.3 多指标群体综合评价模型

针对实验涉及的多指标群体综合评价问题,即决策者 E_k 给出的语言形式的权重向量 ($V^k = [v_1^k, v_2^k, \cdots, v_q^k]^T$) 和语言评价矩阵 $[A^k = (a_{ij})_{n \times q}^k]$。

设 (μ_i, λ_i) 为方案 x_i 的群体评价结果,记为:

$$D_{ik} = \frac{[\sum_{j=1}^{q} \Delta^{-1}(v_j^k, 0) \times \Delta^{-1}(a_{ij}^k, 0)]}{\sum_{j=1}^{q} \Delta^{-1}(v_j^k, 0)}$$

为使 (μ_i,λ_i) 与各决策者对方案 x_i 的群体综合评价结果的偏差最小,建立如下多指标群体综合评价的最优化模型:

$$\min Z' = \frac{1}{2}\sum_{k=1}^{m}\left[\,D_{ik} - \Delta^{-1}(\mu_i,\lambda_i)\,\right]^2$$

$$s.\,t.\quad 0 \leqslant \Delta^{-1}(\mu_i,\lambda_i) \leqslant T, i = 1,2,\cdots,n \tag{5}$$

对以上最优化模型求解,得到群体综合评价结果[3]:

$$\Delta^{-1}(\mu_i^*,\lambda_i^*) = \frac{1}{m}\sum_{k=1}^{m}D_{ik} \tag{6}$$

3　意义

根据蔬菜基地的评价公式,建立了蔬菜种植地农产品安全综合评价指标体系,将语言信息转换为二元语义形式,得到各蔬菜基地的群体综合评价结果,并对蔬菜基地进行有效的评价和选择。而且通过蔬菜基地的评价公式,可以有效地将语言评价信息进行集结,避免信息损失和集结结果的不精确性,该方法具有计算简单和语言信息集结果准确等特点,将促进良好农业规范标准的推广和应用,实现农产品安全管理的目标。

参考文献

[1]　张东玲,高齐圣,李朝玲. 基于语言信息处理的蔬菜示范基地评估研究. 农业工程学报,2008,24(11):159 – 164.

[2]　Herrera F,Herrera Viedma E,Verdegay J L. A sequential selection process in group decision – making with linguistic assessments. Information Sciences,1995,85(3):223 – 229.

[3]　姜艳萍,樊治平. 具有语言信息的多指标群体综合评价. 东北大学学报(自然科学版),2005,(7):703 – 706.

土地质量的评价模型

1 背景

传统方法习惯于通过加权运算得到综合指数来判断土地质量的优劣,难以克服指标信息提取不充分或信息冗余等问题。涂小松等[1]以苏州市域为研究区,将可拓学和协调性分析方法相结合,用于快速评价城市化地区土地综合质量。该方法将土地质量指标体系及分级标准(表1)所反映的独立信息进行有机整合,得到表征土地质量优劣的量化结果;并以此为基础分析不同类型土地质量协调性和土地质量与城市化发展的协调性。

表1 土地综合质量指标体系及分级标准

质量类型	评价指标/单位	计算说明	Ⅰ级	Ⅱ级	Ⅲ级	Ⅳ级	Ⅴ级	取值范围
农用地质量	C_{A1}土壤有机质量含量/%	>2%的农用地所占比重	99.00	90.92	82.85	64.09	34.64	[5,100]
	C_{A2}表土质地(水稻)/%	黏土和重壤土农用地所占比重	95.00	81.72	68.45	52.13	32.76	[13,100]
	C_{A3}土壤 pH 值/%	pH 值为 8~6 的农用地所占比重	99.50	92.27	85.04	67.94	40.97	[12,100]
	C_{A4}耕层土壤厚度/%	>21 cm 的农用地所占比重	99.50	91.72	83.93	68.03	44.02	[18,100]
	C_{A5}土壤障碍层深度/%	>55 cm 的农用地所占比重	99.50	98.92	98.33	96.43	93.22	[85,100]
	C_{A6}劳动力吸纳量/人·hm^{-2}	一产就业人数/农用地面积	0.25	0.18	0.11	0.07	0.06	[0,0.30]
	C_{A7}粮食播种面积单产/kg·hm^{-2}	粮食产量/播种面积	7 900	7 408	6 817	6 417	6 208	[5 800,8 000]
	C_{A8}土地垦殖率	耕地面积/土地总面积	0.60	0.48	0.35	0.26	0.20	[0.12,0.65]
	C_{A9}农用地经济产出能力/万元·hm^{-2}	农业产值/农用地面积	6.50	5.65	4.80	4.20	3.85	[3.0,7.0]
	C_{A10}农用地机械化条件/kW·hm^{-2}	农机总动力/农用地面积	11.50	10.15	8.80	7.50	6.25	[4.5,12.0]
	C_{A11}化肥施用量/hm^{-2}·t^{-1}	土地面积/化肥施用总量	4.50	3.77	3.04	2.44	1.97	[1.0,5.0]

质量类型	评价指标/单位	计算说明	I级	II级	III级	IV级	V级	取值范围
建设用地质量	C_{C1} 地块破碎化指数*		0.320	0.238	0.186	0.159	0.132	[0.100,0.500]
	C_{C2} 建设用地信息熵		1.561	1.332	1.149	0.794	0.307	[0.100,1.800]
	C_{C3} 建设用地经济产出能力/万元·hm^{-2}	非农产值/建设用地面积	340.00	301.66	263.32	229.32	199.66	[150,350]
	C_{C4} 城镇用地人口承载能力/万人·hm^{-2}	城镇人口/建设用地面积	1.25	1.10	0.94	0.78	0.62	[0.4,1.5]
	C_{C5} 农村居住空间人口承载能力/人·hm^{-2}	农业人口/农村住房面积	176	167	158	148	139	[135,200]
	C_{C6} 道路通达度/km·km^{-2}	道路长度/城区面积	10.00	9.05	8.11	7.11	6.05	[4.0,12.0]
	C_{C7} 建设用地价值/元·m^{-1}	一级商业用地基准地价	24 100	17 820	11 540	7 360	5 280	[3 000,24 200]
	C_{C8} 绿化覆盖率/%	建成区绿地面积/建成区面积	55.00	50.02	45.05	41.05	38.02	[30,60]
	C_{C9} 建成用地废水排放压力/m^2·t^{-1}	土地面积/废水排放量	50.00	43.10	36.21	30.61	26.30	[18,55]
未利用地质量	C_{V1} 荒草地比例/%	荒草地面积/未利用地面积	2.80	2.36	1.93	1.37	0.69	[0,0.3]
	C_{V2} 自然湿地比例/%	自然湿地面积/未利用地面积	99.00	73.54	48.09	29.69	18.34	[5,100]
	C_{V3} 宜耕地比例/%	宜耕地面积/未利用地面积	3.50	2.65	1.79	1.10	0.55	[0,40]

说明:(1)指标分级标准以评价区域整体水平为依据采用分段线形内插法确定;C_{C1}、C_{C9} 经倒数正向化处理;C_{A1} ~ C_{A5} 参照《江苏省农用地资源分等研究》(2005年版),以县(区)为单位计算。(2)本文侧重于对土地综合质量的考查,在前人研究的基础上,将土地综合质量引申为土地的某种能力,指标体系选取具有自身特点,农用地侧重于自然和生产属性,建设用地侧重于经济与社会属性,未利用地侧重于生态属性。

2 公式

2.1 土地质量物元可拓集评价模型

2.1.1 土地质量节域物元矩阵

设 $c_u(u=1,2\cdots\cdots)$ 分别为某类用地(农用地、建设用地和未利用地)质量的 u 个评价指标,$x_j=[a_u,b_u]$ 为土地质量关于评价指标 c_u 相应的取值范围,即节域。指标取值范围根据研究区域相应指标的综合水平确定。根据可拓学理论[2]，土地质量节域物元矩阵 R_L 可表示如下：

$$R_L = \begin{bmatrix} M & c_1 & [a_1,b_1] \\ & c_2 & [a_2,b_2] \\ & \vdots & \vdots \\ & c_u & [a_u,b_u] \end{bmatrix} \quad (1)$$

2.1.2 土地质量经典域物元矩阵

设土地质量分为 j 个级别（取 $j=5$），$x_{uj}=[a_{uj},b_{uj}]$，为第 j 级土地质量（用 M_j 表示）关于第 u 个指标 c_u 的级别评定标准，即经典域。取值范围根据研究区域相应指标综合水平来确定。土地质量经典域物元矩阵 R_{Lj} 表示如下：

$$R_L = \begin{bmatrix} M_1 & c_1 & [a_{11},b_{11}] \\ & c_2 & [a_{21},b_{21}] \\ & \vdots & \vdots \\ & c_u & [a_{u1},b_{u1}] \end{bmatrix}$$

$$R_L = \begin{bmatrix} M_2 & c_1 & [a_{12},b_{12}] \\ & c_2 & [a_{22},b_{22}] \\ & \vdots & \vdots \\ & c_u & [a_{u2},b_{u2}] \end{bmatrix}$$

$$R_L = \begin{bmatrix} M_j & c_1 & [a_{1j},b_{1j}] \\ & c_2 & [a_{2j},b_{2j}] \\ & \vdots & \vdots \\ & c_u & [a_{uj},b_{uj}] \end{bmatrix} \quad (2)$$

2.1.3 关联度和可拓指数

在物元可拓评价中，关联度表示物元的量值（指标值）取为区间上一点时，其达到符合要求取值范围的程度，它将属于和不属于问题的判断结果定量化。对特定评价单元，进行某类土地质量物元可拓集评价时，需要计算两类关联度，即不同指标对相应质量级别的关联度 $K_j(x_u)$ 和各类土地对应不同质量级别的综合关联度 $K_j(x)$。并进一步根据关联度计算结果，通过级别赋分，求算可拓指数 j^*，即土地质量级别指数。计算方式[2]如下。

定义：$|x_0|=|b-a|$ 为区间 $x_0=[a,b]$ 的模；$\rho(x,x_0)=|x-(a+b)/2|-(b-a)/2$ 为点 x 到区间 x_0 的距离；$x_0=[a,b]$ 和 $x_1=[c,d]$，且 $x_0 \subset x_1$。这里 x、x_0、x_1 分别为对应土地质量指标值、相应的指标级别评定标准区间和指标取值范围。则某类土地质量指标隶属于不同级别 j 的关联度 $K_j(x_u)$ 计算式可定义为：

$$K_j(x_u) = \begin{cases} -\dfrac{\rho(x, x_0)}{|x_0|} & x \in x_0 \\[3mm] \dfrac{\rho(x, x_0)}{\rho(x, x_1) - \rho(x, x_0)} & x \notin x_0 \end{cases} \tag{3}$$

式中,$\rho(x, x_0)$ 为点(指标值)到经典物元某区间的距离;$\rho(x, x_1)$ 为点到节域物元某区间的距离。

根据指标权重 ω_{uj} 及上述关联度计算结果,计算该类土地质量属于不同级别 j 的综合关联度 $K_j(x)$:

$$K_j(x) = \sum_{j=1}^{m} \omega_{uj} \cdot K_j(x_u) \tag{4}$$

将加权后计算的各级关联度 $K_j(x)$ 进行比较,最大值所对应的级别即为该类用地质量级别。进一步利用等级评定的方法,计算出土地质量指标的最终评价等级指数,即可拓指数:

$$j^* = \frac{\displaystyle\sum_{j=1}^{5} A_j \times K_j(x)}{\displaystyle\sum_{j}^{l} K_j(x)} \tag{5}$$

式中,$K_j(x) = \dfrac{K_j(x) - \min K_j(x)}{\max K_j(x) - \min K_j(x)}$;$A_j$ 为对应于第 j 级土地质量的赋分值(见表 2);j^* 为表征某类用地质量的可拓指数。此后再采用加权平均法将农用地、建设用地和未利用地质量可拓指数进行组合,得到表征不同单元土地综合质量的指数。

表 2　土地质量评价级别赋分

质量级别	I 级	II 级	III 级	IV 级	V 级
赋分	100	80	60	40	20

2.2　协调性分析模型

2.2.1　不同利用类型土地质量的协调性

评价单元内农用地、建设用地和未利用地间的质量协调状况反映了不同类型土地质量的均衡性,其评价依据是各类用地质量的可拓指数。某单元不同类型土地质量可拓指数越相互接近,则土地质量内部协调性越高,但有高度协调(可拓指数都高)和低度协调之分(可拓指数都低),用协调发展度来衡量。

设 $J_A^*(i)$、$J_C^*(i)$、$J_u^*(i)$ 分别为经过标准化处理后的第 i 单元农用地、建设用地和未利用地质量可拓指数,通过离差系数最小条件推导,得到用于衡量各类用地质量间的协调发展程度指标 D_i,公式[3] 为:

$$D_i = \sqrt{C_i \cdot J^*(i)} \tag{6}$$

式中，$C_i = \left\{ \dfrac{J_A^*(i) \cdot J_C^*(i) \cdot J_U^*(i)}{\left[\dfrac{J_A^*(i) + J_C^*(i) + J_U^*(i)}{3}\right]^3} \right\}^K$，为各类土地质量间的协调性程度；$K$ 为调节系数

（大于 2 的常数）；$J^*(i)$ 为经标准化处理后的第 i 单元土地质量综合可拓指数。C_i 和 D_i 均处于 $(0,1]$ 之间，C_i 越接近于 1，说明协调性越好；当 D_i 接近 1 时，说明土地质量内部协调性和土地质量均居较高水平。

2.2.2 土地质量与城市化发展的协调性

从土地利用的角度看，不对土地质量造成负面影响的城市化是健康城镇化的一个基本要求，评价二者的协调性具有重要现实意义。其评价依据是土地质量综合可拓指数和各地统计部门公布的城市化水平。经标准化处理后的某单元土地质量综合可拓指数与城市化水平越接近，则二者的协调状况越好，与土地质量内部协调度一样，也有高度协调和低度协调之分。

对评价单元土地质量综合可拓指数以及城市化水平做标准化处理，得到标准化处理后的第 i 单元土地质量综合可拓指数 $J^*(i)$ 和城市化水平 $U(i)$。按照同样思路，得到土地质量与城市化协调发展程度 Q_i，公式为：

$$Q_i = \sqrt{H_i \cdot T(i)} \tag{7}$$

式中，$H_i = \left\{ \dfrac{J^*(i) \cdot U(i)}{\left[\dfrac{J^*(i) + U(i)}{2}\right]^2} \right\}^K$，表示土地质量与城市化的协调性程度；$K$ 为调节系数（大

于 2 的常数）；$T(i) = \alpha \cdot J^*(i) + \beta \cdot U(i)$，为第 i 单元土地质量与城市化水平综合指数，α、β 为待定权重。H_i 和 Q_i 均处于 $(0,1]$ 之间，H_i 越接近于 1，说明土地质量与城市化的协调性越好；当 Q_i 接近于 1 时，说明土地质量与城市化是高度协调发展的。

3 意义

土地质量的评价模型表明：市域内农用地质量整体情况较好，建设用地质量的区域差异较明显，未利用地质量分属于Ⅰ级和Ⅲ级两个级别，土地综合质量大体表现为两个层次；市域多数单元内不同类型土地质量间的协调状况较好；市辖区土地质量与城市化的协调状况最好；评价结果与现实情况比较吻合，表明物元可拓模型和协调性分析方法在土地质量评价中具有较强可信度。

参考文献

[1] 涂小松，濮励杰，朱明．基于可拓学和协调性分析的区域土地综合质量评价．农业工程学报，2008，24(11):57 – 62.

[2] 蔡文，杨春燕，何斌．可拓逻辑初步．北京：科学出版社，2003:8 – 16.

[3] 张晓东，池天河．90 年代中国省级区域经济与环境协调度分析．地理研究，2001,20(4):506 – 515.

农业机械化的系统发展模型

1 背景

从系统的观点来看,农业机械化本身是一个系统,同时也是农业系统的子系统。农业机械化系统内部各要素与其外部要素相互作用,相互影响,因此农业机械化的发展也就必然受到系统内外各因素的影响和制约[1]。卢秉福等[2]利用 DEMATEL 方法从影响农业机械化发展的各因素之间的相互影响关系出发,对各影响因素进行定性定量的系统辨识,并对其中的关键影响因素进行分析。

2 公式

2.1 要素之间直接关系强度判断

假定系统 $S = \{a,b,c,d\}$ 中各要素的关系如图 1 所示,在图 1 中射线上的数字表示要素之间关系的强弱,其中:强为 3,中为 2,弱为 1,无为 0。

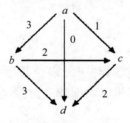

图 1 有向图表示

2.2 直接影响矩阵的构建

将有向图内容表示成矩阵形式,称为直接影响矩阵 Y,直接影响矩阵中的元素 y_{ij} 即表示相应要素之间关系的强弱。

$$Y = \left(y_{ij} \right)_{n \times m} \tag{1}$$

对于系统 $S = \{a,b,c,d\}$ 可记为:

$$Y = \begin{pmatrix} 0 & 3 & 1 & 0 \\ 0 & 0 & 2 & 3 \\ 0 & 0 & 0 & 2 \\ 0 & 0 & 0 & 0 \end{pmatrix}$$

2.3 综合影响矩阵 T 的求法及因素综合影响关系的考察

将直接影响矩阵 Y 作为初始矩阵,为了便于比较,对直接影响矩阵进行规范化处理,可得规范化直接影响矩阵。

$$\begin{cases} x_{ij} = \dfrac{y_{ij}}{y^+} \\ y^+ = \max\left\{ \displaystyle\sum_{j=1}^{n} y_{ij} \right\} \quad (i = 1,2,\cdots,n) \end{cases} \tag{2}$$

规范后的规范化直接影响矩阵记为:

$$X = (x_{ij})_{n \times n} \tag{3}$$

由于规范化直接影响矩阵只能反映因素的直接影响关系,为了考察因素综合影响关系,需要求得综合影响矩阵 T:

$$T = X(I - X)^{-1} = (t_{ij})_{n \times n} \tag{4}$$

矩阵 T 中元素 t_{ij} 表示要素 i 对要素 j 的影响程度或要素 j 受要素 i 的影响程度。t_{ij} 为小于 1 的正数或零,该值越大表明要素 i 对要素 j 影响程度或要素 j 受要素 i 的影响程度越大。

矩阵 T 的某行元素之和 H_i 为该行对应元素对所有其他元素的综合影响值,称为影响度。影响度越大表明该因素越重要。

$$H_i = \sum_{j=1}^{n} t_{ij} \quad (i = 1,2,\cdots,n) \tag{5}$$

矩阵 T 的某列元素之和 L_j 为该列对应元素受其他各元素的综合影响值,称为被影响度。被影响度越大表明该因素的逻辑影响度越高,在系统中的作用也就越大。

$$L_j = \sum_{i=1}^{n} t_{ij} \quad (j = 1,2,\cdots,n) \tag{6}$$

元素的影响度与被影响度之和 Z_{ij} 称为该元素的中心度。中心度是对因素综合考察的结果,表示该元素在系统中所起的作用,中心度越大作用也就越大。

$$Z_{ij} = H_i + L_j \tag{7}$$

3 意义

研究利用 DEMATEL 方法,从各因素之间的相互影响关系出发,建立直接影响矩阵并求出综合影响矩阵,通过计算各因素的影响度、被影响度、中心度,考察因素综合影响关系,确定了农业机械化发展的关键影响因素并对其进行系统分析,提出了新时期农业机械化发展的建议。

参考文献

［1］ 李兴国,张晋国,张小丽,等．我国农业机械化系统分析及评价指标体系构建．中国农机化,2006,
　　　(5):55－56.
［2］ 卢秉福,张祖立,朱明,等．农业机械化发展关键影响因素的辨识与分析．农业工程学报,2008,24
　　　(11):114－117.

农产品的导热公式

1 背景

国内外普遍采用热敏电阻法测量小尺寸生物组织的热物性[1-3]，尚未见该法用于农产品的热物性测量的报道。鉴于此，徐林等[4]用微珠状热敏电阻作为探头，制作了一简易的用于测量胡萝卜及马铃薯两种农产品的导热系数和热扩散系数的试验装置（图1），对其工作原理和电路设计进行了公式计算，并确定了其测量的最适条件，旨在为热敏电阻法测量农产品的导热系数和热扩散系数奠定一定基础。

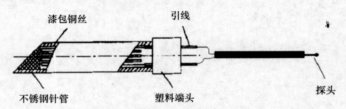

图 1　热敏电阻探针结构示意图

2 公式

2.1 工作原理

热敏电阻作为球形内热源插入无穷大匀质待测介质中，若进行传热计算，首先须建立假设：测试前，热敏电阻与被测介质处于热平衡状态，二者之间没有接触热阻；在测试过程中热敏电阻的半径、导热系数和热扩散系数保持不变；热敏电阻的内热源均匀分布。记热敏电阻耗散功率为 P，则热敏电阻的温升 ΔT 与农产品的导热系数的关系为[5]：

$$\kappa_m = \frac{1}{4\pi r \dfrac{\Delta T}{P} - \dfrac{1}{5\kappa_t}} \tag{1}$$

式中，κ_m 为农产品的导热系数，W/(m·k)；κ_t 为热敏电阻的导热系数，W/(m·k)；r 为热敏电阻的半径，mm；ΔT 为热敏电阻的升温，K；P 为热敏电阻的耗散功率，W。

热扩散系数的计算公式为[2]：

102

$$\alpha_m = \left[\frac{r}{\sqrt{\pi}\,(\varepsilon/\varGamma)\left(1 + \dfrac{\kappa_m}{5\kappa_t}\right)} \right] \tag{2}$$

式中,α_m 为农产品的热扩散系数,$10^{-6}\ \mathrm{m^2/s}$;ε 为热常数;$\varGamma$ 为稳态常数。

$\varGamma$ 与热敏电阻的耗散功率 P 之间的关系为:

$$\varGamma = \frac{I^2 R}{\left(\dfrac{4}{3}\pi r^3\right)} = \frac{P}{\left(\dfrac{4}{3}\pi r^3\right)} \tag{3}$$

若已知热敏电阻的半径 r、导热系数 κ_t 和热常数 ε,就可以通过测量其温升 ΔT 和消耗的功率 P,分别由式(1)、式(2)求得农产品的导热系数 κ_m 和热扩散系数 α_m。

Balasubramanian 和 Bowan[6]研究表明将热敏电阻作为匀质球形热源处理,热敏电阻温度可以取其体积平均温度。则热敏电阻阻值 R_T 与温度 T 的关系[7]为:

$$\ln R_{T_0} - \ln R_T = \beta\left(\frac{1}{T_0} - \frac{1}{T}\right) \tag{4}$$

式中,T_0 为热敏电阻的初始温度,℃;T 为测量过程中的温度,℃;R_{T0} 为温度 T_0 时的热敏电阻的阻值,Ω;R_T 为温度 T 时的热敏电阻的阻值,Ω;β 为热敏电阻系数,K。

将式(4)进行转化,可得热敏电阻的温升 ΔT 与电阻值的关系:

$$\Delta T = \frac{T T_0}{\beta}\ln\frac{R_{T_0}}{R_T} \tag{5}$$

由于控制探头温升 ΔT 不大于 3 K,可将式(5)简化为:

$$\Delta T = \frac{T^2}{\beta}\ln\frac{R_{T_0}}{R_T} \tag{6}$$

2.2 电路设计

由于热敏电阻的尺寸很小($r \leqslant 0.75\ \mathrm{mm}$),测量过程中,调节加热功率 3~5 mW,控制热敏电阻的平均温升 ΔT 不大于 3 K,则被测物质在热敏电阻热源作用区域内物性参数均匀分布和测量过程中物性稳定不变是合理的假设。在此原理基础上设计测量电路如图 2 所示。

图 2 中 $R_1 = R_2 = 10\ \mathrm{K\Omega}$,电压表测量电阻箱 R_3 与热敏电阻之间的势能差($U_差$)。首先调节电阻箱 R_3 的阻值使得电压表的读数为零,此时 R_1 两端的电压 U_{R_1} 可用下式表示为:

$$U_{R_1} = \frac{R_1}{R_1 + R_3} \times U_总 \tag{7}$$

用 $U_热$ 表示热敏电阻两端的电压,则 $U_热 = U_总 - U_{R_1} - U_差$,此时,热敏电阻的损耗功率 P 可以表示为:

$$
\begin{aligned}
P = IU &= \frac{(U_{R_1} + U_差)}{R_2} \times (U_总 - U_{R_1} - U_差) \\
&= \frac{(U_{R_1} + U_差)\cdot U_总 - (U_{R_1} + U_差)^2}{R_2}
\end{aligned}
\tag{8}
$$

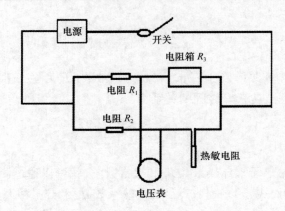

图 2 测量电路

式中,$U_总$ 为电源电压,V;U_{R1} 为电阻 R_1 两端电压,V;$U_差$ 为电压表的读数,V;R_2 为电阻 R_2 阻值,Ω;P 为热敏电阻功率,mW。

用 $R_热$ 表示热敏电阻的阻值,则有下列关系式:

$$R_热 = \frac{U_热 R_2}{(U_总 - U_热)} = \frac{U_总 - U_{R_1} - U_差}{U_{R_1} + U_差} \times R_2 \tag{9}$$

将式(8)、式(9)联立变换得到:

$$R_热 = P \times \frac{R_2^2}{(U_{R_1} + U_差)^2} \tag{10}$$

将式(10)代入式(5)即可得到温升与加热功率的关系:

$$\Delta T = \frac{T^2}{\beta} \ln \left[\frac{(U_{R_1} + U_{差T})}{(U_{R_1} + U_{差T_0})} \times \frac{P_{T_0}}{P_T} \right] \tag{11}$$

3 意义

农产品的导热公式显示,导热系数及热扩散系数的测量值与推荐值之间无显著性差异($p > 0.05$);热敏电阻法与热探针法对比测定胡萝卜及马铃薯两种农产品的导热系数,结果显示两种方法之间无显著性差异($p > 0.05$);热敏电阻法与常规计算对比测定胡萝卜及马铃薯两种农产品的热扩散系数,结果显示两种方法之间无显著性差异($p > 0.05$)。热敏电阻法能够用于小直径农产品热物性的测量。

参考文献

[1] 张海峰,程曙霞,何立群,等. 一种测定生物组织在 233 ~ 293 K 温区导热系数的方法. 中国科学技

术大学学报,2003,33(2):197-203.

[2] 杨昆,刘伟,骆清铭. 基于热敏电阻探头加热的肿瘤热疗用生物传热模型验证方法. 中国生物医学工程学报,2008,27(2):282-286.

[3] Valvano J W,Allen J T,Bowman H F. The simultaneous measurement of thermal conductivity,thermal diffusivity, and perfusion in small volumes of tissue. Journal of Biomechanical Engineering, 1984, 106: 192-197.

[4] 徐林,王金鹏,邓力,等. 热敏电阻法测量胡萝卜及马铃薯的热物性. 农业工程学报,2008,24(11):237-241.

[5] Maarten F V,Gelde A. Thermistor based method for measurement of thermal conductivity and thermal diffusivity of moist food materials at high temperatures. Virginia:Virginia Blacksburg University,1998.

[6] Balasubramanian T A,Bowan H F. Temperature fiels due to a time dependent heat of source of spherical geometry in an infinite medium. ASME Journal of Transfer,1974,193: 296-299.

[7] 陈则韶,葛新石,顾毓沁. 量热技术和热物性测定. 合肥:中国科学技术大学出版社,1990.

蛋清粉的起泡公式

1 背景

有研究报道甘油三酯、丙三醇、脂肪酸的水解产物可提高鲜蛋清的起泡性能[1,2]，可是目前将脂肪酶用于提高蛋清粉起泡性的研究尚未见报道，鉴于此，孙敏杰等[3]将脂肪酶水解脂类用于蛋清粉的生产中，以期提高蛋清粉的起泡性能，对脂肪酶水解工艺中的多种影响因素进行了研究，明确脂肪酶水解蛋黄脂质的最佳工艺参数，为提高起泡性蛋清粉的生产提供技术依据。

2 公式

2.1 起泡力的测定

取蛋清粉 2 g 放于小烧杯中，量取 200 mL pH 值 9.40 硼酸 – 氢氧化钠缓冲液，先用少量缓冲液溶解样品，然后全部倒入高速组织捣碎机中，800 r/min 搅打 1 min，插入直尺读取泡沫高度，试验重复 3 次，取平均值。起泡力的计算方法如式（1）所示[4]：

$$起泡力(\%) = \frac{V_0 - V}{V} \times 100\% \tag{1}$$

式中，V_0 为搅打后 0 min 泡沫的体积，mL；V 为搅打前初始液体体积，mL。

2.2 泡沫稳定性的测定

将搅打后的样品静止放置 20 min，插入直尺读取泡沫高度，试验重复 3 次，取平均值。泡沫稳定性的计算方法如公式（2）所示：

$$泡沫稳定指数 = \frac{V_0 \times \Delta t}{\Delta V} \tag{2}$$

式中，V_0 为搅打后 0 min 泡沫的体积，mL；Δt 为静止放置时间，min；ΔV 为静止放置前后泡沫的体积差值，mL。

2.3 脂解率的测定

测定反应混合物的酸值（AV）和皂化值（SV）。

酸值（游离脂肪酸含量）的测定：精确称取样品 5.0 g，置于锥形瓶中，用水浴微热熔融，加入预先中和的乙醚、乙醇混合液 50 mL，使之溶解，加入 1% 酚酞 5 滴，然后用氢氧化钾

（KOH）标准溶液滴至呈粉红色,10 s 内不褪色为终点,记录消耗氢氧化钾标准液的毫升数,试验重复 3 次,取平均值。按式（3）计算游离脂肪酸含量[5]:

$$游离脂肪酸含量(\%) = \frac{V \times C \times 282/1000}{m} \times 100\% \quad (3)$$

式中,V 为消耗 KOH 体积,mL;C 为 KOH 浓度,mol/L;282 为油酸摩尔质量,g/mol;m 为样品质量,g。

皂化值的测定:采用国标动植物油脂皂化值的测定方法。称取 2 g,准确到 0.005 g 的试验样品于锥形瓶中。用移液管将 25.0 mL 氢氧化钾－乙醇溶液加到试样中,并加入一些助沸物,连接回流冷凝管与锥形瓶,并将锥形瓶放在加热装置上慢慢煮沸,不时摇动,油脂维持沸腾状态 60 min。加 0.5 ~ 1 mL 酚酞指示剂于热溶液中,并用标准体积盐酸溶液滴定到指示剂的粉色刚消失。不加试样,再用 25.0 mL 的氢氧化钾－乙醇溶液进行空白试验[6]。试验重复 3 次,取平均值。

$$皂化值 = \frac{(V_0 - V_1) \times c \times 56.1}{m} \quad (4)$$

式中,V_0 为空白试验所消耗的盐酸标准滴定溶液的体积,mL;V_1 为试样所消耗的盐酸标准滴定溶液的体积,mL;c 为盐酸标准滴定溶液的实际浓度,mol/L;m 为试样的质量,g。

计算脂解率[7]公式为:

$$脂解率(\%) = AV/SV \times 100\% \quad (5)$$

根据以上公式,分析 33℃ ~ 45℃ 这个范围内蛋清粉起泡力、泡沫稳定性、游离脂肪酸含量和脂解率的变化趋势。由图 1 和图 2 可以看出,蛋清粉的起泡力及泡沫稳定性在 33℃ ~ 45℃ 范围内随温度的升高呈上升趋势,因为当温度升高,活化分子数增多,酶促反应速度加快,脂解率越高,起泡力越好。

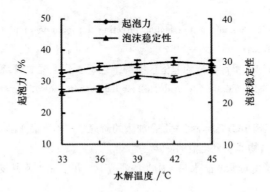

图 1　水解温度对蛋清粉起泡力及稳定性的影响

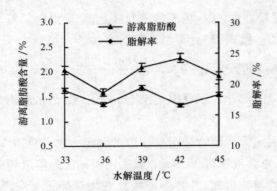

图 2　水解温度对脂解率及游离脂肪酸含量的影响

3　意义

根据蛋清粉的起泡公式,考察了酶添加量、pH 值、水解时间、水解温度对蛋清粉起泡性能的影响,确定了脂肪酶水解脂类的较适条件为酶添加量 5 000 U/g,pH 值 8.0,水解时间 6 h,水解温度 42℃。与原工艺相比,蛋清粉起泡力由 36.67% 提高到 88.42%,泡沫稳定性从 26.58 提高到 32.02。研究所确定的较佳工艺对高起泡性蛋清粉的生产具有指导意义。

参考文献

［1］ Cotterill O J,Funk E M. Effect of pH and lipase treatment on yolk contaminated egg white. Food Technology,1963,17:1183 – 1188.

［2］ Lomakina K,MíKOVá K. A study of the factors affecting the foaming properties of egg white – a review. Czech J Food Sci,2006,24(3):110 – 118.

［3］ 孙敏杰,迟玉杰,张明江. 提高蛋清粉起泡性能的工艺. 农业工程学报,2008,24(11):274 – 278.

［4］ Anabela R,Jose E,Isabel S. Method to evaluate foaming performance. Journal of Food Engineering,1998,36:445 – 452.

［5］ 吴霜,李文钊,李祥. 脂肪酶水解乳清中混合油脂的研究. 中国乳品工业,2006,34(12):18 – 21.

［6］ GB/T5534 – 1995,动植物油脂皂化值的测定.

［7］ 陈影,赵征. 解脂假丝酵母脂肪酶水解乳脂肪的研究. 广州食品工业科技,2004,20(1):42 – 44.

玉米生长的土壤水含量公式

1 背景

沃特保水剂、PAM 在干旱和半干旱地区已开始推广,但不同施用方式对同一作物的施用效果缺乏研究,影响了沃特保水剂、PAM 在农业生产中的应用。玉米是耗水较多的作物,且水分利用率较高,杜社妮等[1]2005 年以玉米为试材,开展沃特保水剂、PAM 不同施用方式对土壤水分及玉米生长的影响研究,并对其测定项目进行了精确的计算,对沃特保水剂、PAM 在农业生产中推广应用有积极的指导意义。

2 公式

在施用沃特保水剂、PAM 前(4 月 27 日)及玉米三叶期(5 月 22 日)、五叶期(5 月 31 日)、拔节期(6 月 16 日)、抽雄 – 吐丝期(7 月 22 日)、成熟期(9 月 14 日)用土钻每间隔 10 cm 土层采样 1 次,用烘干法测定玉米株间(距植株约 20 cm 处)0 ~ 200 cm 土层土壤含水率(质量百分比),每个小区测定 2 处。根据不同土层的土壤密度、土层厚度和土壤含水率换算出不同土层的土壤水含量(水层厚度 mm)。

$$w = \frac{Sw - Wd}{Sd} \times 100\% \tag{1}$$

式中,w 为土壤含水率,%;Sw 为湿土质量,g;Sd 为干土质量,g。

$$h = Hs \times w \times d \times 10 \tag{2}$$

式中,h 为土壤水含量,mm;Hs 为土层深度,cm;w 为土壤含水率,%;d 为土壤密度,g/cm³。0 ~ 200 cm 土层土壤水含量为 0 ~ 10 cm、10 ~ 20 cm,…,190 ~ 200 cm 土层土壤水含量之和,其他土层以此类推。

玉米从播种到收获期间不灌水,不同处理生长期间的追肥、除草等管理均相同。试验地平整,地下水位深,土层深厚及土壤质地均一,试验地不产生渗漏、地下水补给和水分的水平运动,玉米田间耗水量主要与生育期间有效降水量和生育期间土壤水含量的变化有关。

$$ET = p \pm \Delta h \tag{3}$$

式中,ET 为田间耗水量,mm;p 为生育期间的有效降水量,mm;Δh 为生育期间土壤水含量的变化,mm。

$$p = \lambda \cdot p' \tag{4}$$

式中,p 为有效降水量,mm;λ 为降水有效利用系数;p' 为降水量,mm。

当一次降水量或 24 h 降水量不大于 5 mm,λ 为 0;当降水量为 5 ~ 50 mm 时,λ 为 1.00;当降水量为 50 ~ 150 mm 时,λ 为 0.75 ~ 0.85(试验期间最大日降水量为 65 mm,λ 为 0.80);当降水量大于 150 mm 时,λ 为 0.7[2]。

$$WUE = B/ET \tag{5}$$

式中,WUE 为水分利用效率,kg/(mm · hm^2);B 为生物总量,kg/hm^2;ET 为田间耗水量,mm。

$$A = Y/ET \tag{6}$$

式中,A 为水分产出率,kg/(mm · hm^2);Y 为玉米籽粒产量,kg/hm^2;ET 为田间耗水量,mm。

$$E = \Delta Y/Q/S \tag{7}$$

式中,E 为单位施用量单位面积的增产量,kg/(kg · hm^2);ΔY 为某一处理的增产量,kg;Q 为沃特保水剂或 PAM 某一处理的施用量,kg;S 为某一处理的面积,hm^2。

根据以上公式对杜社妮等[1]设计的试验进行模拟计算:播种到三叶期不同处理的水分利用效率极显著高于对照。播种到五叶期、拔节期、抽雄 – 吐丝期、成熟期沟施、穴施的水分利用效率极显著高于撒施,撒施的极显著高于对照。沟施、穴施的水分产出率极显著高于撒施,撒施的极显著高于对照(表 1)。

表 1　处理不同生长期玉米的水分利用效率、水分产出率及单位施用量单位面积的增产量

处理		水分利用效率/kg · (mm · hm^2)$^{-1}$					水分产出率 /kg · (mm · hm^2)$^{-1}$	单位施用量单位面积的增产量/kg · (kg · hm^2)$^{-1}$
		三叶期	五叶期	拔节期	抽雄 – 吐丝期	成熟期		
对照		3.01	4.46	7.24	31.75	41.50	17.02	0
沃特	撒施	3.90	7.38	9.09	37.39	47.04	19.09	11.28
	沟施	3.83	8.85	11.79	46.66	56.45	22.85	30.60
	穴施	3.86	9.20	11.90	47.16	56.71	23.04	32.05
PAM	撒施	4.06	7.69	8.97	36.95	46.68	18.89	9.23
	沟施	3.81	9.37	11.56	45.65	55.90	22.69	30.34
	穴施	3.91	9.33	11.65	45.93	55.73	22.47	28.38

3　意义

玉米生长的土壤水含量公式表明,不同施用方式提高了 0 ~ 10 cm 土层土壤水含量,而

30～40 cm 土层土壤水含量则随降水量的多少呈现出不同的规律性。随着玉米的生长,不同施用方式影响的土层深度逐渐加深,从三叶期 0～50 cm 土层增加到成熟期的 0～200 cm 土层,土壤水含量表现为沟施、穴施高于撒施,撒施高于对照。三种施用方式对玉米出苗无显著影响,但均提高了玉米生物量、籽粒产量、水分利用效率,降低了玉米的耗水量,其中沟施、穴施的效果强于撒施。沃特、PAM 相同施用方式对土壤水含量和玉米生长无显著影响,且沟施和穴施之间无显著性差异,但沃特单位施用量单位面积的增产量高于 PAM。在玉米生产中,沃特、PAM 应以沟施或穴施为主。

参考文献

［1］ 杜社妮,白岗栓,赵世伟,等. 沃特和 PAM 施用方式对土壤水分及玉米生长的影响. 农业工程学报,2008,24(11):30－35.

［2］ 武汉水利电力学院《农田水利》编写组. 农田水利. 北京:人民教育出版社,1977:94－96.

昆虫种群密度的形态公式

1 背景

随着信息快速采集技术、计算机网络技术、人工智能、图像识别、决策支持系统等高新技术的发展,推动了"精细农作"技术体系的广泛实践。翁桂荣等[1]将数学形态学的基本运算方法及形态分水岭分割算法等图像处理信息技术运用到害虫种群密度监测中,根据昆虫飞行中 CCD 镜头区域远近及昆虫个体大小的先验知识,利用基于先验知识的流域分割算法,能有效地抑制背景及翅膀的影响,准确地识别出昆虫的个数,试验分析表明其大大提高了害虫信息的采集效率及精度。

2 公式

2.1 图像预处理

2.1.1 Areaopen 变换算子

Areaopen 的功能[2]是消除灰度图像面积小于阈值 a 的孤立图像块,但不影响其他图像块。定义为:

$$f \circ (a)_E = \cup \{C_i, Area(C_i) > a\} \tag{1}$$

式中,f 为数字图像;C_i 为连通元素;E 为连通结构元素;a 为面积阈值。

2.1.2 距离变换

形态学中的距离变换公式定义为:

$$DT_{BC}(f) = \sum_i f \Theta i BC \tag{2}$$

式中,f 为数字图像;Θ 为腐蚀运算。

2.1.3 质心坐标计算

确定标记区域的质心坐标,若 (I, J) 为标号区域的质心坐标,通过下式计算得到:

$$I = \sum_{n=0}^{N} \sum_{m=0}^{M} m \cdot f(m, n) / C \tag{3}$$

$$J = \sum_{n=0}^{N} \sum_{m=0}^{M} n \cdot f(m, n) / C \tag{4}$$

式中,C 为该区域的面积(像素数目);$f(m,n)$ 为标记块图像;M、N 为图像像素大小。

2.2　基于先验知识的流域分割算法

实验根据昆虫飞行中 CCD 镜头区域远近及昆虫个体大小的先验知识,提出基于先验知识的形态学分割算法,用来消除过度分割的影响。

(1)根据目标对象,设定适当的面积阈值 a(通过试验方法),滤除图像中块区域面积总像素小于 a 的区域对象,消除背景及翅膀等灰度面积小的目标。

(2)针对目标对象,引入与对象相似的形态学修正的 2D,Octagon distance 的圆形结构元素[式(7)],对梯度图像进行形态学修正,修正的目的在于一方面消除产生过分割的非规则细节及噪声因素,另一方面保持区域轮廓的准确定位。本结构元素主要的敏感区域是目标对象的边缘及黏连区。梯度修正的关键在于建立结构元素半径,其定义[2]为:

$$B_4(r) = \{(x_1,x_2) \in Z^2 : |x_1| + |x_2| \leq r\} \tag{5}$$

$$B_8(r) = \{(x_1,x_2) \in Z^2 : \max|x_1|, |x_2| \leq r\} \tag{6}$$

$$B_o(r) = \begin{cases} B_8(r)(x_1,x_2) \, if \tan|x_1/x_2| < \pi/8 \ or \ \tan|x_2/x_1| < \pi/8 \\ B_8(r)(x_1,x_2)/(1 + \tan(\pi/8) + 0.5) \qquad otherwise \end{cases} \tag{7}$$

式中,r 为结构元素半径;Z 为二维欧几里德空间;B_4 为城市街区距离(City block distance)、B_8 为棋盘距离(Chess board distance)、B_o 为八边形距离(Octagondistance)。

3　意义

实验从 CCD 摄取空中飞行的昆虫图像,经过数学形态学的图像去噪增强、形态分水岭分割等方法处理,能准确地识别出昆虫的个数,并有效地抑制背景及翅膀的影响,实现信息快速采集。将数学形态学运用到害虫种群密度监测中,将大大提高害虫预测水平和综合管理技术,加快中国农业现代化的建设。

参考文献

[1]　翁桂荣. 数学形态学在害虫种群密度监测中的应用. 农业工程学报,2008,24(11):135 – 138.

[2]　Edward R. Dougherty, Roberto A. Lotufo. Hands – on Morphological Image Processing. Bellingham, Wash. : SPIE Optical Engineering Press,2003:129 – 136.

收获机的甘蔗运动公式

1　背景

　　甘蔗整秆式收割的收获方式一般是由扶起、砍蔗、夹持输送、抛出铺放组成。李志红和区颖刚[1]通过对抛出后甘蔗运动过程的高速摄影结果的分析,确立了甘蔗的运动形式,并进行了运动学分析,建立了数学模型,推导出了甘蔗向机车外铺放的条件以及甘蔗铺放距离、铺放角的理论计算公式,采用 Matlab 编程,分析了整秆式甘蔗收获机圆弧轨道式柔性夹持输送装置在甘蔗铺放过程中运动参数、结构参数以及甘蔗几何参数对甘蔗向外铺放、铺放距离、铺放角的相互影响规律,为甘蔗收获机的设计以及甘蔗铺放质量的提高提供了理论依据。

2　公式

2.1　甘蔗铺放过程

　　图 1 为整秆式甘蔗收获机圆弧轨道式柔性夹持输送装置示意简图,扶蔗机构将甘蔗扶起后使甘蔗进入 V 形夹持入口,随着机车向前运动和柔性夹持元件向后运动,柔性夹持元件拨动甘蔗并施加给甘蔗撞击力,甘蔗在 V 形夹持入口内被逐渐扶正,在夹持点处被夹持的同时,切割器将甘蔗从其根部砍断,并经夹持输送装置夹持、输送,提升一定高度后到达夹持输送终点,并以一定速度抛出,甘蔗根部着地后倒向机车外侧进行铺放。

　　设甘蔗的夹持高度 h_0 为夹持点距地面的垂直高度,θ 为夹持过程中甘蔗的偏移角度,若质心在夹持点的上方,由于重力对夹持点的力矩导致甘蔗绕夹持点旋转,将向输送方向相反方向偏移一角度,规定为正,同理若质心在夹持点的下方,甘蔗将朝输送方向偏移一个角度,规定为负,夹在质心处偏移角 θ 取为 0,此时甘蔗垂直于轨道,夹在甘蔗质心处甘蔗根部蔗头距地面的垂直高度为提升高度 h_1,不夹在甘蔗质心处甘蔗根部蔗头距地面的垂直高度为提升高度 h_2,则有:

$$h_1 = \left(L + \frac{R_1 + R_2}{2}\sin \alpha_2 \right)\sin \alpha \tag{1}$$

$$h_2 = h_1 + h_0\left[\cos \alpha - \cos \left(\alpha \pm \theta \right) \right] \tag{2}$$

式中,L 为输送夹持装置直线段长度;R_1、R_2 分别为夹持输送装置大、小圆弧半径;α 为夹持

114

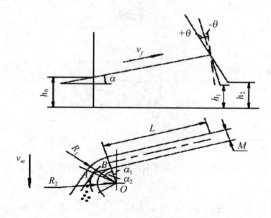

图1　圆弧轨道式甘蔗柔性夹持输送装置示意图

输送装置提升角；α_1 为夹持输送装置直线段向后倾斜角；α_2 为夹持输送装置大圆弧圆心角。

2.2　甘蔗铺放运动学分析

2.2.1　甘蔗抛出后的运动学分析

取夹持输送装置的输送终点为原点，建立坐标系如图2所示，对夹持点进行速度分析。

$$\begin{cases} v_x = v_f \cos\alpha\cos\alpha_1 \\ v_y = v_m - v_f\cos\alpha\sin\alpha_1 \\ v_z = v_f\sin\alpha \end{cases} \tag{3}$$

式中，v_m 为机车前进速度；v_f 为夹持输送装置输送速度。

根据斜抛的运动规律，蔗头的运动轨迹方程为：

$$\begin{cases} x = v_x t \\ y = v_y t \\ z = v_z t - gt^2/2 \end{cases} \tag{4}$$

当蔗头着地时，$z = -h_2$，则甘蔗在 z 方向的速度为：$v_z = -\sqrt{(v_f\sin\alpha)^2 + 2gh_2}$，方向与 z 轴正向相反，此时甘蔗质心的速度为：

$$\begin{cases} v_x = v_f\cos\alpha\cos\alpha_1 \\ v_y = v_m - v_f\cos\alpha\sin\alpha_1 \\ v_z = -\sqrt{(v_f\sin\alpha)^2 + 2gh_2} \end{cases} \tag{5}$$

2.2.2　甘蔗根部着地后的运动学分析

根据碰撞理论[2-3]以及蔗田的实际情况，可假设甘蔗与地面发生完全塑性碰撞，即蔗头碰撞后的速度为0，甘蔗的运动由碰撞前的刚体平动将突变为刚体定轴转动，转动轴应垂直质心速度 $\vec{V}$ 与甘蔗所组成的平面，如图3所示，建立新坐标系 $x'y'z'$（坐标原点取甘蔗蔗头，

115

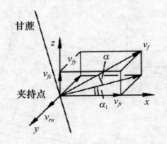

图 2   甘蔗抛出时的运动学分析

y'垂直于甘蔗质心速度$\overrightarrow{V}$与甘蔗所组成的平面),甘蔗将绕y'轴做定轴转动。

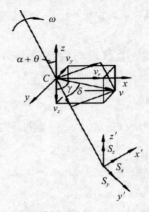

图 3   甘蔗着地时的运动学分析

设v与v_z的夹角为γ,由于甘蔗轴线位于v与v_z所组成的平面内,故与甘蔗的夹角δ关系为:

$$\delta = \gamma - (\alpha \pm \theta)$$

根据冲量矩定理,对转动轴y'取矩,其中碰撞冲量$S_{x'}$、$S_{y'}$、$S_{z'}$对y'的矩为0,有:

$$J_0\omega - mvh_4\sin\delta = 0$$

J_0为甘蔗绕y'轴转动的转动惯量,假设甘蔗为均质杆,则:

$$J_0 = J_c + md^2 = \frac{1}{12}mh_3^2 + mh_4^2 = \frac{4}{3}mh_4^2$$

式中,J_c为甘蔗绕质心的转动惯量;d为质心到转轴y'的距离;ω为碰撞后甘蔗绕y'轴转动的角速度;h_3为甘蔗高度;h_4为质心到蔗头的距离,$d = h_4 = h_3/2$。

$$\omega = \frac{3v\sin\left[\gamma - (\alpha \pm \theta)\right]}{4h_4} \tag{6}$$

2.2.3　甘蔗向外铺放的条件

为便于机车行走,甘蔗抛出着地后应向机车外侧铺放,根据机械能守恒定律,有:

$$\frac{1}{2}J_0\omega_{\min}^2 = mgh_4 - mgh_4\cos(\alpha \pm \theta)$$

式中,$\omega_{\min}$为保证甘蔗向外铺放的最小角速度。

显然,甘蔗定轴转动的角速度必满足:$\omega \geq \omega_{\min}$,整理后得:

$$v \geq \frac{\sqrt{\frac{8}{3}gh_4[1 - \cos(\alpha \pm \theta)]}}{\sin[\gamma - (\alpha \pm \theta)]} \tag{7}$$

式中,$h_4 = h_0 \pm \Delta h$,Δh为甘蔗质心与夹持点的高度差,当质心在夹持点上方时,Δh为正,反之为负,当夹持在甘蔗质心处时,Δh为0。

若设$k = v_m/v_f$为甘蔗输送速比,甘蔗向机车外铺放的条件为:

$$v_f\sqrt{\cos^2\alpha + k^2 - 2k\cos\alpha\sin\alpha_1} - \sqrt{v_f^2\sin^2\alpha + 2gh_2}\tan(\alpha \pm \theta)$$

$$\geq \frac{\sqrt{\frac{8}{3}g(h_0 \pm \Delta h)[1 - \cos(\alpha \pm \theta)]}}{\cos(\alpha \pm \theta)} \tag{8}$$

2.2.4　甘蔗铺放距离的理论计算

如图4a,设抛送速度v的水平分速度为v_{h_1},且根据式(4),甘蔗铺放距离s为:

$$s = (v_f\sin\alpha + \sqrt{v_f^2\sin^2\alpha + 2gh_2})/g \times$$

$$\sqrt{v_f^2\cos^2\alpha + v_m^2 - 2v_fv_m\cos\alpha\sin\alpha_1} \tag{9}$$

2.2.5　甘蔗铺放角的理论计算

如图4b,设甘蔗着地后质心速度v的水平分速度为v_{h_2},甘蔗铺放角β为v_{h_2}与v_x的夹角,则有:

$$\beta = \arccos\frac{v_f\cos\alpha\cos\alpha_1}{\sqrt{v_f^2\cos^2\alpha + v_m^2 - 2v_fv_m\cos\alpha\sin\alpha_1}} \tag{10}$$

3　意义

收获机的甘蔗运动公式表明,甘蔗向外铺放的条件、甘蔗铺放距离、铺放角与夹持输送装置结构参数、运动参数、甘蔗几何参数等因素有关:随着输送速度的增大,甘蔗铺放角和甘蔗铺放距离也随着增大;随机车前进速度的增大,甘蔗铺放角减小,但前进速度对甘蔗的铺放距离影响不大。当质心位于夹持点上方时,随着高度差的增加,甘蔗向外铺放所需的最小输送速度也相应增加,铺放距离将相应减少;反之亦然。甘蔗铺放角的大小与夹持高

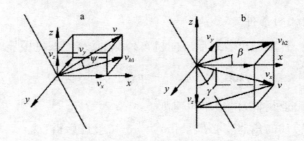

图 4　甘蔗铺放速度分析

度无关,亦即夹持高度对甘蔗铺放角影响不大。

参考文献

［1］　李志红,区颖刚.整秆式甘蔗收获机甘蔗铺放运动学分析.农业工程学报,2008,24(11):103－108.

［2］　贾书惠.理论力学辅导.北京:清华大学出版社,2003.

［3］　彼得·艾伯哈特.现代接触动力学.南京:东南大学出版社,2003.

远程控制系统的故障诊断模型

1 背景

针对设施农业远程控制系统中含有控制时滞和测量时滞的情况,研究其发生不可直接测量故障时的故障诊断和容错控制方法。李娟等[1]首先设计了系统在故障情况下的最优容错控制律,并证明了最优容错控制律的存在唯一性。为了进行故障诊断并解决最优控制的物理不可实现问题,给出了一种测量时滞的无时滞转换方法,并通过构造含有故障状态的增广系统的降维状态观测器,设计了在线诊断故障的故障诊断器并同时实现了系统状态的观测。最后利用故障诊断的结果给出了物理可实现的动态最优容错控制律。

2 公式

2.1 问题描述和模型变换

考虑如下的远程控制时滞系统:

$$\dot{x}(t) = Ax(t) + B_0 u(t) + B_1 u(t-d) + D_1 f(t), t > 0$$
$$x(0) = x_0$$
$$u(t) = 0, t \in [-d, 0)$$
$$y(t) = Cx(t-\tau) + D_2 f(t-\tau), t \geq \tau$$
$$y(t) = 0, t \in [-\tau, 0) \tag{1}$$

式中, $x(t) \in R^n$ 为状态向量; $u(t) \in R^p$ 为控制输入向量; $y(t) \in R^q$ 为可测输出向量; $f(t) \in R^m$ 为不可直接测量的故障信号向量; A, B_0, B_1, C, D_1 和 D_2 为具有适当维数的常量矩阵; d 为控制时滞时间常数($d > 0$); τ 为测量时滞时间常数($\tau > 0$)。

假设 1:系统(1)完全能控且完全能观测。

故障 $f(t)$ 的动态特性由下列外系统来描述:

$$\phi(t) = G\phi(t), \phi(t_0) = \phi_0, t \geq t_0 = \min\{t_a, t_s\}$$
$$\phi(t) = 0, t \in [0, t_0)$$
$$f(t) = F\phi(t) \tag{2}$$

其中:

119

$$\phi(t) = \begin{bmatrix} \phi_a(t) \\ \phi_s(t) \end{bmatrix}$$

$$G = \begin{bmatrix} G_1 & 0 \\ 0 & G_2 \end{bmatrix}$$

$\phi \in R^r (m \leq r)$ 为外系统(2)的状态向量,故障的初始时刻 t_0 和初始状态 ϕ_0 是未知的。$G \in R^{r \times r}$ 和 $F \in R^{m \times r}$ 为常量矩阵,$rankF = m$。$f_a \in R^{m_1}$ 代表执行器故障,执行器故障的初始时刻为 t_a;$f_s \in R^{m_2}$ 代表传感器故障,传感器故障的初始时刻为 t_s;$m = m_1 + m_2$。当 t 小于 t_a 时有 $\phi_a(t)$ 为 0,当 t 小于 t_s 时有 $\phi_s(t)$ 为 0。G_1, G_2, F_a 和 F_s 是适当维数的常量矩阵。

注1:外系统(2)是阶跃故障、周期故障、衰减故障、发散故障等常见的连续变化故障的通用表达式。

假设2:矩阵 G 的所有特征值满足:
$$\mathrm{Re}[\lambda_i(G)] \leq 0, \quad i = 1,2,3,\cdots,r$$
且具有零实部的特征值为矩阵 G 的最小多项式的单根。

注2:假设2表明,外系统(2)是稳定的但不一定是渐近稳定的。假设2是必要的,否则故障 f 的分量至少有一个将趋于无穷大,其无限时域最优性能指标将趋于无穷大。

为了对控制时滞进行无时滞转换,引入如下关于状态的线性变换:
$$z(t) = x(t) + \int_{t-d}^{t} \mathrm{e}^{A(t-d-\sigma)} B_1 u(\sigma) \mathrm{d}\sigma \tag{3}$$

对式(3)微分并结合式(1)可得:
$$\dot{z}(t) = Az(t) + (B_0 + e^{-Ad}B_1)u(t) + D_1 f(t) \tag{4}$$

令:
$$B = B_0 + e^{-Ad}B_1$$

则式(4)变为:
$$\dot{z}(t) = Az(t) + Bu(t) + D_1 f(t) \tag{5}$$

从而系统(1)可转化为:
$$\dot{z}(t) = Az(t) + Bu(t) + D_1 f(t), t > 0$$
$$z(0) = z_0$$
$$\eta(t) = Cz(t-\tau) + D_2 f(t-\tau)$$
$$y(t) = \eta(t) - C\int_{t-\tau-d}^{t-\tau} \mathrm{e}^{A(t-\tau-d-\sigma)} B_1 u(\sigma) \mathrm{d}\sigma \tag{6}$$

其中:$z(t) \in R^n$ 为转化后式(6)的状态变量。

2.2 最优容错控制律的设计

2.2.1 性能指标的选取

对于由系统(1)和外系统(2)描述的含有故障的时滞系统,此处仅讨论其无限时域的最优容错控制问题。

对于无限时域的最优控制问题,针对由外系统(2)描述的故障的不同情形,可以选取不同的二次型性能指标。对外系统(2)渐近稳定的情形,可以选择如下无限时域的二次型性能指标:

$$J = \int_0^\infty \left[z^T(t) Q z(t) + u^T(t) R u(t) \right] \mathrm{d}t \tag{7}$$

其中,$Q \in R^{n \times n}$ 为半正定矩阵,$R \in R^{p \times p}$ 为正定矩阵。

对外系统(2)为稳定但非渐近稳定的情形,可以选取平均二次型性能指标:

$$J = \lim_{T \to \infty} \frac{1}{T} \int_0^T \left[z^T(t) Q z(t) + u^T(t) R u(t) \right] \mathrm{d}t \tag{8}$$

2.2.2 最优容错控制律的设计

定理 1:考虑由式(1)和式(2)描述的时滞系统,在满足假设 1 和假设 2 的条件下,其关于性能指标式(7)或式(8)的最优容错控制律存在且唯一,并由下式描述:

$$u^*(t) = -R^{-1}B^T \left[Px(t) + P \int_{t-d}^t \mathrm{e}^{A(t-d-\sigma)} B_1 u(\sigma) \mathrm{d}\sigma + P\phi_1(t) \right] \tag{9}$$

其中,P 为 Riccati 矩阵方程的唯一正定解:

$$A^T P + PA - PSP + Q = 0 \tag{10}$$

P_1 为 Sylvester 方程的唯一解:

$$(A^T - PSP)P_1 + P_1 G = -PD_1 F \tag{11}$$

$$S = BR^{-1}B^T$$

证明:根据最优控制理论可以导出,系统(1)和外系统(2)关于二次型性能指标式(7)或式(8)的最优控制律的设计,导致求解如下两点边值问题:

$$\dot{z}(t) = Az(t) - S\lambda(t) + D_1 F\phi(t) , z(0) = z_0$$
$$-\dot{\lambda}(t) = Qz(t) + A^T\lambda(t) , \lambda(\infty) = 0 \tag{12}$$

并且,最优控制律为:

$$u^*(t) = -R^{-1}B^T\lambda(t) \tag{13}$$

其中,$\lambda(t)$ 为引入的 Lagrange 乘子向量函数。

令:

$$\lambda(t) = Pz(t) + P_1\phi(t) \tag{14}$$

则有:

$$\dot{\lambda}(t) = (PA - PSP)z(t) + (P_1 G + PD_1 F - PSP_1)\phi(t) \tag{15}$$

由式(12)和式(15)得:

$$(A^T P + PA + Q - PSP)z(t) +$$
$$[(A^T - PS)P_1 + PD_1 F + P_1 G]\phi(t) = 0$$

考虑到上式对任意 $z(t)$、$\phi(t)$ 均成立,则可导出 P 满足 Riccati 矩阵方程式(10)及 P_1

满足 Sylvester 方程式(11)。

下面证明最优控制律的唯一性。显然,要证最优控制律 u^* 的唯一性,只需证明 P 和 P_1 的唯一性即可。由假设 1 知式(6)是完全可控的,则由最优控制理论知,Riccati 方程式(10)有唯一正定解 P。

根据最优控制理论知 $(A - SP)$ 是 Hurwitz 矩阵,则 $T(A - PS)$ 是 Hurwitz 矩阵,即:

$$Re[\lambda_i(A^T - PS)] < 0, \quad i = 1,2,3,\cdots n \tag{16}$$

而外系统(2)是稳定的,即 $Re[\lambda(G)] \leq 0$,故有:

$$\lambda_i(A^T - PS) + \lambda_j(G) \neq 0, \quad i = 1,2,\cdots,n, \quad j = 1,2,\cdots,r$$

故由定理 1 可知,Sylvester 方程式(11)有唯一解 P_1。将式(14)代入式(13),得到最优控制律:

$$u^*(t) = -R^{-1}B^T[Pz(t) + P_1\phi(t)] \tag{17}$$

将式(3)带入式(17),得到系统(1)的唯一最优容错控制律式(9)。

2.3 故障诊断和物理可实现问题

2.3.1 测量时滞的无时滞变换

为了既能解决 $\phi(t)$ 的物理不可实现问题又能观测出系统的状态 $x(t)$,令 $\psi(t) = [z(t)^T \quad \phi(t)^T]^T$,结合式(6)和式(2)则有:

$$\dot{\psi}(t) = A_2\psi(t) + B_2u(t)$$
$$\eta(t) = C_2\psi(t - \tau) \tag{18}$$

其中,$A_2 = \begin{bmatrix} A & D_1F \\ 0 & G \end{bmatrix}$, $B_2 = \begin{bmatrix} B \\ 0 \end{bmatrix}$, $C_2 = [C \quad D_2F]$。

假设 3:(C_2, A_2) 是完全可观测的。对式(18)就有:

$$\psi(t) = e^{A_2t}\psi(0) + \int_0^t e^{A_2(t-h)}B_2u(h)dh$$

$$\eta(t) = C_3e^{A_2t}\psi(0) + C_3\int_0^{t-\tau} e^{A_2(t-h)}B_2u(h)dh \tag{19}$$

其中,$C_3 = C_2e^{-A_2\tau}$。为了对输出进行无时滞转换,我们给出如下的关于输出的线性变换:

$$\eta_1(t) = \eta(t) + C_3\int_{t-\tau}^t e^{A_2(t-h)}B_2u(h)dh \tag{20}$$

把式(19)代入式(18)和式(20),则系统可以转换为下列无时滞系统:

$$\dot{\psi}(t) = A_2\psi(t) + B_2u(t)$$
$$\eta_1(t) = C_3\psi(t)$$
$$\eta(t) = \eta_1(t) - C_3\int_{t-\tau}^t e^{A_2(t-h)}B_2u(h)dh \tag{21}$$

2.3.2 故障诊断和物理实现问题

定理 2:考虑由系统(1)和外系统(2)描述的带有故障的线性时滞系统,在满足假设 2 和假设 3 的条件下,其故障诊断器可由下式描述:

$$\dot{x}(t) = (T_1 - LC_3)\{A_2 H_1 x_c(t) + B_2 u(t) + A_2(H_1 L + H_2)[y(t) + M(t)]\}$$

$$\hat{x}(t) = H_{11} x_c(t) + (H_{11} L + H_{12})[y(t) + M(t)] - \int_{t-d}^{t} e^{A(t-d-\sigma)} B_1 u \mathrm{d}\sigma$$

$$\hat{\phi}(t) = H_{21} x_c(t) + (H_{21} L + H_{22})[y(t) + M(t)]$$

$$\hat{f}_a(t) = [I \vdots 0] F\hat{\phi}(t)$$

$$\hat{f}_s(t) = [0 \vdots I] F\hat{\phi}(t) \tag{22}$$

式中, $\hat{\phi}(t)$ 为诊断出的故障状态; $\hat{x}(t)$ 为观测出的系统状态; $\hat{f}_a(t)$ 为执行器故障的诊断值; $\hat{f}_s(t)$ 为传感器故障的诊断值; I 和 0 分别为适当维数的单位矩阵和零矩阵; $M(t)$ 由下式描述:

$$M(t) = C\int_{t-\tau-d}^{t-\tau} e^{A(t-\tau-d-\sigma)} B_1 u(\sigma) \mathrm{d}\sigma + C_3 \int_{t-\tau}^{t} e^{A_2(t-h)} B_2 u(h) \mathrm{d}h \tag{23}$$

令:

$$\overline{\psi}(t) = T\psi(t) = \begin{bmatrix} T_1 \\ C_3 \end{bmatrix} \psi(t) = \begin{bmatrix} w(t) \\ \eta_1(t) \end{bmatrix}$$

则有:

$$\psi(t) = T^{-1} \begin{bmatrix} w(t) \\ \eta_1(t) \end{bmatrix} = H_1 w(t) + H_2 \eta_1(t) \tag{24}$$

故:

$$\dot{\overline{\psi}}(t) = \begin{bmatrix} T_1 A_2 H_1 w(t) + T_1 A_2 H_2 \eta_1(t) + T_1 B_2 u(t) \\ C_3 A_2 H_1 w(t) + C_3 A_2 H_2 \eta_1(t) + C_3 B_2 u(t) \end{bmatrix}$$

即:

$$\dot{w}(t) = T_1 A_2 H_1 w(t) + T_1 A_2 H_2 \eta_1(t) + T_1 B_2 u(t)$$

$$\dot{\eta}_1(t) = C_3 A_2 H_1 w(t) + C_3 A_2 H_2 \eta_1(t) + C_3 B_2 u(t) \tag{25}$$

由 (C_3, A_2) 完全可观测,且 T 为非奇异矩阵,则可得出 $(C_3 A_2 H_1, T_1 A_2 H_1)$ 是完全可观测的。对式(25)构造 Luenberger 观测器:

$$\dot{w}(t) = (T_1 - LC_3)[A_2 H_1 \hat{w}(t) + A_2 H_2 \eta_1(t) + B_2 u(t)] + L\dot{\eta}_1(t) \tag{26}$$

式中, $\hat{w}$ 是状态 w 的估计值; L 是反馈增益矩阵。可选择观测器的增益矩阵 L 使矩阵 $[(T_1 - LC_3)A_2 H_1]$ 的所有特征值被配置到希望的位置。

为了消除微分项 $\dot{\eta}_1$,我们引入变量代换:

$$x_c(t) = \hat{w}(t) - L\eta_1(t) \tag{27}$$

对式(27)求导,并利用式(24)和式(26),则可得式(21)的降维状态观测器为:

$$\dot{x}_c(t) = (T_1 - LC_3)[A_2H_1x_c(t) + B_2u(t) + A_2(H_1L + H_2)\eta_1(t)]$$

$$\hat{z}(t) = H_{11}x_c(t) + (H_{11}L + H_{12})\eta_1(t)$$

$$\hat{\phi}(t) = H_{21}x_c(t) + (H_{21}L + H_{22})\eta_1(t) \tag{28}$$

将式(20)、式(6)和式(3)式代入(28)式可得:

$$\dot{x}_c(t) = (T_1 - LC_3)\{A_2H_1x_c(t) + B_2u(t) + A_2(H_1L + H_2)[y(t) + M(t)]\}$$

$$\hat{z}(t) = H_{11}x_c(t) + (H_{11}L + H_{12})[y(t) + M(t)] - \int_{t-d}^{t} e^{A(t-d-\sigma)}B_1u(\sigma)d\sigma$$

$$\hat{\phi}(t) = H_{21}x_c(t) + (H_{21}L + H_{22})[y(t) + M(t)] \tag{29}$$

其中,$M(t)$如式(23)所示。将传感器故障和执行器故障分离可得到故障诊断器式(22)。

为了得到物理上可实现的最优容错控制律$u^*(t)$,将最优容错控制律式(9)中的$x(t)$和$\phi(t)$分别用故障诊断器式(22)中的观测值$\hat{x}(t)$和$\hat{\phi}(t)$替代,则可得到系统(1)关于性能指标式(7)或式(8)的物理可实现的动态最优容错控制律为:

$$\dot{x}_c(t) = A'x_c(t) + B'u(t) + C'y(t) + C'M(t)$$

$$u^*(t) = D'x_c(t) + E'y(t) + E'M(t) \tag{30}$$

其中,

$$A' = (T_1 - LC_3)A_2H_1, B' = (T_1 - LC_3)B_2$$

$$C' = (T_1 - LC_3)A_2(H_1L + H_2)$$

$$D' = -R^{-1}B^T(PH_{11} + P_1H_{21})$$

$$E' = -R^{-1}B^T[P(H_{11}L + H_{12}) + P_1(H_{21}L + H_{22})]$$

2.4 仿真例子

考虑由式(1)描述的远程控制时滞系统,其中,

$$A = \begin{bmatrix} 0 & 1 \\ -2 & -1 \end{bmatrix}, B_0 = \begin{bmatrix} 1 \\ 1 \end{bmatrix}, B_1 = \begin{bmatrix} 0.1 \\ 0.2 \end{bmatrix}$$

$$D_1 = \begin{bmatrix} 2 & 0 \\ 1 & 0 \end{bmatrix}, C = \begin{bmatrix} 1 & 0 \end{bmatrix}, D_2 = \begin{bmatrix} 0 & 1 \end{bmatrix}$$

$$x(0) = \begin{bmatrix} 0.3 & 0.2 \end{bmatrix}^T, d = 2, \tau = 5 \tag{31}$$

考虑由(2)式描述的故障,其中,

$$G = \begin{bmatrix} 0 & 1 & 0 & 0 \\ -1 & 0 & 0 & 0 \\ 0 & 0 & 0 & 1 \\ 0 & 0 & -4 & 0 \end{bmatrix}, F = \begin{bmatrix} 1 & 0 & 0 & 0 \\ 0 & 0 & 0 & 1 \end{bmatrix}$$

$$\phi(t_0) = \begin{bmatrix} 1 & 0 & 0 & 1 \end{bmatrix}' \tag{32}$$

传感器故障发生在 t_s 为 20 s, 执行器故障发生在 t_a 为 40 s。

图 1 和图 2 分别为故障诊断器输出的执行器故障和传感器故障的诊断值和真实值的对比曲线图。图 3a 和图 3b 分别为本文的最优容错控制和经典最优控制下的状态变量 $x_1(t)$ 和 $x_2(t)$ 的对比图。可看出, 在存在控制时滞和测量时滞的情况下, 该故障诊断器诊断出的执行器故障值和传感器故障值渐近趋向于其真实值, 说明本文提出的故障诊断方法是有效的和可靠的。由图 3 可看出, 当系统发生故障时, 本文设计的最优容错控制明显地衰减了故障对系统状态的影响, 且优于经典的最优控制。

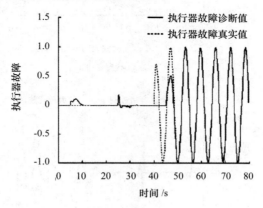

图 1 执行器故障诊断值

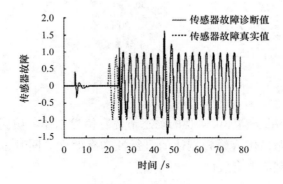

图 2 传感器故障诊断值

3 意义

实验研究了设施农业中的远程控制系统在含有控制时滞和测量时滞时的故障诊断方法和容错控制问题。给出了一种测量时滞的无时滞转换方法, 设计了能实时在线诊断出故

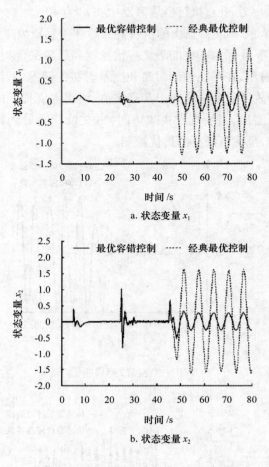

a. 状态变量 x_1

b. 状态变量 x_2

图 3   状态变量 x_1 和 x_2

障的故障诊断器,并给出了物理可实现的动态最优容错控制律。仿真结果证实了研究提出的故障诊断方法和动态最优容错控制律的可行性和有效性。同时也验证了该故障诊断方法和动态最优容错控制律的有效性。

参考文献

[1] 李娟,叶若红,尚书旗. 远程控制时滞系统的故障诊断和容错控制. 农业工程学报,2008,24(11): 145 – 149.

农地征收的价值模型

1 背景

    针对农地征收过程中的地价评估问题,相关研究提出了诸多创新思路与实践方案。但已有的成果在区域征地价格评估的体系构建与实践探索方面仍有待完善,特别是对于价格构成的认识方面尚不够全面。陈志刚等[1]基于农地的产权价值理论,将农地的生产收益权价值、生存保障权价值、发展权价值、粮食安全权价值和生态安全权价值纳入到被征收农地的价格构成之中,并构建了一个区域征收农地的价格评估体系。以南京市为例进行了初步的实证测算。以期为今后区域征地过程中农用地价格的评价和相关补偿标准的确定提供借鉴。

2 公式

2.1 基于产权价值的评估模型构建

2.1.1 区域征地价格评估模型

    基于农地产权价值的理论界定,这里构建了征地价格评估模型:

$$LP = P_L + L_L + D_L + G_L + E_L \tag{1}$$

式中,LP 为被征农地价格;P_L、L_L、D_L、G_L 和 E_L 分别为农地的生产收益权价值、生存保障权价值、发展权价值、粮食安全权价值和生态安全权价值。具体地,式(1)中的每一项农地产权价值分别可以采用以下的模型来测算。

2.1.2 农地的生产收益权价值(P_L)

    根据现代土地估价理论,农地的生产收益权价值就是农地作为农业生产资料所具有的土地纯收益的贴现:

$$P_L = R_1/r$$
$$R_1 = A - C \tag{2}$$

式中,R_1 为单位农地面积的农业生产资料纯收益;r 为贴现率;A、C 分别为单位农地面积农产品总价值和单位农地面积农产品的总成本。

2.1.3 农地的生存保障权价值(L_L)

    农地的生存保障权价值的确定主要取决于政府对城镇居民和农村人口的社会保险费

用(职工养老保险、职工失业保险和职工医疗保险)支出的差额:

$$L_L = R_2/r$$
$$R_2 = (Y_1 - Y_2)/S \tag{3}$$

式中,R_2 为农地的农民生存保障纯收益;r 为贴现率;Y_1 和 Y_2 分别为特定区域城镇职工社会保险基金中的政府年支出部分和农民社会保险基金中的政府年支出部分;S 为该区域的农地总面积。

2.1.4 农地的发展权价值(D_L)

农地的发展权价值也即农地发展权纯收益的贴现,后者就等于农地转为建设用地后的纯收益扣除原农业用途土地纯收益的余额。鉴于此,农地的发展权价值可用以下公式衡量:

$$D_L = R_3/r$$
$$R_3 = R_b - R_a \tag{4}$$

式中,R_3 为农地发展权纯收益;r 为贴现率;R_b 和 R_a 分别为农地转为建设用地的年纯收益和农地作为农业生产资料的年纯收益。

2.1.5 农地的国家粮食安全权价值(G_L)

农地的国家粮食安全权价值是国家粮食安全纯收益的贴现,后者可以通过国家对占有农地所收取的费用、保护现有农地所必要的耗费以及国家对农地利用的补贴来计算。国家粮食安全权价值的具体计算公式为:

$$G_L = R_4/r$$
$$R_4 = T + C_p \tag{5}$$

式中,R_4 为农地的国家粮食安全权纯收益;r 为贴现率;T 为国家对占用农地收取的年费用;C_p 为国家因保护现有农地而必要的年支出。在我国,国家对占有农地收取的费用主要包括耕地占有税、新增建设用地有偿使用费和耕地开垦费等项;国家因保护现有农地而必要的支出主要包括灾毁耕地的复垦费用、基本农田指示牌费用以及耕地的遥感动态监测费用等。

2.1.6 农地的国家生态安全权价值(E_L)

国家生态安全权价值的评价同样也是基于对农地的国家生态安全纯收益测算。目前,农地的国家生态安全纯收益可以包括以下几个部分:①气体与气候调节效益,主要是吸收 CO_2 制造 O_2 和调节气温与降水等方面的纯收益;②水土调节效益,主要是涵养水分、保持土壤等;③生物物种的生存收益,包括植物、动物及微生物的繁衍与控制;④绿色景观收益,主要是生态旅游、文化艺术等效益。具体地,国家生态安全权价值的计算公式为:

$$E_L = R_5/r$$
$$R_5 = f(u_1, u_2, u_3, u_4) \tag{6}$$

式中,R_5 为农地的国家生态安全纯收益,它是气体与气候调节、水土调节、物种生存和绿色景观等效益的函数。根据已有的研究成果,这部分价值可以采用效果评价法评估。当然,由于相关评估技术尚不成熟,因此这部分收益在目前仍有较大的不确定性。

2.2 区域征地价格评估实证分析

农地还原利率的确定

农地还原利率的确定方法有很多,包括银行利率法、纯收益与价格比率法、安全利率加风险调整值法以及实质利率法等[2]。与国内的相关研究类似,实验也采用中国台湾学者林英彦先生所提出的实质利率法来确定土地的还原利率[3],具体公式为:

$$土地还原利率 = \frac{一年期银行存款利率}{同期物价指数} \times (1 - 10\% \text{ 所得税率}) \tag{7}$$

考虑到台湾地区的农业所得税和大陆的农业税实质上都是土地收益税,因此上式中的所得税可用农业税来替代。此外,由于 2005 年南京全市的农业税已经免除,因此南京市 2005 年的农地还原利率的计算公式可做如下修正:

$$土地还原利率 = \frac{一年期银行存款利率}{同期物价指数} \tag{8}$$

由于中国的一年期存款利率经常调整,且变化较大,因此实验采用 1996—2005 年 10 年间一年期存款利率的中间值来反映存款利率水平,其值为 5.585%。加上同期南京市的物价指数为 102.1,不难得出南京市的农地还原利率即为 5.47%。

根据前面的基本评价模型以及对农地还原利率和各项权利纯收益的估算,可以较方便地得出南京市的被征农地价格(表 1)。

表 1 2005 年南京市农用地征收价格构成

指标		评估值/元·m⁻²
被征农地价格构成	生产收益权价值(P_L)	5.48
	生存保障权价值(L_L)	13.89
	农地发展权价值(D_L)	393.24
	国家粮食安全权价值(G_L)	54.84
	国家生态安全权价值(E_L)	301.65
被征农地价格水平(LP)		769.10

3 意义

农地征收的价值模型表明,在全面考虑农地的产权价值后所评估得出的区域征地价格水平要远高于目前的征地补偿标准,并与同期当地的工业用地价格水平接近。这一研究成果较好地实现了区域征地补偿标准,反映土地市场价格的基本要求,也为今后区域农地价格评估体系的完善提供了有益参考。

参考文献

[1] 陈志刚,周建春,黄贤金. 产权价值区域征收农地价格评估模型及应用. 农业工程学报,2008,24(12):191-195.

[2] 恽建平,曹霞,曹天邦. 农用地土地还原利率的确定方法研究. 安徽农业科学,2007,35(3):794-795.

[3] 朱仁友. 我国农地估价中运用收益还原法存在的问题与求解. 中国农村观察,2000,(5):25-29.

冻藏猪肉的保水性公式

1 背景

当前中国冷冻肉品生产中存在汁液流失严重等产品质量问题，有的汁液流失高达 10%，甚至更高[1]，严重影响了食品加工企业的效益和消费者的健康。针对常规生产条件下冷冻冻藏对于猪肉品质的影响的系统研究还不多见。余小领等[2]调查和研究了在生产中常规冷冻工艺条件下冻结的肉块，经 -18℃冷库冻藏一定时间之后，在固定解冻条件下解冻后，肉的保水性、蛋白溶解度和组织结构的变化规律。

2 公式

2.1 指标测定方法

2.1.1 解冻汁液流失率

样品分别在解冻前和解冻后称质量，然后按照式(1)计算解冻汁液流失率 X_t：

$$X_t = \frac{W_1 - W_2}{W_1} \times 100\% \tag{1}$$

式中，X_t 为解冻汁液流失率，%；W_1 为解冻前样品质量，g；W_2 为解冻后样品质量，g。

2.1.2 加压失水率

采用经 Farouk 等[3]改进的加压滤纸法：测定剁碎肉样在 35 kg 压力下保持 5 min 的水分损失量，加压前后分别称质量，记录加压前质量(W_b)和加压后质量(W_a)，加压条件下的保水性可以用加压失水率 X_p 表示，用式(2)计算。

$$X_p = \frac{W_b - W_a}{W_b} \times 100\% \tag{2}$$

式中，X_p 为加压失水率，%；W_b 为加压前样品质量，g；W_a 为加压后样品质量，g。

2.1.3 蒸煮损失率

一定大小(约 2 cm × 2 cm × 3 cm)的肉样在 85℃水浴锅中蒸煮 20 min，蒸煮前称质量(W_b)。蒸煮后冷却到室温，用吸水纸吸干水分，然后再次称质量(W_a)。蒸煮损失率 X_c 按照式(3)进行计算。

$$X_c = \frac{W_b - W_a}{W_b} \times 100\% \qquad (3)$$

式中，X_c 为蒸煮损失率，%；W_b 为蒸煮前样品质量，g；W_a 为蒸煮后样品质量，g。

2.2 冻藏过程对解冻肉保水性的影响

冻藏过程中各项测定指标的变化见表1。从表1可以看出，随着冻藏时间的延长，与保水性相关的各项指标都在发生变化。总体趋势是解冻汁液流失率、蒸煮损失率、加压失水率等均逐渐增加。

对解冻汁液流失率和冻藏时间进行回归分析，得到：

$$X_t = 1.842 + 0.629t - 0.045t^2 \ (R = 0.636) \qquad (4)$$

式中，X_t 为解冻汁液流失率，%；t 为冻藏时间，月。

可见解冻汁液流失率与冻藏时间的一次方成正相关，而与冻藏时间的二次方成负相关，相关系数虽然很小，但也达到了显著水平（$P < 0.05$）。方程的常数项和一次项系数均达到极显著水平（$P < 0.01$）。研究结果与 Farouk 等[3] 在对于牛肉冻藏方面的研究规律相近。Farouk 等的研究表明：在9个月的冻藏过程中，解冻后牛肉的保水能力逐渐降低，其后迅速降低，这表明冻藏9个月后蛋白变性程度显著升高，失去了保水能力。

对蒸煮损失率和冻藏时间进行回归分析，得到：

$$X_c = 27.919 + 0.626t \ (R = 0.659) \qquad (5)$$

式中，X_c 为蒸煮损失率，%；t 为冻藏时间，月。

可见蒸煮损失率与冻藏时间的一次方成正相关。方程的常数项和一次项系数均达到极显著水平（$P < 0.01$）。这一变化规律与 Farouk 等[3] 在对于牛肉冻藏方面的研究结果相近。

对加压失水率和冻藏时间进行回归分析，得到：

$$X_p = 27.315 + 1.241t \ (R = 0.708) \qquad (6)$$

式中，X_p 为加压失水率，%；t 为冻藏时间，月。

表1 冻藏不同时期的指标变化

冻藏时间/月	解冻汁液流失率/%	蒸煮损失率/%	加压失水率/%	全蛋白溶解度/mg·g⁻¹	肌浆蛋白溶解度/mg·g⁻¹	肌原纤维蛋白溶解度/mg·g⁻¹	pH 值
0	1.90 ± 0.93	27.55 ± 2.03	28.76 ± 4.19	237.10 ± 12.12	60.34 ± 15.17	176.77 ± 16.83	5.57 ± 0.14
1	2.27 ± 0.72	28.15 ± 1.32	27.35 ± 2.47	232.39 ± 16.36	58.00 ± 6.97	174.39 ± 15.49	5.55 ± 0.12
2	2.91 ± 0.65	30.24 ± 1.41	28.37 ± 2.93	231.37 ± 22.02	65.75 ± 5.16	165.61 ± 22.52	5.53 ± 0.06
3	3.64 ± 0.91	29.97 ± 1.48	31.32 ± 2.95	222.00 ± 19.87	59.38 ± 5.42	162.62 ± 22.33	5.53 ± 0.05
4	3.45 ± 0.77	30.99 ± 1.48	32.14 ± 1.50	205.79 ± 8.91	63.81 ± 4.22	141.97 ± 9.48	5.48 ± 0.08
5	3.81 ± 0.86	29.62 ± 1.61	35.30 ± 1.51	209.67 ± 8.48	63.98 ± 4.22	145.68 ± 12.06	5.57 ± 0.06
7	4.08 ± 1.44	32.67 ± 0.53	35.27 ± 1.57	209.51 ± 8.11	63.58 ± 4.03	145.93 ± 11.52	5.58 ± 0.09

2.3 冻藏过程对解冻肉蛋白溶解性的影响

从表1可以看出:随着冻藏时间的延长,肉样的全蛋白溶解度和肌原纤维蛋白的溶解度显著降低(P<0.05),肌浆蛋白溶解度的变化不明显。

对全蛋白溶解度(X_z)和肌原纤维蛋白溶解度(X_j)分别与冻藏时间进行回归分析,得到:

$$X_z = 236.031 - 4.745t(R = 0.575) \tag{7}$$

$$X_j = 175.827 - 5.355t(R = 0.578) \tag{8}$$

式中,X_z为全蛋白溶解度,mg/g;X_j为肌原纤维蛋白溶解度,mg/g;t为冻藏时间,月。

3 意义

冻藏猪肉的保水性公式表明:随着冻藏时间的延长,冷冻猪肉的保水性逐渐降低,主要表现为:解冻汁液流失率、蒸煮损失率和加压失水率等逐渐升高。肉样的蛋白溶解度逐渐降低,主要是全蛋白和肌原纤维蛋白的溶解度降低。随着冻藏时间的延长,冰晶在冻结肉样中逐渐长大,导致肌束受压聚集。这可能是肉的保水性降低的一个重要原因。冻藏1个月对于肉样的各种品质特性影响不大,2个月后指标的变化比较明显,5个月后指标的变化非常明显。

参考文献

[1] 余小领,周光宏,徐幸莲. 肉品冷冻工艺及冻结方法. 食品工业科技,2006,(6):199-202.

[2] 余小领,李学斌,赵良,等. 常规冷冻冻藏对猪肉保水性和组织结构的影响. 农业工程学报,2008,24(12):264-268.

[3] Farouk M M,Wieliczko K J,Merts I. Ultra-fast freezing and low storage temperatures are not necessary to maintain the functional properties of manufacturing beef. Meat Science,2004,66(1):171-179.

地下滴灌的土壤水能态公式

1 背景

研究灌水器与土壤界面处的能态是研究地下滴灌土壤水分运动的关键之一。结合已有的国内外地下滴灌研究成果，仵峰等[1]以土壤水动力学原理为基础，分析研究地下滴灌条件下灌水器出口处可能出现的土壤水能态，通过与室内试验结果相比较，分析影响灌水器出口处能态分布的主要因素。在此基础上，推求地下滴灌条件下土壤水能态分布计算公式，为研究地下滴灌条件下土壤水分运动规律以及合理确定地下滴灌设计参数等提供参考。

2 公式

2.1 地下滴灌灌水器出口处土壤水势

2.1.1 无压入渗

1）供水流量小于土壤扩散能力时

在整个灌溉过程中，土壤始终处于不饱和状态，在多孔管周围一般为负压。即：

$$\psi_e = \psi_s \leqslant 0 \tag{1}$$

式中，ψ_e、ψ_s 分别表示多孔管出水口处压力和多孔管出水口处土壤水势。

2）供水流量与土壤扩散能力相当时

土壤水能态灌水器流量与土壤扩散能力相当时，在灌水器的出口处将产生一个局部饱和区，Philip[2]利用基尔霍夫变换方法，采用无因次空间柱坐标，推导得出地埋点源非充分供水条件下，稳定入渗的基质势通量分布：

$$\varphi = \frac{Q}{4\pi\rho}\exp\left(\frac{\alpha(z-\rho)}{2}\right) \tag{2}$$

式中，φ 为非充分供水条件下稳定入渗的点源处基质势通量；Q 为灌水器埋入土壤后的流量；ρ 为以灌水器为中心的湿润土体半径；α 为非饱和土壤水力传导度 $[K(\psi) = K_s\exp(\alpha\psi)]$ 中的指数，其中 K_s 为饱和土壤水力传导度；z 为滴头中心距离地表的距离。

灌水时，在灌水器出口处会存在一个土壤水势大于零的局部饱和区域。该灌水器出口处的土壤水势为：

$$\psi_e = \psi_0(1 + \alpha\psi_{sat}) \quad \psi_s > 0 \tag{3}$$

式中,ψ_0、ψ_{sat}分别表示土壤初始水分及土壤饱和水分时所对应的土水势。

2.1.2 有压入渗

根据土壤水运动的基本方程,Shani 等[3]导出了灌水器出口处正压计算公式:

$$\psi_s = \left(\frac{2 - \alpha r_0}{8\pi K_s r_0}\right)Q - \frac{1}{\alpha} \tag{4}$$

式中,r_0 为与灌水器流量及土壤性能有关的特征半径,可采用 $r_0 = 1/(\psi_0 + 1)$ 估算。

由式(4)可知,当供水能力远大于土壤扩散能力时,灌水器出口处就会有正压出现。然而,实际灌水时,土壤水分将优先在大孔隙中形成通道,有可能与地表连通,这时灌水器出口处的正压也可能下降到与该处重力势相等。即:

$$\psi_e = h_g \tag{5}$$

研究表明[4-5],一些土壤(如黏土)中存在起始水力坡降和偏离达西定律现象,这种现象在分层土壤中表现更加明显,加上土壤中大孔隙流的存在,在实际土壤中正压的分布规律较为复杂,可能与以上分析有偏差。

2.2 地下滴灌条件下土壤水势分布

2.2.1 点源入渗

不考虑灌水器间土壤水分的交互影响时,地下滴灌灌水器在灌水时可视为点源入渗。由于在灌水过程中,饱和区以内是以压力势为主,饱和区以外则主要由基质势所控制,即重力势的作用相对较小,其影响可略,因而,通过以灌水器出口为中心、半径为 r 的各同心球面的水量相同。由达西定律知,单位球面水分通量的微分形式为:

$$Q = -K \cdot grad\varphi = -4\pi r^2 K \frac{\mathrm{d}\psi}{\mathrm{d}r} \tag{6}$$

式中,$grad\varphi$ 为土壤水势梯度;负号表示水流方向与水势梯度方向相反。

将式(6)积分,并写成 ψ 的显式格式:

$$\psi = \frac{Q}{4\pi K} \cdot \frac{1}{r} + c \tag{7}$$

式中,c 为常数。

由于地下滴灌属于局部灌溉,即在灌水时,只是毛管周围局部土壤湿润,因此各灌水器之间的土壤水仍为其初始状态。设土壤水运动的边界处距灌水器出口的距离为 r_0,即在 r_0 处土壤水势为初始土壤水势(ψ_0),代入式(7),得:

$$c = \psi_0 - \frac{Q}{4\pi K} \cdot \frac{1}{r_0} \tag{8}$$

将式(8)代入式(7),得:

$$\psi(r) = \frac{Q}{4\pi K}\left(\frac{1}{r} - \frac{1}{r_0}\right) + \psi_0 \tag{9}$$

式中,r_0 可按参考文献[6]计算得出,对内镶式滴头也可近似为毛管半径。

2.2.2 线源入渗

灌水器的间距远小于毛管间距时,灌水过程中不可避免地使相邻两灌水器的水量相互交叉,需要考虑灌水器间土壤水分的交互影响,这时地下滴灌又可视为线源入渗,即以灌水器出口为中心、毛管为对称轴、半径为 r 的各圆柱体。对于稳定流,由水流运动的连续方程可知,通过各圆柱体表面的水量均等于滴头的实际供水流量,土壤水分运动符合达西定律。由前述分析可知,地下滴灌土壤水能态分布概况是:在灌水器出口至饱和区的边界存在正压区(ψ_e),其外层为一水分扩散的负压区,最外层为土壤水的初始能量状态。土壤水分运动是在前两区域内的饱和—非饱和二维流动,遵循达西定律和连续流方程。

利用 Gardner 提出的非饱和土壤水力传导度 $K(\psi) = K_s \exp(\alpha\psi)$ 模型,得单位圆柱表面水分通量的微分形式为[7]:

$$Q = q = -2\pi r K \frac{\mathrm{d}\psi}{\mathrm{d}r} = -\pi r K_s e^{\alpha\psi} \frac{\mathrm{d}\psi}{\mathrm{d}r} \tag{10}$$

分离变量,式(10)改写为:

$$\frac{Q}{-2\pi r K_s} \mathrm{d}r = e^{\alpha\psi} \mathrm{d}\psi \tag{11}$$

积分后,得:

$$\frac{1}{\alpha}(e^{\alpha\psi} - e^{\alpha\psi_0}) = \frac{Q}{-2\pi r K_s} \ln \frac{r}{r_0} \tag{12}$$

写成 ψ 的显式,即:

$$\psi(r) = \frac{1}{\alpha} \ln\left(e^{\alpha\psi} - \frac{\alpha Q}{2\pi r K_s} \ln \frac{r}{r_0}\right) \tag{13}$$

式(13)即为线源入渗条件下土壤水势分布的近似计算式。

3 意义

地下滴灌的土壤水能态公式表明:根据灌水器的流量和土壤的导水性之间的关系,将其分为两种情况,在灌水器流量不大于土壤扩散能力时,灌水器出口处的土壤水势等于该处的土壤吸力,为非正压状态;否则,灌水器出口处的土壤水势为正。研究理论分析和室内试验结果均表明,对同一土壤,影响地下滴灌土壤水势分布的主要因素是灌水器的额定流量和土壤初始含水率,在一定的流量范围内,灌水器出口的稳定正压随灌水器流量的增大而增加,随土壤初始含水率的增大而降低。在此基础上,提出地下滴灌条件下土壤水势分布的近似计算式,并简要分析了这一特殊土壤水分分布对地下滴灌系统的影响。

参考文献

[1] 仵峰,吴普特,范永申,等. 地下滴灌条件下土壤水能态研究. 农业工程学报,2008,24(12):31-35.

[2] Philip J R. What happens near a quasi-linear point source? Water Resources Research,1995,128(1): 47-52.

[3] Shani U,Xue S,Gordin Katz R,et al. Soil limiting flow from subsurface emitters. I:pressure measurements. Journal of Irrigation and Drainage Engineering,1996,122(5):291-295.

[4] 钱家欢. 土力学. 南京:河海大学出版社,1988.

[5] 叶和才,华孟,张君常,等. 土壤物理学. 北京:农业出版社,1983.

[6] 许迪,程先军. 地下滴灌土壤水运动和溶质运移数学模型的应用. 农业工程学报,2002,18(1): 27-30.

[7] Warrick A W. Time dependent linearized infiltration:I. Point source. Soil Sci Soc Am Proc,1974,38: 383-386.

发动机的轴承载荷模型

1 背景

轴承载荷是发动机多体动力学仿真的一个重要内容,其结果直接影响后续的强度、振动、声学等的仿真模拟。为了取得准确的轴承载荷模拟结果,多柔性体仿真开始取代刚性体仿真,由于计算规模所限,发动机多体动力学建模时,全部采用柔性体比较困难,一般多采用刚柔混合建模。李民等[1]使用模态综合法以及柔性体多体动力学方程运动方程对多体动力学理论进行分析。在 ADAMS 中建立刚柔混合的 4100QB 柴油机多体动力学模型。并探讨了发动机曲轴和机体的柔性、发动机安装方式和联轴节等建模因素对主轴承载荷计算的影响。

2 公式

2.1 Craig – Bampton 模态综合法

模态综合法[2]采用少数低阶模态坐标来表示复杂结构的动力学特性。ADAMS 软件中柔性体的模态是修正的 Craig – Bampton 模态,它可以分为固定界面主模态和界面约束模态两类,其中正则主模态通过固定界面自由度进行模态分析得到;约束模态则是逐个对界面自由度施加单位位移,其他界面自由度固定得到。其模态坐标和物理坐标的变换关系为:

$$u = \begin{bmatrix} u_I \\ u_B \end{bmatrix} = \begin{bmatrix} \varphi_N & \varphi_C \\ 0 & I \end{bmatrix} \begin{bmatrix} q_I \\ q_B \end{bmatrix} \tag{1}$$

式中,u_I 为非界面点物理坐标;u_B 为界面点物理坐标;φ_N 为保留的低阶正则主模态;φ_C 为约束模态;q_I 为主模态坐标;q_B 为约束模态坐标。

2.2 柔性体多体动力学方程运动方程

ADAMS 通过模态表达物体的弹性,弹性体上任一点的广义坐标可以表示为:

$$\xi = \{x, y, z, \psi, \theta, \varphi, q_j\}^T \tag{2}$$

式中,x、y、z 为局部坐标系在全局坐标系中坐标;ψ, θ, φ 为局部坐标系的欧拉角;q_j 为模态振型向量。

由拉格朗日动力学方程,用广义坐标表示的弹性轴的多柔体动力学控制方程的最终形式为[3-4]:

$$M\ddot{\xi} + \dot{M}\dot{\xi} - \frac{1}{2}\left[\frac{\partial M}{\partial \xi}\dot{\xi}\right]^T \dot{\xi} + K\xi + f_g + D\dot{\xi} + \left[\frac{\partial \psi}{\partial \xi}\right]^T \lambda = Q \tag{3}$$

式中,$\xi,\dot{\xi},\ddot{\xi}$ 为弹性体的广义坐标及其对时间的导数;$M,\dot{M}$ 为质量矩阵及其对时间的一阶偏导数;K 为广义刚度矩阵;f_g 为广义重力;D 为模态阻尼矩阵;ψ 为代数约束方程;λ 为约束的拉格朗日乘子;Q 为广义质量力。

仿真结果表明:各轴承载荷随联轴节弹性变化,趋势基本相同,仅在载荷峰值有所差异,对第5主轴承水平载荷影响较明显,对其他轴承载荷影响较小,第5主轴承载荷峰值变化见表1。

表1　第5主轴承载荷力峰值对比(不同衬套力刚度)

衬套力刚度/N·mm⁻¹	水平方向		竖直方向	
	峰值/N	变化量/%	峰值/N	变化量/%
$k=0$	15 382	0	33 433	0
$k=100$	17 068	11	35 373	5.8
$k=400$	15 627	−8.4	33 308	−5.8
$k=1\,000$	14 764	−5.5	33 031	−0.8

3　意义

通过多体动力学理论,以便多体动力学模型的建立。发动机的轴承载荷模型表明:曲轴、机体柔性及发动机安装方式对轴承载荷计算影响显著;柔性联轴节对主轴承载荷的影响可以忽略。最后利用实测的气缸体表面节点振动数据验证了多体动力学计算结果的有效性。

参考文献

[1] 李民,舒歌群,卫海桥. 多体动力学建模方法对发动机主轴承载荷计算影响[J]. 农业工程学报,2008,24(12):57−61.

[2] Roy R,Craig J R,Mervyn C,et al. Coupling of substructures for dynamic analysis. AIAA Journal,1968,6(7):1313−1319.

[3] 刑俊文. MSC. ADAMS/Flex 与 AutoFlex 培训教程. 北京:科学出版社,2006:196−199.

[4] 郑凯,胡仁喜,陈鹿民. ADAMS 2005 机械设计高级应用实例. 北京:机械工业出版社.

社会发展的环境压力模型

1 背景

经济快速发展对耕地面积减少的影响,是当前土地利用变化研究领域的热点之一。王琳等[1]对 STIRPAT 模型简介进行了研究,指出 STIRPAT 模型的前身是 IPAT 环境压力等式,并对其发展进行了详细研究。并且试将环境研究领域的 STIRPAT 模型引入耕地变化与社会经济发展关系的研究中,探讨了改革开放以来苏州市人口、富裕度、产业结构和城市化水平等社会经济因素对耕地面积变化的影响。

2 公式

人类进入工业文明以来,社会环境质量的不断恶化受到相关研究人员的关注,Commoner 认为技术是导致环境质量恶化的主要原因,他认为新出现的环境问题都与现有技术的改革或新技术的出现有关;然而 Ehrlich 和 Holdren 却认为技术是改善环境质量的主要手段之一,而缺乏严格的环境管理政策以及人口的快速增长、单位人均收入的不断提高才是环境质量恶化的主要原因,并提出了环境压力等式,即 $I = PAT$,其中 I 为环境压力,P 为人口数量,A 为富裕度,T 为技术[2]。IPAT 等式认为 I 是 P、A、T 等三种驱动力共同作用,且 I 与各驱动力间均成 1∶1 等比例变化关系,即任何一个驱动力发生 1% 的变化都会引起环境压力相应发生 1% 的变化。

此后,IPAT 等式在实际应用中得到了不同的重构或扩展。其中 Rose 和 Dietz 将 IPAT 等式表示成随机形式,即通过人口、富裕度和技术的随机回归分析各驱动力对环境压力的影响,简称为 STIRPAT 模型,其形式通常如下:

$$I = aP^b A^c T^d e \tag{1}$$

式中,a 为模型的系数;b、c、d 为各驱动力指数;e 为误差。当 $a = b = c = d = e = 1$ 时,STIRPAT 模型即为 IPAT 等式[3]。在实际应用中为测试人文因素对环境 I 的影响,通常将式(1)转化为对数形式:

$$\ln(I) = f + c\ln(P) + c\ln(A) + d\ln(T) + g \tag{2}$$

式中,f、g 分别为方程式(1)中 a 和 e 的对数。以对数的形式,驱动力的系数(b、c、d)表示如果其他的影响因素维持不变,驱动力影响因素(P 或 A 或 T)变化 1% 引起环境影响变化的

140

百分比,这与经济学中的弹性分析方法类似。在实际应用中,可根据需要在式(1)或式(2)增加社会或其他控制因素来分析它们对环境的影响,但增加的变量需要与方程式(1)指定的乘法形式具有概念上的一致性[4]。由于 STIRPAT 模型是随机形式,如果理论上合适,可在式(2)中增加人文驱动力(如富裕度)对数形式的二项式或多项式形式[如式(3)]来验证环境 Kuznets 曲线等有关假说[5]。

$$\ln(I) = f + b\ln(P) + c_1\ln(A) + c_2\ln^2(A) + d\ln(T) + g \tag{3}$$

式中,c_1、c_2 分别为富裕度的对数项及其二项式的系数。

式(3)对 $\ln(A)$ 求一阶偏导数,可得到富裕度对环境影响的弹性系数(EE_{IA}):

$$EE_{IA} = c_1 + 2c_2\ln(A) \tag{4}$$

已知 $\ln(A)$ 的值,可根据式(4)计算 EE_{IA} 的值,如果 c_2 值为负,就可依此确定存在环境 Kuznets 曲线和存在的环境开始改善的富裕状态值。

将前文式(2)和式(3)中的 STIRPAT 模型分别称作模型 I 和模型 II。采用模型 I 和模型 II,利用 SPSS 统计软件对数据进行回归分析,分别得出两个模型的各项参数(表1)。可以看出,模型 I 尽管拟合优度达到了 95.5%,但总人口和城市化率两项指标的系数未能通过 t 检验,说明模型 I 拟合效果并不是很好。而模型 II 拟合优度达到了 98.6%,且所选择的指标系数均在 0.05 水平上显著不为 0,方程拟合较好,说明模型 II 能较好地解释苏州市耕地面积变化与社会经济发展之间的关系。

表1 苏州市耕地面积变化的 STIRPAT 模型估计结果

	模型 I	模型 II
常数项	3.152(1.997)	2.444(2.791)
总人口(P)	0.269(0.991)	−0.674(−3.408)
人均地区生产总值(A)	−0.166(−5.347)	1.183(6.394)
人均地区生产总值二次项(A^2)		−6.68E−02(−7.324)
第三产业占地区生产总值比重(T_1)	7.841E−02(2.307)	−0.109(−3.437)
城市化率(T_2)	−1.21E−02(−0.176)	0.144(3.300)
调整的 R^2	0.955	0.986
F 统计值	145.701	394.063
Durbin−Watson 统计值	0.923	0.903
样本量	28	28

3 意义

STIRPAT 模型和弹性系数的应用,解决了实证分析中如何检验各驱动力变化对环境变化的影响问题。York 等人研究发现,人口数量对以 CO_2 排放量和能源足迹表征的环境压力的弹性系数都接近于 1;而人均单位 GDP 增长对以能源足迹表征的环境压力的弹性系数小于 1 且大于 0,即单位人均 GDP 每增长 1%,环境压力上升但不会超过 1%[6]。王立猛等分别采用能源消费总量和能源消费产生的污染作为环境压力的衡量指标,利用 STIRPAT 模型,以 1952—2003 年中国能源消费总量时间序列数据为例,分析了人口数量、富裕度、能源强度和能源消费的选择行为等人文驱动力对环境压力的影响[7]。

参考文献

[1] 王琳,吴业,杨桂山,等. 基于 STIRPAT 模型的耕地面积变化及其影响因素. 农业工程学报,2008,24(12):196 – 200.

[2] Chertow M R. The IPAT equation and its variants:changing views of technology and environmental impact. Journal of Industrial Ecology,2000,4(4):13 – 30.

[3] Rosa E A,York R,Dietz T. Tracking the anthropogenic drivers of ecological impacts. AMBIO,2004,33(8):509 – 512.

[4] 龙爱华,徐中民,王新华,等. 人口、富裕及技术对 2000 年中国水足迹的影响. 生态学报,2006,26(10):3359 – 3365.

[5] 徐中民,程国栋. 中国人口和富裕对环境的影响. 冰川冻土,2005,27(5):767 – 773.

[6] York R,Rosa E A,Dietz T. STIRPAT,IPAT and ImPACT:analytic tools for unpacking the driving forces of environmental impacts. Ecological Economic,2003,46:351 – 365.

[7] 王立猛,何康林. 基于 STIRPAT 模型分析中国环境压力的时间差异——以 1952—2003 年能源消费为例. 自然资源学报,2006,21(6):862 – 869.

土壤有机质的空间预测模型

1 背景

为了探讨在条件模拟计算环境下,是否可以利用高程数据辅助提高土壤有机质空间变化的预测精度及相应的预测不确定性模拟的准确性,柴旭荣等[1]将高程辅助数据与序贯高斯协模拟方法相结合,与只考虑单一有机质变量的序贯高斯模拟法进行比较分析,来评价在条件模拟计算环境下高程是否有助于提高不确定性模拟的准确性,是否有助于提高空间预测精度。从空间预测精度、预测的局部不确定性和空间不确定三个方面对模拟结果进行评价。

2 公式

2.1 空间预测精度评价

空间预测精度通过预测值与实测值之间的误差大小来评价,误差越小预测精度越高。实验用均方根误差($RMSE$)作为验证标准来评价不同的预测结果。

$$RMSE = \sqrt{\frac{1}{N} \sum_{j=1}^{N} [z(u_j) - z^*(u_j)]^2} \tag{1}$$

式中,$z(u_j)$ 为预测值;$z^*(u_j)$ 为实测值;N 为验证点的个数。

2.2 局部不确定性模拟评价

局部不确定性评价主要是评价一系列实现对单一点条件概率分布再现(reproduction)的准确性和拟合度。评价标准选用 $DF[u_j, z|(n)]$ 可以得到一系列以条件累计分布函数的 eutsch 和 Goovaerts 提出的标准[2]。在任一验证点 u 上,从条件累计分布函数 $(1-p)/2$ 和 $(1+p)/2$ 的分位数得到边界的对称概率区间(symmetric p – probablity interval)。那么,实测值落入对称概率区间的比例由公式(2)计算得到:

$$\bar{\xi}(p) = \frac{1}{N} \sum_{j=1}^{N} \xi(u_j, p) \quad \forall p \in [0,1] \tag{2}$$

其中:

$$\xi(u_j, p) = \begin{cases} 1 & \text{if} F^{-1}\left[\frac{u_j, (1-p)}{2}\right] < z(u_j) \leqslant F^{-1}\left[\frac{u_j, (1+p)}{2}\right] \\ 0 & \text{otherwise} \end{cases}$$

实测值落入对称概率区间的比例与概率区间的散点图称为准确图,如果 $\bar{\xi}(p) > p$,即散点落在平分线上方,则表示所预测的条件概率分布是准确的,如果落在平分线下方则表示所预测条件概率分布不准确;也可以通过准确性统计[式(3)]和拟合度统计[式(4)]来量化它们的准确性和接近程度。

$$A = \sum_{k=1}^{K} a(p_k) \Delta p_k \tag{3}$$

$$G = 1 - \sum_{k=1}^{K} [3a(p_k) - 2][\bar{\xi}(p_k) - p_k]\Delta p \tag{4}$$

在式(2)、式(3)和式(4)中,p 为概率,如果 $\bar{\xi}(p) > pa(p)$,则等于1,否则为0;N 为验证点总的个数;K 为对称概率区间的总数。

2.3 空间不确定性模拟评价

与对局部不确定性模拟的评价不一样,目前关于对空间不确定模拟的评价还没有具体量化标准。Bourennane 提出用标准差分布图代表空间不确定进行评价,指出在保持模拟准确性的同时,标准差越小,那么空间不确定性模拟就越准确[3]。实验也采用这一标准。

根据式(2)分别计算得到两种算法的准确图(图1)。从图1中可以看出,在概率区间 $0 < p < 0.3$ 范围内,序贯高斯模拟(SGS)法的点落在平分线的下方,而序贯高斯协模(SGCS)法的点基本上落在平分线的上方,这指示出在这个概率区间 SGS 法在模拟预测局部不确定性方面不准确,SGCS 法比较准确;在概率区间 $0.3 < p < 1$ 范围内,结果恰恰相反,SGS 法的点都落在平分线的上方,而 SGCS 法的大多数点都落在平分线的下方。

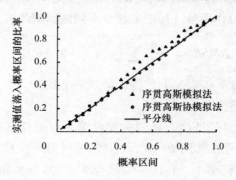

图1 两种算法的准确图

3 意义

实验采用序贯高斯模拟(SGS)和序贯高斯协模拟(SGCS)两种方法对土壤有机质空间分布进行模拟。SGS 是应用高斯概率理论和序贯模拟算法产生连续变量空间分布的一种随机模拟方法。土壤有机质的空间预测模型表明,在土壤有机质的空间预测精度、模拟预测结果的局部不确定性和模拟预测结果的空间不确定性三方面,通过将高程数据考虑有机质条件模拟过程中,准确性都得到了提高。这对于农业可持续发展以及全球碳平衡研究都具有十分重要的意义。

参考文献

[1] 柴旭荣,黄元仿,苑小勇,等. 利用高程辅助进行土壤有机质的随机模拟. 农业工程学报,2008,24(12):210 – 214.

[2] Goovaerts P. Geostatistical modelling of uncertainty in soil science. Geoderma,2001,103(1 – 2):3 – 26.

[3] Bourennane H,King D,Couturier A,et al. Uncertainty assessment of soil water content spatial patterns using geostatistical simulations:An empirical comparison of a simulation accounting for single attribute and a simulation accounting for secondary information. Ecological Modelling,2007,205(3 – 4):323 – 335.

连续通电的豆浆电导率计算

1　背景

到目前为止,前人主要是利用静态通电加热装置研究了豆浆的电导率随温度的变化规律及影响因素[1-3],但没有研究豆浆在连续通电加热条件下流动过程中电导率随温度的变化规律。鉴于此,李法德等[4]的目的就是利用自行设计的连续通电加热装置,研究豆浆在流动过程中进行通电加热时电导率随温度的变化规律,以便为该技术的应用奠定基础。

2　公式

2.1　通电加热试验

按图1连接试验装置,并把每个小加热室按Y形接法接入经变压器输出的50 Hz、240 V的交流电,此时加热室所对应的电场强度在19.7~48 V/cm之间。启动隔膜泵,通过流量控制阀3和背压阀8调整系统内豆浆的流量和出口压力。待豆浆流量(75 kg/h ± 0.5 kg/h)稳定后,启动数据采集系统,打开电源。试验过程中用电流、电压和温度等用数据采集器采集并存入计算机,数据采样时间间隔为5 s。试验重复两次,取平均值。

静态通电加热时,把加热槽接入50 Hz、240 V的交流电,此时所对应的电场强度为12.6 V/cm,按文献[3]试验方法中的"等电压条件下豆浆电导率的变化"进行操作,每次试验加入加热槽豆浆的质量为3 kg,此时极板的有效面积为0.016 m²。试验重复两次,取平均值。

根据试验过程中测得的电压和电流值,按式(1)计算豆浆的电导率:

$$\sigma = \frac{IL}{UF} \tag{1}$$

式中,σ 为物料的电导率,S/m;L 为加热室内两电极之间的距离,m;I 为通电加热时的电流,A;U 为通电加热时的电压,V;F 为极板与物料之间的有效接触面积,m²。

2.2　豆浆电导率的变化

图2显示了豆浆在静态通电加热装置中进行通电加热时测得的电导率随豆浆平均温度的变化规律。从图中可以看出:豆浆的电导率与温度呈直线关系($R^2 = 0.998$),这与前人的研究结果是一致的[5,1,2],其拟合关系式如下:

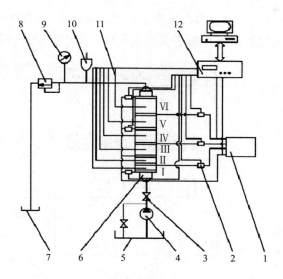

图1　连续通电加热试验装置
1. 变压器;2. 电流传感器;3. 流量控制阀;4. 隔膜泵;5. 生豆浆贮罐;6. 通电加热装置;
7. 熟豆浆贮罐;8. 背压阀;9. 压力表;10. 排气阀;11. 热电耦;12. 数据采集器

$$\sigma = 0.107 + 0.0076T \qquad (2)$$

式中,σ 为物料的电导率,S/m;T 为豆浆的平均温度,℃。

图2 也同时显示了相同固形物含量的豆浆在连续通电加热系统中进行通电加热时,当系统达到稳定状态后,豆浆的电导率随温度的变化规律。从图中可以看出,连续通电加热条件下,豆浆的电导率与加热温度仍然呈线性关系($R^2 = 0.874$),其拟合关系式为:

$$\sigma = 0.084 + 0.003\,6T \qquad (3)$$

式中,σ 为物料的电导率,S/m;T 为豆浆的平均温度,℃。

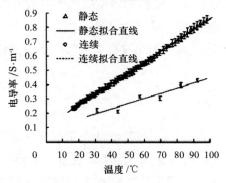

图2　豆浆电导率随温度的变化

在连续通电加热过程中,当豆浆在极板上黏附形成污垢层(图 3a,假设两极板表面上形成的污垢层的厚度相等)后,则在极板表面形成附加电阻,其等效电路如图 3b 所示。

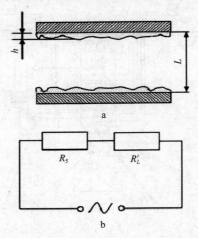

图 3　极板污垢层(a)及其等效电路(b)

根据欧姆定律,电极表面没有形成污垢层时,两电极之间的电流为:

$$I = \frac{U}{R_L} \tag{4}$$

式中,I 为电流强度,A;U 为电压,V;R_L 为豆浆液柱电阻,Ω。

当电极表面有污垢层形成时,两电极之间的电流为:

$$I' = \frac{U}{R_S + R'_L} \tag{5}$$

式中,I' 为电流强度,A;U 为电压,V;R_S 为污垢层的电阻;R'_L 为豆浆液柱电阻,Ω。

尽管 R'_L 小于 R_L,但极板表面上形成的污垢层所产生的电阻 R_S 远大于豆浆的电阻,所以,$(R_S + R'_L)$ 远大于 R_L,故电压相同时,I 大于 I'。因此,由式(1)可知:在极板表面上产生污垢层后测得的电导率小于静态通电加热没有产生污垢层时测得的电导率。

3　意义

连续通电的豆浆电导率计算表明:在流动状态下豆浆的电导率与温度也呈线性关系,但相同温度下,利用连续通电加热装置测得的流动豆浆的电导率低于利用静态通电加热装置测得的豆浆的电导率。经观察发现,其主要原因是连续通电加热过程中,豆浆在电极板上形成了污垢层,增加了通电加热的电阻,但豆浆在电极板上形成污垢层的原因有待于进一步研究。

参考文献

[1] 李修渠,李里特. 豆浆的通电加热. 食品与发酵工业,1998,5:37 – 42.

[2] 李修渠,李里特,辰巳英三. 豆浆的电导率. 中国农业大学学报,1999,4(2):103 – 106.

[3] 李法德,李里特,辰巳英三. 不同加热条件对豆浆电导率的影响. 农业机械学报,2003,34(6):107 –
111,103.

[4] 李法德,孙玉利,李陆星. 连续通电加热条件下豆浆的电导率. 农业工程学报,2008,24(12):
275 – 278.

[5] 植村邦彦,五十部诚一郎,今井哲哉,等. 有限要素法による通電加熱における温度分布の解析. 日
本食品科学工学会誌,1996,43(5):510 – 519.

机器人采摘番茄力学公式

1 背景

目前对番茄果实及果梗力学特性的研究,可以为采摘机器人的设计与控制提供依据。刘继展等[1]对采摘机器人设计、控制直接相关的番茄果实的抗挤压特性、果梗的拉断与折断特性进行了试验研究,得到了不同加载方向、不同成熟度下番茄果实的挤压力 – 变形规律,并首次应用简化力学结构分析了这一规律的力学原理。同时通过果梗的折断和拉断试验,并结合果实的耐挤压能力,对机器人采摘的不同方式进行了对比。

2 公式

2.1 番茄果实抗挤压能力的各向异性

纵向和横向挤压时,裂纹均出现在纵向截面内,故将果实纵向截面进一步简化为图 1a、图 1b 所示环形结构,或两个弓字梁的对称结构,果实可视为由若干环形结构 Δg 所组成(图 1c)。当果实纵向加载时,其抗挤压能力 $F_横$ 为所有纵向环形结构 Δg 抗挤压能力的叠加,可推得:

$$F_横 = \sum_{i=1}^{n} F(\Delta g_i) = \int_0^{\pi} F_0 \mathrm{d}\varphi = \pi F_0 \tag{1}$$

式中,φ 为环形结构 Δg 在横向平面 xOy 内的投影与 x 轴的夹角;$F(\Delta g) = F_0 \Delta \varphi$ 为环形结构微元 Δg 的抗压能力。

当横向加载时,其承载能力 $F_纵$ 仅为若干纵向环形结构 Δg 承载能力沿横向加载方向分量的叠加,可推得:

$$F_纵 = \sum_{i=1}^{n} F(\Delta g_i) \sin \varphi_i = \int_0^{\pi} F_0 \sin \varphi \mathrm{d}\varphi = 2F_0 \tag{2}$$

另一方面,果实整体受纵向和横向挤压时,其果心分别受到压缩和拉伸作用力,作为黏弹性体,果心的压缩强度比拉伸强度要大得多。综合以上两种因素,番茄的纵向抗挤压能力明显大于横向。

2.2 理论分析

该方式可简化为折角简支梁结构(图 2),A 为果柄花萼端,与基座由固定铰链连接,C 端由铰链滑块支承,在 B 点离层处受力 F_M 作用而折断。通过测定的果柄长度 $\overline{AB}$、支座距

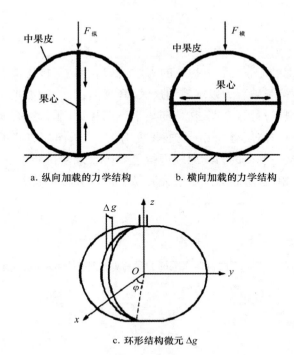

a. 纵向加载的力学结构　　　b. 横向加载的力学结构

c. 环形结构微元 Δg

图1　番茄果实的简化环形力学结构

离 $\overline{AC}$ 和弯角 α,果梗自离层处折断所需弯矩可由下式得到:

$$M = F_M \cdot \overline{AD} = F_M \cdot \overline{AB} \cdot \cos \angle BAC \tag{3}$$

在三角形 ABC 中,分别根据余弦定理和正弦定理,有:

$$\overline{AB}^2 + \overline{BC}^2 - 2\,\overline{AB} \cdot \overline{BC} \cdot \cos \alpha = \overline{AC}^2 \tag{4}$$

$$\frac{\overline{AC}}{\sin \alpha} = \frac{\overline{BC}}{\sin \angle BAC} \tag{5}$$

式(4)、式(5)两式联立,可求得 $\angle BAC$,并进而由式(3)得到果梗折断弯矩 M。

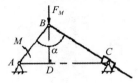

图2　番茄果梗折断试验简化受力图

3　意义

番茄果实受挤压时,机器人采摘番茄的力学公式表明,其抗压能力具有明显的各向异性,同时不同成熟度下挤压破裂力以绿熟期最大,青果期次之,初熟期再次之,半熟期最小。番茄果梗的折断弯矩很小,且绿熟期、初熟期与半熟期相近,非常适合于作为机器人的采摘方式。果梗的折断弯矩与离层处弯角、果柄长度有关,其与离层直径的关系有待进一步确定。利用简化结构对这一规律的力学原理进行了分析。果梗拉断和折断试验发现,果梗均从离层处断裂,与拉断相比,折断方式更省力和易于实现机器人采摘。

参考文献

[1]　刘继展,李萍萍,李智国,等. 面向机器人采摘的番茄力学特性试验. 农业工程学报,2008,24(12): 66－70.

投资风险的概率函数

1 背景

针对农业建设项目普遍采用的敏感性分析和决策树分析方法存在假设各风险因素相互独立、风险因素取值主观臆断和取值范围不完整的弊病,朱绪荣[1]引进条件概率量化了风险因素间的关联性;通过计算财务净现值(简称 NPV)的离散值并生成其连续型概率分布函数,据此计算风险发生概率。

2 公式

2.1 引进条件概率分析法

从经济评价的角度分析,项目实际运营中的经营成本和产品的销售收入之间存在着较强的依从关系,在一定程度上还存在着因果关系。如由于技术改进或原材料价格的降低引起项目经营成本的减少(事件 A),必然导致该产品的销售价格呈下降趋势(事件 B)的可能性增大。利用概率来表示这种可能性,就是在事件 A 出现的条件下,事件 B 的概率,记为 $P(B/A)$。根据概率论知识,在一般情况下,如果 $P(A)$ 大于 0,事件 A 出现的条件下事件 B 的条件概率为:

$$P(B/A) = P(AB)/P(A) \tag{1}$$

由式(1)得:

$$P(AB) = P(A)P(B/A) \tag{2}$$

式(2)称为概率的乘法定理,由此可知,经营成本和销售收入同时降低(事件 A 和事件 B 同时发生)的概率 $P(AB)$ 等于经营成本降低这种情况出现的概率 $P(A)$ 与在经营成本降低前提下销售收入降低这一种情况出现的条件概率 $P(B/A)$ 的积。

现将投资费用一起进行考虑,假设"投资费用降低"这一事件出现的概率为 $P(C)$,由于投资费用的变化只发生在项目的建设期内,对生产期内的经营成本和销售收入影响较小,因而仍可认为投资费用与项目的经营成本和产品的销售收入之间相互独立,则经营成本、销售收入和投资费用同时降低的概率为:

$$P(ABC) = P(A)P(B/A)P(C) \tag{3}$$

式(3)可被用于计算三种风险因素,其中两种之间相互关联而另一种相对独立,出现不同组合的概率。对于更多种的风险因素分析,在理论分析上是一样的,首先应判断各因素之间是相互对立还是相互关联的,若因素相互独立,可以用现有风险分析方法进行处理,计算比较简单;若因素相互关联,其计算过程将会有很大的难度。

2.2 风险分析评价指标的计算

风险分析常用的经济评价指标是项目的财务净现值(NPV),风险的评价指标就是项目 NPV 小于 0 的概率,由此来判定项目的风险程度。

NPV 在项目的实际运营中将受到各种因素的影响,如自然灾害、原料和产品市场价格、工期延误、技术与管理失误等,任何一种因素的变化都可能引起项目 NPV 的改变,可见项目 NPV 具有不确定性,在正常情况下,NPV 同风险因素一样,它的取值将在一定区域内以不同的概率进行分布。按照统计学的原理,如果研究对象受大量偶然因素的影响,并且每个因素在总的影响中只占很小部分,那么这个总影响引起数量上的变化,就近似服从正态分布。如上所述 NPV 将会受到大量偶然因素的影响,可认为服从正态分布。服从正态分布随机变量的密度函数一般可用下式表示:

$$\phi(x) = \frac{1}{\sigma\sqrt{2\pi}} e^{-\frac{(x-\alpha)^2}{2\sigma^2}} \quad (\sigma > 0) \tag{4}$$

该密度函数由两个常数(α 和 σ)所决定,其中:σ 为随机变量的期望值,σ 为随机变量的方差。

随机变量的期望值估计:项目的 NPV 取值为 x_i 的概率为 p_i,则该随机变量 ξ 的期望值可用下式进行估算。

$$\alpha = E(\xi) = \sum_i x_i p_i \tag{5}$$

随机变量的方差估计:根据概率论方差的定义,可用下式进行估算。

$$\sigma^2 = E(\xi - \alpha)^2 = \sum_i p_i (x_i - \alpha)^2 \tag{6}$$

根据项目 NPV 的分布密度函数,可用式(7)计算 NPV 小于 0 的概率:

$$p(x < 0) = \int_{-\infty}^{0} \phi(x) \mathrm{d}x = \int_{-\infty}^{0} \frac{1}{\sigma\sqrt{2\pi}} e^{-\frac{(x-\alpha)^2}{2\sigma^2}} \mathrm{d}x \tag{7}$$

根据式(7)计算 NPV 小于 0 的概率,将作为风险分析的评价指标。

3 意义

投资风险的概率函数表明,通过实验理论推导和案例计算,这种改进方法更加符合实际且简便易行,可有效避免现有方法的不足,减少风险因素取值误差,提高风险指标估算精度。还能为非农业项目风险分析提供参考,为项目投资者和管理部门提供更为科学的决策依据。

参考文献

[1] 朱绪荣. 农业建设投资项目风险分析方法及应用. 农业工程学报,2008,24(12):297－301.

温室环境的网络测控模型

1 背景

利用无线传感器网络实现数据传输是解决温室环境测控系统通信问题的有效方法[1]，而由电池供电的传感器节点一旦能量耗尽将无法工作，因此能量有限的电池制约着无线传感器网络的应用，延长电池使用寿命是设计传感器网络须解决的一个关键问题。张荣标等[2]根据温室结构特征提出一种动态星型无线传感器网络的框架，通过对温室动态星型无线传感器网络组网方式的探讨，采用低成本低功耗的无线收发芯片 nRF2401A，实现了一种短距离动态自组织网络，有效减少了节点电池能耗。

2 公式

2.1 系统通信频率

设温室长为 a，宽为 b，一级子网数量为 k_1，一个一级子网下的二级子网数量为 k_2，则得到如下参数：

$$d_1 = a/k_1 \tag{1}$$

$$d_2 = a/(k_1 \times k_2) \tag{2}$$

式中，d_1、d_2 分别为一级子网、二级子网覆盖温室的跨度。

如图 1 所示，一级子网 i 内汇聚节点与各二级子网传感器节点数据帧、控制帧通信频率沿轨道方向分别为 $f(i)$，$f(i+1)$，$\cdots$，$f(i+k_2-1)$。传感器节点第一信道用于数据帧、控制帧通信，第二信道用于信标帧通信。由于 nRF2401A 第二信道工作频率总是比第一信道大 8M，各二级子网信标帧通信频率沿轨道方向分别为 $f(i)+8$，$f(i+1)+8$，$\cdots$，$f(i+k_2-1)+8$。

任意传感器节点在一级子网 i 内的平面位置坐标为 (x,y)，此时传感器节点工作频率如下：

$$f(i) = 2\,400 + i \tag{3}$$

$$f_1(x) = f(i) + \text{int}(x/d_2) \tag{4}$$

$$f_2(x) = f_1(x) + 8 \tag{5}$$

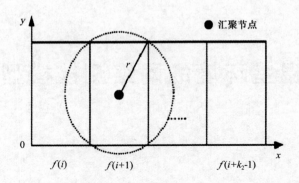

图1 一级子网平面示意图

式中,$int(\ )$为下取整函数;$f_1(x)$为传感器节点第一信道工作频率;$f_2(x)$为传感器节点第二信道工作频率。

2.2 汇聚节点发射半径的确定

汇聚节点在二级子网内移动过程中动态组网确保覆盖所在二级子网全部传感器节点。此时汇聚节点发射半径 d' 应满足如下条件:

$$d' = \sqrt{r^2 + h^2} \tag{6}$$

式中,h 为汇聚节点与地面的垂直高度;r 为汇聚节点在地面上的覆盖半径,其取值范围为:

$$\sqrt{d_2^2 + \left(\frac{b}{2}\right)^2} < r < \sqrt{(2d_2)^2 + \left(\frac{b}{2}\right)^2}$$

3 意义

在汇聚节点不同的工作状态下,对网络子节点进行能耗分析,温室环境的网络测控模型表明,动态星型无线传感器网络的通信方法具有很好的节能效果,对温室中数据的传输是有效的。与现有温室无线传感器网络测控系统[1,3,4]相比,由移动汇聚节点形成二级子网的组网方式提高了组网的灵活性,有利于延长电池供电的传感器节点使用寿命,满足温室作物生长期的需求。

156

参考文献

［1］ Liu Hui,Meng Zhijun,Cui Shuanghu. A Wireless sensor network prototype for environmental monitoring in greenhouses. Wireless Communications,Networking and Mobile Computing,2007：2344－2347.

［2］ 张荣标,冯友兵,沈卓,等. 温室动态星型无线传感器网络通信方法研究. 农业工程学报,2008,24（12）:107－110.

［3］ Li Xiuhong,Sun Zhongfu,Huang Tianshu,et al. Embedded wireless network control system an application of remote monitoring system for greenhouse environment. Computational Engineering in Systems Applications, IMACS Multiconference,2006：1719 – 1722.

［4］ Narasimhan V L,Arvind A A,Bever K. Greenhouse asset management using wireless sensor – actor networks. Mobile Ubiquitous Computing,Systems,Services and Technologies,2007：9 – 14.

塑膜防渗渠道的设计公式

1 背景

针对传统的土保护层塑膜防渗渠道(图1)设计仅从水利学的角度考虑单一水力条件下的可靠性,而忽视了经济上的实用性。王俊发等[1]根据多目标模糊优化设计思想,建立了以输水量大、经济性好为目标,满足多种约束条件的模糊优化设计数学模型,对土保护层塑膜铺衬防渗渠道的断面结构进行优化,给出了不同淹没度条件下渠道设计参数的模糊优化结果。

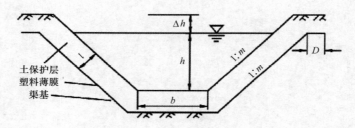

图1 土保护层塑膜防渗梯形渠道断面

2 公式

2.1 设计基础

土保护层塑膜铺衬渠道设计要依据边坡稳定性因素。在渠道水位突然下降情况下,土保护层塑膜铺衬防渗渠道边坡稳定安全系数表达式为:

$$FS_1 = \frac{-B + \sqrt{B^2 - 4AC}}{2A} \tag{1}$$

其中,

$$A = W_A \sin\beta\cos\beta - U_h\cos^2\beta + U_h$$

$$W_A = \left[\frac{\gamma_s \times h \times (2H_w\cos\beta - h)}{\sin 2\beta}\right] + \left[\frac{\gamma_d \times h \times (H - H_w)}{\sin\beta}\right]$$

$$U_h = \frac{\gamma_w h^2}{2}$$

式中,h 为主动滑动体土体的厚度,m;β 为渠道坡角,(°);γ_s 为保护层土体的饱和容重,N/m^3;γ_d 为保护层土体的干容重,N/m^3。

$$B = -W_A \sin^2 \beta \mathrm{tg}\varphi + U_h \sin\beta\cos\beta\mathrm{tg}\varphi - N_A \cos\beta\mathrm{tg}\delta - (W_p - U_v)\mathrm{tg}\varphi$$

其中,

$$N_A = W_A \cos\beta + U_h \sin\beta - U_n$$

$$U_n = \frac{\gamma_w h \cos\beta}{\sin 2\beta} \times (2H_w \cos\beta - h)$$

$$U_v = U_h \mathrm{ctg}\beta$$

$$W_p = \frac{\gamma_s h^2}{\sin 2\beta}$$

$$C = N_A \mathrm{tg}\varphi \sin\beta\mathrm{tg}\delta$$

式中,δ 为保护层土体与塑料薄膜的摩擦角,(°);γ_w 为水的容重,N/m^3;φ 为土体内摩擦角,(°)。

对于土保护层塑膜防渗渠道,降雨常常是诱发渠道滑坡的原因之一,降雨情况下土保护层塑膜铺衬防渗渠道的安全系数表达式为:

$$FS_2 = \frac{-b + \sqrt{b^2 - 4ac}}{2a} \tag{2}$$

与式(1)相类似,$a = A$;$b = B$;$c = C$。其中,

$$W_A = \frac{\gamma_d(h - h_w)[2H\cos\beta - (h + h_w)] + \gamma_s h_w(2H\cos\beta - h_w)}{\sin 2\beta}$$

$$W_p = \frac{\gamma_d(h^2 - h_w^2) + \gamma_s h_w^2}{\sin 2\beta}$$

$$U_n = \frac{\gamma_w h_w \cos\beta(2H\cos\beta - h_w)}{\sin 2\beta}$$

$$U_h = \frac{\gamma_w h_w^2}{2}$$

式中符号意义同上。

2.2 多目标多约束模糊优化数学模型的建立

2.2.1 目标函数确定

1)经济性函数

选取单位长度渠道的造价最低为经济性目标函数,寻求造价最低的合理尺寸。设 W_1 为每米渠道的挖方量(m^3),C_1 为挖方量单价(元/m^3);W_2 为每米渠道保护层的填方量

(m^3),C_2为夯实填方量的单价(元/m^3);W_3为每米渠道塑料薄膜用量(m^2);C_3为塑料薄膜单价(元/m^2);W_4为每米渠道的征地面积(m^2);C_4为征地面积单价(元/m^2)。则经济性目标函数F为:

$$F = C_1W_1 + C_2W_2 + C_3W_3 + C_4W_4 \tag{3}$$

其中,

$$W_1 = \left[b + \frac{2t}{m + \sqrt{1+m^2}} + m(h + \Delta h + t) \right](h + \Delta h + t) + D \times \Delta h$$

$$W_2 = \left(b + \frac{2t}{m + \sqrt{1+m^2}} \right) \times t + [2(h + \Delta h) + t] \times t\sqrt{1+m^2} + D \times \Delta h$$

$$W_3 = b + 2\left[\frac{t}{m + \sqrt{1+m^2}} + (h + t)\sqrt{1+m^2} + D \right]$$

$$W_4 = b + \frac{2t}{m + \sqrt{1+m^2}} + 2m(h + \Delta h + t)$$

式中,b为渠底宽,m;h为水深,m;t为土层厚度,m;m为渠道边坡比,$\tan\beta = 1/m$;h为渠道超高,m;D为渠道上沿渠基底宽度,m。

2)输水量函数

根据曼宁公式,渠道(明渠)输水量目标函数Q为:

$$Q = \frac{\sqrt{i}(bh + mh^2)^{5/3}}{n(b + 2h\sqrt{1+m^2})^{2/3}} \tag{4}$$

式中,n为糙率;i为渠道底坡斜率。

2.2.2 经济性、输水量函数的约束最优解模型

1)设计变量

$$X = (b, h, t, \beta)^T \tag{5}$$

2)目标函数

$$\min D(x) = [F(X), -Q(X)]^T \tag{6}$$

3)约束条件

在水位突然降落条件下,安全性范围[2]:$1.5 \leq FS_1 \leq 3$;

在降雨条件下,安全性范围[2]:$1.5 \leq FS_2 \leq 3$;

渠道流速条件[3]:$V \leq V_{不冲} = 0.7$ m/s,$V \geq V_{不淤} = 0.2$ m/s;

渠坡角范围(°):$25 \leq \beta \leq 45$;

土保护层厚度范围(m):$0.3 \leq t \leq 0.7$;

渠底宽范围(m):$1 \leq b \leq 2$;

渠内水深范围(m):$h \leq 1.5$。

160

2.2.3 目标函数的模糊化

设由式(3)求得经济性目标函数的最大值和最小值分别为 F_{max} 和 F_{min},则经济性目标的隶属函数为:

$$\mu_F(X) = \left(\frac{F_{max} - \min F(X)}{F_{max} - F_{min}} \right)^p \qquad (7)$$

设由式(4)求得流量目标函数的最大值和最小值分别为 Q_{max} 和 Q_{min},则流量目标函数的隶属函数为:

$$\mu_{\underset{\sim}{Q}}(X) = \left(\frac{\max Q(X) - Q_{min}}{Q_{max} - Q_{min}} \right)^p$$

$$\underset{\sim}{G} = \underset{\sim}{F} \cap \underset{\sim}{Q} \qquad (8)$$

令模糊优越集为 $\underset{\sim}{G}$,为降低由相对误差所产生的累积误差,取 $p = 0.5$。

2.2.4 最优解确定

模糊优越集 $\underset{\sim}{G}$ 的隶属函数计算公式为:

$$\mu_{\underset{\sim}{G}}(X) = \mu_{\underset{\sim}{F}}(X) \wedge \mu_{\underset{\sim}{Q}}(X) \qquad (9)$$

最优解方程为:

$$\mu_{\underset{\sim}{G}}(X^*) = \max \mu_{\underset{\sim}{G}}(X) = \max[\mu_{\underset{\sim}{F}}(X) \wedge \mu_{\underset{\sim}{Q}}(X)] \qquad (10)$$

求解模型如下。

求 λ , X :

$$目标 \max \lambda = \mu_{\underset{\sim}{G}}(X^*)$$

约束为:

$$C_j(X) \subset H_j \quad j = 0,1 \cdots \cdots (上述各常规约束)$$

$$\mu_{\underset{\sim}{F}}(X) \geqslant \lambda \quad (经济性模糊目标约束)$$

$$\mu_{\underset{\sim}{Q}}(X) \geqslant \lambda \quad (流量模糊目标约束)$$

$$0 \leqslant \lambda \leqslant 1 \quad (隶属度约束)$$

3　意义

实验提出了多目标、多约束条件下土保护层塑膜铺衬防渗渠道的设计计算方法,建立了以投资少、输水量大为总体目标的土保护层塑膜铺衬防渗渠道的多目标模糊优化设计的数学模型,提高了土保护层塑膜铺衬防渗渠道的综合设计水平。该研究结果为提高土保护层塑膜铺衬防渗渠道的综合设计水平提供了参考依据。

参考文献

[1] 王俊发,马旭,周海波. 基于多目标模糊优化的土保护层塑膜铺衬防渗渠道设计. 农业工程学报, 2008,24(12):1 - 5.

[2] 王俊发,马旭. 我国渠道防渗工程现状和塑膜铺衬机械化筑渠技术. 吉林大学学报(工学版),2004, 34(2):320 - 323.

[3] 王俊发. 渠道塑膜防渗理论与机械化铺膜的关键技术研究. 中国博士论文全文数据库,2006.

地下水来源的氧同位素公式

1 背景

　　某滑坡所在地属高原季风气候,寒冷干燥,日照充分,昼夜温差大。多年平均年总降水量为 820 mm,多集中在 5—9 月,占全年总降水量的 75% 左右。多年平均气温 6.77℃,极端最高气温 31℃,最低气温 -18℃。此地区的地表水属大渡河水系。在地质构造上该滑坡区地处鲜水河断裂带,沿该构造带出露一系列泉水点,晏鄂川等[1]为了判别这些地下水的来源而进行了氢氧同位素研究。

2 公式

　　关于大气降水或雨水氧同位素组成与海拔高度之间的关系已经在许多文献中有过报道[2],虽然各地区不尽相同,但总体趋势是海拔高度每增加 100 m,$\delta^{18}O$ 便减小 0.3‰左右。为研究该滑坡区天然水的"海拔效应",收集了于津生等[3]测试的川藏地区大气降水的同位素组成海拔效应资料(图 1),其经验公式为:

$$-\delta^{18}O(‰) = 0.002\,3H(m) + 7.75$$

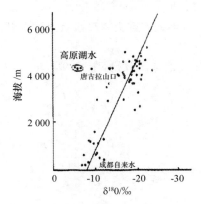

图1　大气降水氧同位素组成与海拔关系图[4]

　　同样,可借助于该区大气降水的同位素组成海拔效应,推测地下水补给区的位置和高度。据文献[4],计算补给区的高度公式为:

$$H = \frac{\delta_G - \delta_p}{K} + h$$

式中，H 为同位素入渗高度，m；h 为取样点高程，m；δ_G，δ_p 分别为取样点地下水和大气降水的 $\delta^{18}O$（或 $\delta^{18}O$）值；K 为大气降水 $\delta^{18}O$（或 $\delta^{18}O$）值的高度梯度，$-\delta/hm$。

热流与地温梯度、岩石热导率间的关系为：

$$q = -KG$$

式中，q 为热流，W/m^2（10^3 mW/m^2）；K 为岩石热导率，$w/m \cdot K$；G 为地温梯度，℃/km；负号表示热流由地球内部流向地表。

3 意义

根据某滑坡区地下水氢氧同位素组成测试成果，系统地研究了该区地下水的起源及形成机制。该区地下水具有大气降水补给的特点，其同位素组成具有明显的温度效应和海拔效应，温泉与冷泉水的出露与区域高热流值和构造以及大气降水的补给量有着密切的关系。滑坡区的温泉水是大气降水经深部循环加热而出露的一种地下水，高热流区和极其发育的导水裂隙系统为其加热提供了背景条件。

参考文献

［1］ 晏鄂川，张悼元，刘汉超. 某滑坡区地下水起源及形成机制. 山地学报，1998，16（1）：42 - 46.

［2］ Kusakabe M. et al. Oxygen and hydrogen isotope ratios of monthly collected waters from nasudake volanic area，Japan J. Gephy. Res，1970，75（30）.

［3］ 于津生，张鸿斌，虞福基，等. 西藏东部大气降水氧同位素组成特征. 地球化学，1980，（2）：113 - 121.

［4］ 王恒纯. 同位素水文地质概论. 北京：地质出版社，1991，138 - 167.

沉积物的粒度判别模型

1 背景

由沉积物反推沉积发生时的地理环境、沉积物来源和能量环境,再结合其他证据进行综合分析判断,从而得出准确结论是沉积研究中的重要方法。而沉积物的粒度大小受搬运介质和搬运营力强度控制,与沉积环境密切相关。因此,在判断沉积环境、鉴别不同成因类型沉积物,用以反推当时的地理环境时,通常可以采用粒度分析方法。李昌志和王裕宜[1]在前人研究的基础上,运用核心区域图解法和判别分析方法,初步对泥石流、冰碛和河湖沉积物的粒度特征参数进行了对比研究,尝试着建立了判别三种沉积物的图形模型和数学模型,力图建立为判别这三种沉积物提供作为参考的数学模式。

2 公式

运用泥石流、冰碛和河湖三组资料,其中,泥石流资料 84 个,包括云南蒋家沟(资料样品 58 个,代表我国南方泥石流)、甘肃武都(资料样品 11 个,代表我国北方黄土地区泥石流)和美国圣海伦火山(资料样品 15 个[2],代表火山泥石流);冰碛资料样品 66 个;河湖沉积资料样品 46 个[3],其中,洱海 21 个,滇池 25 个。资料参数的获取统一根据福克(Folk)公式[2],以增强可比性。所用公式为:

$$M_z = (d_{16} + d_{50} + d_{84})/3$$
$$Q = (d_{16} - d_{84})/4 + (d_5 - d_{95})/6.6$$
$$S_k = (d_{16} + d_{84} - 2d_{50})/2(d_{16} - d_{84}) + (d_5 + d_{95} - 2d_{50})/2(d_5 - d_{95})$$
$$K = (d_5 - d_{95})/2.44(d_{75} - d_{25})$$

式中,M_z 为样本的粒度平均,反映样品颗粒的粗细程度,是一个最基本的参数。Q 为方差,反映粒度分布的分散程度,愈小,分选性愈好;愈大,分选性愈差。S_k 是偏度系数,反映粒度粗细分布对称性,S_k 为 0,图形对称,M_z、d_{50} 和众值重合于一点;S_k 大于 0,正偏,粒度集中于粗端;S_k 小于 0,负偏,粒度集中于细粒部分。K 为峰度系数,反映粒度分布曲线的峰凸程度和分布的分散程度,K 为 0,正常峰态;K 大于 0,宽峰,分选性差;K 小于 0,窄峰,分选性好[4]。

考虑判别分析的基本思路,判别分析是根据研究对象的特征参数来判别其类型归属的统计方法。

首先,构造判别函数:

$$Y = \sum_{i=1}^{m} C_i X_i, (i = 1,2,3,\cdots,m)$$

式中，C_i 为判别系数，反映特征参数的作用方向及分辨能力和贡献率大小；X_i 为已知各特征参数。然后，根据费歇尔（Fishel）准则，使类间均差与类内离差平方和比值达到最大，由极值原理列出 C_i 必须满足的方程组，解之，得到构造函数。最后，算出 $Y_{(A)}$ 和 $Y_{(B)}$，利用加权平均值法求出判别标准 Y_c。当 $Y_{(A)} > Y_c > Y_{(B)}$ 时，$Y > Y_c$，归为 A 类，$Y < Y_c$ 为 B 类；若 $Y_{(A)} < Y_c < Y_{(B)}$，则 $Y < Y_c$，归为 A 类，$Y > Y_c$，归为 B 类[5]。

以 M_z，Q，S_k 粒度参数为判别变量（特征参数），用计算机和统计软件 MINITAB 计算泥石流、冰碛和河湖沉积物两两间的判别函数及判别标准，并计算了判别变量（X_k）的贡献率，用 F 检验判别结果显著性。X_k 与 F 的计算为：

$$X_k(\%) = |C_k D_k| \Big/ \Big(\sum_{k=1}^{m} |C_k D_k| \Big) \times 100\%$$

$$F = \{(N_a N_b)/[N_a + N_b](N_a + N_b - 2)\}[N_a + N_b - p - 1]\Big[\sum_{k=1}^{m} |C_k D_k|\Big]$$

式中，N_a，N_b 为样本数量；p 为变量个数；D_k 为各类相应变量均值之差；C_k 为判别系数；m 为判别变量个数。判别模式见表1。

表1　泥石流、冰碛和河湖沉积判别模式

Y(泥石流∶冰碛) $= 0.864\,86M_z - 0.708\,19Q - 5.018\,04S_k + 0.010\,84K$			
泥石流样品均值 $Y_{(A)}$	冰碛沉积样品均值 $Y_{(B)}$	判别标准 Y_c	关系
$-19.498\,0$	$0.396\,2$	$-2641\,5$	$Y_{(A)} < Y_c < Y_{(B)}$
贡献率　$M_z = 69.03\%$　$Q(\%) = 1.49\%$　$S_k(\%) = 29.41\%$　$K(\%) = 0.07\%$			
F 检验　$F = 63 \gg F_a(4.145)$　$F_a(4.125) = 3.47$　$a = 0.01$ 极显著水平			
判别方法　$Y < Y_c$，属于泥石流；$Y > Y_c$，属于冰碛物			
Y(泥石流∶河湖) $= 0.713\,45M_z - 4.042\,74Q + 0.184\,17S_k - 0.520\,35K$			
泥石流样品均值 $Y_{(A)}$	河湖沉积样品均值 $Y_{(B)}$	判别标准 Y_c	关系
$-17.072\,0$	$-2.287\,2$	$-11.840\,5$	$Y(A) < Y_c < Y_{(B)}$
贡献率　$M_z = 35.23\%$　$Q(\%) = 59.88\%$　$S_k(\%) = 0.48\%$　$K(\%) = 4.41\%$			
F 检验　$F = 97 \gg F_a(4.125) = 3.47$　$a = 0.01$ 极显著水平			
判别方法　$Y < Y_c$，属于泥石流；$Y > Y_c$，属于河湖沉积			
Y(冰碛∶河湖) $= -0.070\,21M_z - 7.660\,9Q + 0.091\,91S_k - 1.981\,92K$			
冰碛物样品均值 $Y_{(A)}$	河湖沉积样品均值 $Y_{(B)}$	判别标准 Y_c	关系
$-30.522\,4$	$-13.262\,0$	$-23.433\,3$	$Y_{(A)} < Y_c < Y_{(B)}$
贡献率　$M_z(\%) = 0.66\%$　$Q(\%) = 89.58\%$　$S_k(\%) = 0.42\%$　$K(\%) = 9.34\%$			
F 检验　$F = 115 \gg F_a(4.107)$　$F_a(4.100) = 3.51$　$a = 0.01$ 极显著水平			
判别方法　$Y < Y_c$，属于冰碛物；$Y > Y_c$，属于河湖沉积物			

3 意义

根据福克(Folk)公式,计算出几个典型地区泥石流、冰碛和河湖沉积物的粒度特征参数,用核心区域图解法和判别分析方法认识和分析参数的分布特征和联系,初步建立判别的图形模型和数学模型,用以反推和判别参数反映的沉积类型和沉积环境。泥石流沉积物的平均粒径粗大,分选性极差,搬运距离短,沉积速度快,沉积发生于突发性的高能环境中。冰碛物平均粒径较小,分选性差,搬运距离远,沉积速度缓慢,发生于漫长的高能环境中。河湖沉积物的参数具有"三元性",总体说来,细粒物质较多,分选性很好,搬运能量低,沉积发生于长时间的低能环境中。

参考文献

[1] 李昌志,王裕宜. 泥石流、冰碛和河湖沉积物的粒度特征及判别. 山地学报,1998,16(1):50-54.

[2] Kevin M. Scott,Origins,Behavior and Sediment of lahar_Runout Flows in the Toutle:Cowlitz River System. 1988.

[3] 中国科学院南京地理所,等. 云南断陷湖泊与沉积滇池、洱海、抚仙湖. 北京:科学出版社,1989. 295-296.

[4] 成都地质学院陕北队. 沉积岩(物)粒度分析及其应用. 北京:地质出版社,1978.

[5] 张超,杨秉赓. 计量地理学基础(第二版). 北京:高等教育出版社,1993.

乔木侧根的牵引模型

1 背景

理想土墩的概念突出了侧根加强根际土层斜向或水平向抗滑力的构想。通过设立理想土墩，并在可知的情况下对其进行牵拉实验，便能够对乔木侧根的牵引效应进行了野外直测[1]。过去，国内外对测根斜向牵引效应的研究局限于定性的探讨[2]，对侧根作用的力学机制缺乏认识。本研究针对这些问题，提出了新的思路和技术[3]。

2 公式

在牵引过程中，拉力传感器将电信号传给电阻表，表上即可读到任一时刻的电阻值(ε, kΩ)。用式(1)、式(2)和式(3)，可以算出该时刻作用在土墩上的牵拉力 F_p，当土墩被剪破时的最大牵引阻力 F_Tf 和根际土层的 F_T 而在给定截面上增加的抗张强度($\Delta\tau_T$, kPa)为：

$$F_P = T_K \tag{1}$$

$$F_Tf = F_Pf - F_{rmax} \tag{2}$$

$$\Delta T_T = F_Tf/A_b \tag{3}$$

式中，k 是电阻 - 拉力转换系统，在实验室标定为 0.324 kg/kΩ 或 3.18 N/kΩ；F_pf 是 F_p 在土墩被剪破时的最大牵引力；F_{rmax} 是土壤本身可以提供的最大抗拉力；A_b 为给定垂直横面积($A_b = 1\ 000\ \text{cm}^2$)。

用公式(3)可以计算出云南松侧根对根际土层抗张强度的增加量($\Delta\tau_T$)。

如表 1 所示，有较高侧根生物量(M_r, g)的土墩一般都测得较高的 F_T。统计分析表明，F_T 与 M_r 呈正相关关系，两者的线性回归关系为：

$$F_T = 4.43M_r - 472.56 \quad (r = 0.69, n = 11) \tag{4a}$$

$$F_T = 4.43(M_r - 106.5) \tag{4b}$$

线性方程(4b)可以被看成是 $F_T = a_T(M_r - C_r)$ 的形式。其斜率在本研究中被称为牵引系数，以 a_T 表示，物理意义是单位根量所提供的牵引阻力 F_T。其数值大小对于确定云南松护坡作用潜能具有重要理论意义。C_r 的影响因素尚不完全清楚，研究认为可能与云南松侧根较低的抗张强度和根土黏结作用方式有关。

表 1　受测土墩的牵引力、牵引阻力、抗张强度增量和根生物量测试结果

比较内容	$F_pf(N)$	临界 X_d /mm	$F_rf(N)$	增加的 F_pf/%	$\Delta\tau_T$ /kPa	根生物量/g	平均 F_pf/N	平均 F_rf/N	平均增加的 F_pf/%	平均 $\Delta\tau_f$/kPa
有根土墩样 C1	1 426.16	3	525.06	36.56	5.25	121	1 488.33	577.23	38.78	5.77
C2	1 131.13	3	220.09	19.45	2.20	342				
C3	2 605.42	7	1 694.32	65.03	16.94	330				
C4	1 864.03	4	952.93	51.12	9.53	342				
C5	1 369.43	3	458.33	33.47	4.58	345				
C7	2 068.45	10	1 157.35	55.95	11.57	178				
C10	905.54	7	−5.56	−0.61	−0.056	202				
C11	1 159.73	3	248.63	21.44	2.48	2.33				
C12	1 528.30	8	617.20	40.38	6.17	138				
C14	1 169.26	4	258.16	22.08	2.58	197				
C15	1 134.31	3	223.21	1 968	2.23					
无根土墩样 C6	1 019.93	3					911.10			
C8	899.19	2								
C9	772.09	2								
C13	953.20	3								

3　意义

根据乔木侧根对土体的斜向牵引效应原理和数学模型,以云南松林为例,进行了野外直接剪土测试。可知在表层根际土中(0~20 cm)松树侧根能在相同的垂直截面上平均提供 577.23N 的斜向牵拉力,使根际土层的抗滑力提高了 38.78%,把根际土层的抗张强度提高了 5.77 kPa。同时发现,侧根牵引效应的量值受根生物量大小的影响,两者具有正相关关系。

参考文献

[1] 周跃,徐强,骆华松,等. 乔木侧根对土体的斜向牵引效应Ⅱ野外直测. 山地学报,1999,17(1): 10 – 15.

[2] Coppin N J, Richards I G. Use of vegetation in civil engineering. CIRIA,Butterworths. 1990.

[3] Zhou Y, Watts D, et al. The traction effect of lateral roots of Pinus yunnanensis on soil reinforcement direct in situ test. Plant and Soil,1997,190:77 – 86.

乔木侧根的抗张强度模型

1 背景

高山峡谷区,乔木根系发达,垂直主根长 1.2~1.5 m。在地表面下 40 cm 土层中,侧根密集,一般占总根系生物量的 60% 以上[1-2]。这些侧根顺坡伸延,相互盘绕,与土壤一起形成基本与坡面平行的根际土层。多数侧根从主根分出后向四周辐射,逐级分支,少有寻状根出现。基于这样的结构与分布特征,云南松侧根极可能具有明显的水平牵引效应,对高山峡谷陡坡侵蚀控制和坡面保护有重要意义。周跃等[1]为了证明这个假设进行了定量分析,对虎跳峡地区云南松林进行了野外观测和模型预测。

2 公式

斜向牵引效应是指侧向伸延的根系(通常在浅层)以侧根牵拉力的形式提高根际土层斜向抗张强度从而提高土体抗滑力的作用。这里的根标土层可以理解为一个连续的并且具有增强了抗张强度的根土复合层。斜向牵引效应与 Sidle[3] 提出的斜向增强作用相似。侧根的斜向牵引效应不同于垂直根的机械锚固效应;后者是通过提高根际土层在剪切面上的抗剪强度而达到加固土体的目的。

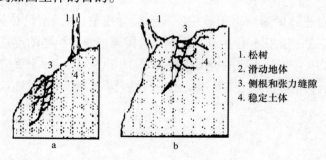

1. 松树
2. 滑动地体
3. 侧根和张力缝隙
4. 稳定土体

图1　浅层土体滑动与侧根的牵引效应
a. 来自稳定土体的侧根的作用;b. 来自滑动土体的侧根作用

通常情况下,土壤滑动和蠕移可能首先在坡地表面产生若干张力缝隙[4]。在林地内,这些缝隙中从相对稳定土体延伸到潜在滑移土体中(或沿相反方向延伸)的侧根,通过本身的抗张强度和根土黏合力,具有牵制滑移和加固土体的作用(图1)。在这种情况下,侧根通过牵引效应增强了土体水平向抗滑力,提高了抗张强度,加固了根际土层。这种作用的强度与侧根的密度成正比。

土层中的单根在受牵拉时将持续产生一个牵引阻力(F_T,N),直至侧根被拉断或拔出土壤;牵拉力(F_{pr},N)与该 F_T 的大小相等方向相反。因此通过测算对侧根施加的 F_{pr},可以确定侧根的牵拉阻力 F_T。在一给定面积的土壤横截面上由若干侧根产生的 F_T 的总量确定后,该截面单位面积上侧根提供的 F_T,即根际土层抗张强度的增加值($\Delta\tau_T$,kPa)可由计算得到。该 $\Delta\tau_T$ 即侧根斜向牵引效应的量值。野外实测发现,云南松侧根大多受力拉断而不拔出土壤。因此研究着重考查侧根在被拉断时需要的拉断力(F_b,N),该力是侧根所能承受的最大牵拉力。

受力单根在拉断时,拉断力 F_b 是根横断面积(A_r,mm^2)的函数[5]:

$$F_b = A_r \cdot T \tag{1}$$

式中,T 是侧根抗张强度。通常情况下,在给定面积的土壤垂直面上有许多条根穿过,拉断所有这些根的总拉断力($\sum F_b$,N)受 T、A_r 和侧根数目影响:

$$\sum F_b = \sum (n_i, F_{b_i}) = (\pi/4) \sum (n_i D_i^2 T_i)$$
$$T_i = F_{b_i}/A_{r_i} \tag{2}$$

式中,n_i 是在平均根直径组 i(表1)中的所有侧根数;F_{b_i} 是直径组 i 中所有单根的平均拉断力 F_b;D_i 和 T_i 分别是直径组 i 中侧根的平均直径和平均抗张强度;A_{r_i} 为 i 组中侧根的平均横断面积。一旦得到 $\sum F_b$,在给定面积的土壤垂直截面上,所有侧根被拉断而使根际土层增加的斜向抗张强度的增加量可由下式获得:

$$\Delta T_T = \sum F_b/A_b \tag{3}$$

式中,A_b 是给定土壤垂直横截面的面积($A_b = 10^5$ mm^2)。

表1　侧根拉断力与根直径的关系

项目	侧根直径分组												
平均根直径/mm	1	2	3	4	5	6①	6②	7	8	9	12	14	17
根直径范围/mm	1	2±0.5	3±0.5	4±0.5	5±0.5	6±0.5	6±0.5	7±0.5	8±0.5	9±0.5	12±2	14±2	17±2
根样数量/条	17	40	31	43	23	9	6	5	2	6	10	6	6
平均拉断力/N	22.21	29.20	49.54	98.41	141.89	177.50	198.50	177.70	199.07	489.80	579.40	1 094.20	1 170.80
样方标准方差	1.12	1.23	2.29	3.09	6.0	2.95	36.06	5.32	0.99	170.47	63.79	283.93	307.76

注:①在野外测量拉断力的 6 mm 根样组;②在实验室测量拉断力的 6 mm 根样组。

考虑云南松侧根抗张强度,采测的 10 cm 长侧根根样的直径范围为 0.5～19 mm,分布在 13 个直径区段(表 1)。根据 204 条样根测算的结果,F_b 与 D 有极高的相关性和紧密的回归关系。

$$F_b = 3.84D^2 + 10.15D - 13.06$$
$$(r = 0.975, n - 204) \tag{4}$$

与 F_b 不同,根的抗张强度(T,N/mm² 或 MPa)随 D 的增加而降低,两者的变化关系见图 2。鉴于这样的关系,研究用一个指数函数(即 $Y = Ae^{B/X}$)模拟 T 随 D 的变化。自变量 X 和因变量 Y 分别代表 D 和 T。用所有的 D 值和 T 值进行回归计算,可得到常数 $A = 4.57$ 和回归系数 $B = 1.73$,$D - F_b$ 模拟回归关系可写为:

$$T_m = 4.57e^{1.73/D} \quad (r = 0.987, n = 204) \tag{5}$$

式中,T_m 是 T 的模拟值,随 D 呈指数关系减小。图 2 可以看出,T_m 是 T 较好的逼近值,确定系数 $R^2 = 0.974$。因此我们用 T_m 代替 T 进行 F_b 和 ΣF_b 的计算。

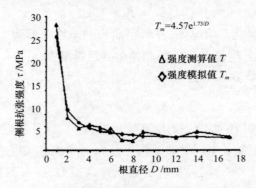

图 2 侧根抗张强度测算值与模拟值的比较以及它们随根直径的变化

3 意义

根据在国内外最早对乔木侧根的斜向机械增强作用(斜向牵引效应)进行的模型预测,首次提出了云南松侧根的牵引效应量值。尽管还有待完善,但为植物根系机械固土作用的研究提供了新思路和技术手段,在水土保持和土木工程建设方面有重要意义。为证实植物侧根对周围土壤的斜向牵引效应是乔木根系抗蚀护坡机械效应的重要内容,以云南松林为例对这种效应及其量值进行了野外观测和模型计算,并对其在克服林地浅层坡面的不稳定性以及控制侵蚀保护坡面的作用进行了讨论。

参考文献

［1］ 周跃,徐强,络华松,等. 乔木侧根对土体的斜向牵引效应 I 原理和数学模型. 山地学报,1999,(1)：
4 – 9.

［2］ Zhou Y. Effect of the Yunnan Pine(Pinus yunnanensis Franch)on Soil Erosion Control and Soil Reinforcement in the Hutiaoxia Gouthwest China. Ph. D Thesis. The University of Hull,March 1997.

［3］ Sidle R C. A conceptual model of changes in root cohesion in respinse to vegetation management. J. Environ. Quai. 1991. 20,43 – 52.

［4］ 河南水利勘测设计院. 边坡工程地质. 北京:水利出版社. 1983.

［5］ Ennos A. R The anchorage of leedlings:the effect of root length and soil strength. Anals of Botany. 1990.
65,409 – 416.

农业生态系统的预警模型

1 背景

以往研究农业,自然科学家往往从自然属性考虑,而经济学家从社会属性考虑者多。研究自然环境也有类似情况,而且往往就农业论农业,就环境论环境,不太注意它们之间和它们与外界的关系。在已有的对三峡库区的预警研究中[1],多侧重于生态与环境,对社会、经济方面及其预警研究不够。文传甲[2]将从农业的自然属性与社会属性的结合上,从系统内部与外界环境统一的角度,以系统序化的观点,来研究三峡库区农业生态经济系统的预警问题。

2 公式

预警线的量化界定,以三峡库区为例,先从以下三方面开始,然后逐级分析影响它们因子的警戒线。

(1)以库区全年人均粮食作为农业的社会功能的代表性指标。分别以达到温饱线[原粮 313 kg/(人·a)]和富裕线[520 kg/(人·a)]的120%为短缺警戒线($Y_{\min}$)和过饱和警戒线($Y_{\max}$),即有 $Y_{\min}$ 为 313 kg/(人·a),$Y_{\max}$ 为 624 kg/(人·a)。

(2)以农民人均年纯收入为农业的经济功能的代表性指标。以脱贫线 450 元/(人·a)(1990年价)为短缺预警线 $I_{\min}$,即 $I_{\min}$ 为 450 元/(人·a)(1990年价),不设过饱和警戒线。

(3)农业的自然环境功能指标及其警戒线,共四类7种。

下面分析影响上述三方面功能的主要因子及其警戒线。

设全区耕地面积为 A,复种指数为 K,f 为(粮作、经作、"三园"等)总播种面积中粮食作物所占比例,G_1 为粮作单位面积产量,全区总人数为 P,则全区全年人均粮食 Y 为:

$$Y = \frac{(AKf)G_1}{P} \tag{1}$$

通过回归分析,农民人均纯收入 I 与人均种植业年总产值 E 和人均年农业总产值 E'(均为1990年不变价)有较好的相关关系,即:

$$\hat{I} = a + bE \tag{2a}$$

$$\bar{I} = a' + b'E' \tag{2b}$$

其中,回归系数 $a' = 72.62$, $b' = 0.705\,31$,显著指标 a 为 1% 。若粮食作物、经济作物、其他作物和桑、茶、果的种植面积分别为 X_1, X_2, X_3, X_4,则耕地面积:

$$A = \sum_{i=1}^{4} X_i \tag{3}$$

设农业人口为 P_1(占总人口的比例为 $\xi, \xi = 0.9$),单位面积产量为值为 G_i,单位重量的的价值为 R_i,则人均种植业产值 E 为:

$$E = \left(\sum_{i=1}^{4} X_i G_i R_i \right) P_1 \tag{4}$$

将式(4)代入式(2)则有:

$$I = a + b \left(\sum_{i=1}^{4} X_i G_i R_i \right) / 0.9P \tag{5}$$

分析式(1)与式(5)不难发现,影响 Y 与 I 的共同因子为耕地面积 A、单产 G_1 和总人口 P。而农业环境恶化的主要原因是人口过量增殖(P 增大)后,单产 G_1 低,只能向自然过度索取(主要是过垦,即扩大耕地 A)。由此可见,影响农业的社会、经济、环境三个功能的共同因子是耕地、人口、农作物单产。

(4)耕地的警戒线。耕地是农作物生存空间的基础,是农业经济系统的主要资源和代表性指标。

假定不向库区外买粮,在现有条件下,对应于粮食的短缺警戒线 Y_{min} 的人均耕地,定义为耕地预警线 A_{min},由式(1)有:

$$A_{min} = Y_{min} / KfG_1 \tag{6}$$

由于复种指数 K、粮作比 f、单产 G_1 随年而变,故 A_{min} 是一个变数,主要随单产增加而变小。考虑到粮食生产受自然灾害(特别是干旱)和市场波动的双重威胁,会严重影响单产 G_1 的变动,故警戒线取高值,以抵消这种影响。以 1992 年为起点,并以 5% 作为保险系数,则有:

$$A_{min} = 0.82 \text{ 亩}^{[①]} / \text{人}$$

由于库区后备耕地资源极少,不设过饱和警戒线。

(5)人口的警戒线。区农业人口数作为"农民"生态系统的主要指标。

以农民人均年纯收入能够达到脱贫标准的农业人口数为警戒线,由式(2b)得出农业人口的警戒线 P'_{max}(E' 为该年农业总产值):

$$P'_{max} = 0.001\,869E' \tag{7}$$

以库区人口数作为库区人类生态系统状态的主要指标。以粮食总产量从 r 与按温饱线 [313 kg/(人·a)]标准计算能满足的人口数为警戒线 P_{max},有:

$$P_{max} = Y_{ar} / 313 \tag{8}$$

① 亩为非法定单位:1 亩 ≈ 667 m²。

换言之,如果不向区外买粮,该年总产量能在温饱条件下最多养活的人口数即为警戒线。

(6)粮食单产的警戒线 G_{min} 以粮食单产作为粮食作物生态系统状态的主要指标。在该年粮食播种面积 A_g 和区人口数条件下,能达到温饱水平的单产量为 G_{min}。由式(1)有:

$$G_{min} = 313P/AKf = 313P/A_g \tag{9}$$

3 意义

从系统与环境相统一的角度,研究了农业生态经济系统的模型、特征、预警分析的意义和内容;以三峡库区为例,从系统序化的观点,确定了这个系统的社会、经济、环境功能和状态的主要指标的警戒线;并与这些指标的现状、过去与未来趋势值进行对比;分别对现状预警、趋势预警和突变预警进行了评价;最后做了简易的对策探讨,推行科教兴农和可持续发展的战略;建立农业预警系统,以预防突发风险;在序化的基础上优化调控。

参考文献

[1] 陈国阶,陈治谏. 三峡工程对环境影响的综合评价. 北京:科学出版社,1992,19 - 22,71 - 77.

[2] 文传甲. 三峡库区农业生态经济系统的预警分析. 山地学报,1998,16(1):13 - 20.

[3] 文传甲. 三峡库区大农业的自然环境现状与预普分析. 长江流域资源与环境,1997.6(4): 340 - 345.

软弱层的压应力公式

1 背景

纵观以往对含泥型软弱夹层的研究[1-2]，普遍忽视了地应力对其物理性质的控制作用，而过多地强调地下水的影响，致使泥化夹层扩大，强度参数取值偏低，结果降低了与软弱夹层相关岩体的可利用程度，提高了工程造价。胡卸文[3]以我国某大型水电站坝区无泥型软弱层带为研究实例，探讨围压对其物理性质的控制作用。在研究软弱层带物理性质时，只有从其成分结构特征和地应力等环境条件两大方面结合考虑，才能了解其天然条件下的真实状态。

2 公式

考虑软弱层带 $\rho_d - \sigma_N$ 关系，将表 1 中三种不同类型物质组成的软弱层带的 ρ_d 与对应的 σ_N 做相关分析（图 1），得如下相关式：

$$\text{砾型 } \rho_d = 2.317 + 0.119 \lg \sigma_N$$
$$r = 0.650 \tag{1}$$

$$\text{含屑砾型 } \rho_d = 2.178 + 0.223 \lg \sigma_N$$
$$r = 0.847 \tag{2}$$

$$\text{岩屑砾型 } \rho_d = 2.126 + 0.357 \lg \sigma_N$$
$$r = 0.901 \tag{3}$$

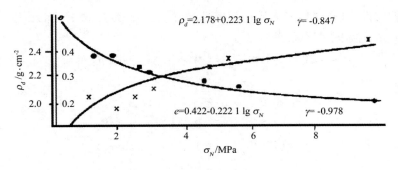

图 1 含屑砾型软弱层带 ρ_d 和 e 与 σ_N 关系曲线

表 1 软弱层带物理性质指标与对应的压应力

类型	试样编号	σ_N/MPa	ρ_d/g·cm^{-2}	e
砾型	PD18 – LC$_1$	3.87	2.405	0.160
	PD27 – LC$_1$	1.55	2.396	0.183
	PD21 – C$_7$	1.01	2.386	0.247
	PD28 – C$_9$	1.69	2.210	0.252
	PD38 – LC$_1$	5.40	2.557	0.197
	PD11 – LC$_{14}$	9.66	2.441	0.121
	PD33 – LC$_2$	1.51	2.339	0.236
	PD31 – LC$_5$	1.04	2.269	0.299
含屑砾型	PD26 – C$_9$	1.85	2.177	0.384
	PD12 – LC$_2$	2.69	2.201	0.336
	PD36 – LC$_5$	4.62	2.332	0.279
	PD11 – LC$_{15}$	9.66	2.416	0.193
	PD49 – C$_9$	1.23	2.242	0.378
	PD11 – LC$_6$	5.75	2.376	0.234
	PD36 – LC$_3$	3.28	2.232	0.335
岩屑砾型	PD27 – LC$_2$	1.55	2.208	0.377
	PD13 – C$_{11}$	4.79	2.357	0.244
	PD51 – C$_8$	2.64	2.372	0.255
	PD7 – LC$_{18}$	9.85	2.561	0.123
	PD12 – LC$_4$	8.65	2.390	0.204

式(1)~式(3)表示不同类型软弱层带的 ρ_d 与所受天然压应力 σ_N 均呈正相关关系,且具有较好的相关性,其中又以岩屑砾型相关性最好,表示因地应力引起的压应力 σ_N 对无泥型软弱层带 ρ_d 的控制作用是显著的。

考虑软弱层带 ρ_d - e 关系,同理,对表 1 中各软弱层带 e 与对应的 σ_N 做相关分析(图 1),也可得出如下相关式:

$$\text{砾型 } e = 0.256 - 0.109\lg\sigma_N$$
$$r = -0.785 \tag{4}$$

$$\text{含屑砾型 } e = 0.422 - 0.222\lg\sigma_N \tag{5}$$
$$r = -0.978$$

$$\text{岩屑砾型 } e = 0.440 - 0.308\lg\sigma_N \tag{6}$$
$$r = -0.954$$

3 意义

通过对处于围压状态下无泥型软弱层带物理性质现场试验结果及其所赋存的应力场分析,并结合同类型扰动试样室内围限(固结)试验结果,表明围压(限)作用对无泥型软弱层带物理性质的控制作用,如同含泥型夹层,也是极为显著的。开展对无泥型软弱层带物理性质的围压效应研究不仅可深化软弱夹层的理论与实践,且对揭示含不同粒度成分软弱层带的围压作用程度,对该类型软弱层带物理力学参数的合理选取以及相关围岩岩体可利用程度的判别等都具有重要的意义。

参考文献

[1] 聂德新. 地应力对夹泥抗剪强度的影响//1983年全国水电中青年科技干部报告会论文选集. 北京:水利电力出版社. 1985,131 – 138.

[2] 张咸恭,聂德新,韩文峰,等. 围压效应与软弱夹层泥化可能性分析. 地质论评,1990,36(2):160 – 167.

[3] 胡卸文. 无泥型软弱层带物理性质的围压效应. 山地学报,1999,17(1):86 – 90.

滑坡活动空间的分维分式

1 背景

  滑坡是斜坡的局部稳定性受破坏,在重力作用下,岩体或其他碎屑沿一个或多个破裂滑动面向下做整体滑动的过程与现象。定量的研究滑坡活动的空间分布结构特征,是滑坡时空预测预报的基础。易顺民和蔡善武[1]通过公式来分析西藏樟木滑坡活动空间分布的分维特征及其地质意义。近年来,分形理论在地震研究领域得到了较快的发展,但在滑坡研究领域中的应用才刚刚起步,这可能同滑坡活动的历史资料不像地震历史资料那样齐全和系统有关,这客观上为滑坡的分形研究带来了很多困难。实际上,虽然滑坡活动的空间分布图像复杂多变,但在一定的观测尺度范围内,其空间分布结构具有很好的统计自相似性[2-3]。

2 公式

  根据滑坡工程地质统计资料,将一定区域内不同规模的滑坡活动看做是一系列的点事件,对不同研究区内滑坡活动的空间分布图,以其地理坐标的中心点做统计起始点,以半径 r 为标度,统计半径为 r 的圆内滑坡活动的个数 $M(r)$,改变 r 的值,可得到一系列相应的 $M(r)$ 值。由分形理论可知,如果滑坡活动的空间分布结构具有分形结构特征,则有 $M(r) \propto r^D$,对式 $M(r) \propto r^D$ 两边取对数得:

$$\lg M(r) = D\lg r + A$$

式中,r 为标度半径;A 为常数;D 为分维值。实际计算过程中,可以在 $M(r)$ 和 r 的双对数坐标图上,找出无标度区间,用最小二乘法拟合出直线段的斜率就可得到滑坡活动空间分布的分维值。

  根据1985—1991年相关调查资料,编制了分年度的滑坡活动空间分布图(图1)。按照前述方法,在定性分析的基础上,将研究区分为江林—曲乡、曲乡—樟木和樟木—友谊桥三个区段,分别计算三个区段在不同年份的滑坡空间分布的分维数,结果见表1。

表 1　滑坡活动空间分布的分维值统计

时间	滑坡活动空间分布的分维值（D）		
	江林—曲乡	曲乡—樟木	樟木—友谊桥
1985 年	0.552	0.781	0.912
1986 年 1—6 月	0.623	0.843	1.568
1986 年 7—12 月	0.695	0.882	1.013
1987 年 11 月至翌年 6 月	0.641	0.716	1.624
1987 年 7—12 月	0.638	0.609	0.973
1988 年	0.667	0.824	0.955
1989 年	0.603	0.902	1.146
1990 年	0.706	0.921	1.253
1991 年	0.741	0.927	1.284

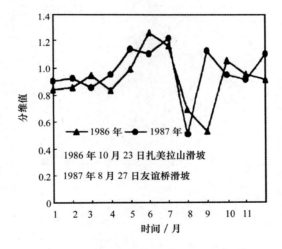

图 1　樟木滑坡群滑坡活动的月分维值变化曲线

3　意义

　　依据分形理论,系统地研究了西藏樟木地区滑坡活动空间分布的分形特征。滑坡活动的空间分布结构具有很好的统计自相似性,分维可作为滑坡活动空间分布的定量描述参数。区域性的滑坡活动空间分布的分维在急剧变化阶段同滑坡活动的高潮期相对应,分维的变化对滑坡预报有一定的指导意义。滑坡活动的空间分布结构具有典型的分形性质,分维可作为定量描述滑坡活动的表示参数和评价指标。因此研究滑坡活动的自相似特征,具有重要的学科理论和工程实践意义。

参考文献

[1] 易顺民,蔡善武. 西藏樟木滑坡活动空间分布的分维特征及其地质意义. 山地学报,1999,17(1):
63 - 66.

[2] 易顺民. 滑坡活动时空分布的容量维特征及其工程地质意义. 大自然探索,1998,17(3):46 - 50.

[3] Yi Shunmin,Tang Huiming. Fractal structure feature of landslide activities and its significance. In:Proceedings of the Seventh International Symposium on Landslides. Netherlands:A. A. Balkema Publishers,1996:
1973 - 1976.

土地荒漠化的遥感图像公式

1 背景

土地荒漠化(土地退化)是当今最严重的环境和社会经济问题之一,已影响到全球 1/5 的人口和 1/4 的陆地面积。由于地面条件的限制,难以用常规方法提供山区土地的荒漠化信息。如何通过信息反演将遥感信息转化为土地荒漠化监测评价的实用信息,是遥感技术在土地荒漠化研究和防治中开发应用的一个关键问题。范建容和刘淑珍[1]以东川市为例,通过公式系统地分析了遥感技术在山区土地荒漠化评价中的应用。

2 公式

选用的 TM 图像获取时间为春末夏初,植被在图像上清晰可辨,有利于土地荒漠化调查。TM 图像多个波段之间存在着相关关系,通过 KL 变换[2]用较少的通道代替原先多波段数据,而这较少的综合通道既能更好地表达信息,彼此之间又是独立的。对 TM 图像 6 个波段(TM6 除外)的光谱特征值进行 KL 变换。其中,Z_j 为主分量矩阵,C_{ij} 为变换矩阵,X_i 为原始波段数据矩阵。由此变换得到表 1 和表 2 的计算结果。

表 1   KL 变换统计结果表

主成分	1	2	3	4	5	6
变差量	4.30	0.81	0.49	0.26	0.11	0.02
贡献率/%	71.71	13.52	8.21	4.40	1.83	0.33

表 2   KL 变换矩阵表

波段	主成分					
	1	2	3	4	5	6
I 波段	0.820 5	− 0.513 9	− 0.115 9	− 0.103 1	− 0.190 1	− 0.049 1
II 波段	0.946 9	− 0.274 6	0.107 1	− 0.009 6	0.060 3	0.112 9
III 波段	0.951 3	− 0.161 4	0.037 2	0.092 5	0.233 6	− 0.067 0
IV 波段	0.724 9	0.530 942	− 0.343 6	− 0.272 5	0.011 7	− 0.012 5
V 波段	0.844 7	0.353 05	− 0.048	0.382 1	− 0.116 0	0.000 1
VI 波段	0.767 3	0.198 3	0.587 9	− 0.155 8	− 0.044 0	0.007 8

未经增强处理的图像亮度层次很少,平均亮度值偏低,轮廓、边界辨认不清,经过一定的增强处理,改善图像质量以获得最佳效果,从而增加图像的可解译性。通过对几种拉伸所做试验的比较,采用线性拉伸变换获得的增强效果较好。其变换函数为:

$$X' = t(X) = {}_{16}\begin{cases} x' = \dfrac{l_k - l_1}{b - a}(x - a) + l_1 & a \leq l \leq b \\ x' = l_1 & x < a \\ x' = l_k & x > b \end{cases}$$

式中,X、X' 分别为拉伸前后的灰度;a、b 为原辐射亮度集中区间;l_1、l_k 为扩展后的辐射亮度区间。

绿度指数分级:由 KL 变换得到第二主分量组成的新波段反映的是植被覆盖状况,其值称为绿度指数 VGI,VGI 绿度指数图像很好地反映了植被覆盖情况及生物量大小,是划分土地荒漠化强弱的一个重要指标。表 3 反映了不同土地类型及其荒漠化等级与绿度指数的关系。

表 3　不同土地类型与荒漠化程度组合下的绿度指数

地面覆盖类型（土地类型）	荒漠化程度				
	极度	强	中	轻	无
河流、水库、河滩					110 ~ 135
裸岩石砾	120 ~ 140				
裸地		140 ~ 145			
稀疏草地(盖度 10% ~ 50%)			145 ~ 155		
中覆盖草地(盖度 50% ~ 80%)				155 ~ 165	
高覆盖草地(盖度 >80%)					165 ~ 170
疏林、灌木林					170 ~ 190
森林、耕地					>190
其他					<110

遥感图像的分类图、沟谷图、绿度指数图是评价土地荒漠化的有效图像。在充分的地学分析基础上,遥感技术的潜力则可以得到发挥。

3　意义

通过遥感数字图像统计分析与处理,确定了分类图、沟谷图、绿度指数图是评价山区土地荒漠化的有效图像,进行了沟谷指标、绿度指数分级,肯定了遥感技术应用于山区土地荒漠化评价的可能性。进行空间滤波时,如何选择适宜的参数非常重要。图像的分辨率、目标物的大小和区域特征等因子及其相互关系是选定参数的依据。在充分的地学分析基础上,遥感技术的潜力则可以得到发挥。

参考文献

[1] 范建容,刘淑珍. 遥感技术在山区土地荒漠化评价中的应用——以东川市为例. 山地学报,1999,17 (1):40 – 44.

[2] 杨凯,孙家柄,卢健等. 遥感图像处理原理和方法. 北京:测绘出版社,1988,158 – 165,341 – 353.

山地可持续利用的协调度模型

1 背景

   山地可持续利用是一个复杂系统,衡量山地利用是持续性的还是非持续性的,需要对山地利用系统进行定量的科学评价,而第一步就是要建立山地可持续利用评价模型和一套评价指标体系。李植斌[1]针对这方面的问题建立了相关模型,对山地可持续利用进行评价。只有这样才能运用地理信息系统等先进手段对山地可持续利用系统进行监测和预测,使山地利用不偏离可持续利用的轨道,才能了解山地开发利用与可持续利用目标之间的差距,找出存在问题,校正利用方向,使可持续利用从理论研究阶段进入到可操作阶段。

2 公式

2.1 功效函数

   设山地可持续利用系统评价指标变量为 $u_i(i=1,2,3,\cdots,n)$;评价指标值为 $X_i(i=1,2,\cdots,n)$;a_i、b_i 为系统稳定临界上指标的上、下限值。根据协同论可知:①系统处于稳定状态时,状态方程为线性;②势函数的极值点是系统稳定区域的临界点;③慢弛豫变量在系统稳定状态时也有量的变化,这种量的变化对系统有序度有两种功效:一种是正功效,即慢弛豫变量的增大,系统有序趋势增加;另一种是负功效,即慢弛豫变量的增大,系统有序度趋势减少。因而,山地可持续利用系统指标变量对系统有序的功效可表示为:

$$U_A(u_i) = \begin{cases} \dfrac{X_i - b_i}{a_i - b_i} & U_A(u_i) \text{ 具正功效时}(i=1,2,3,\cdots,n) \\[2mm] \dfrac{b_i - X_i}{a_i - b_i} & U_A(u_i) \text{ 具负功效时}(i=1,2,3,\cdots,n) \end{cases} \tag{1}$$

式中,$U_A(u_i)$ 为指标 u_i 对系统有序的功效;A 为系统的稳定区域。

   在具体操作中,不仅要对评价指标体系中各要素现状进行调查与静态评价,而且还需要对目前这种山地利用方式所导致的资源和生态变化、经济效益等方面的动态变化进行预测评价(表1)。

表 1　温州地区山地可持续利用评价指标及功效值

评价因子	评价指标	单位	1991—1995 年平均值	1996 年现状值	2000 年目标值	功效值
资源环境	人均山地面积	hm²	0.166	0.161	0.157	0.555 6
	森林覆盖率	%	42.63	42.73	42.81	0.666 7
	林地利用指数	%	81.93	83.79	85	0.666 7
	疏林地占林地面积比重	%	6.71	5.47	4.5	0.438 9
	防护林面积比重	%	1.6	1.7	2	0.25
	≥25°耕地面积比重	%	12.1	11.62	8	0.117 1
	水土流失面积比重	%	36.85	30.10	25	0.430 8
	自然灾害成灾率	%	41.67	39.22	28.1	0.324 2
经济	造林面积	hm²	8 500	9 570	10 180	0.636 9
	单位林地产值	元/hm²	209	264	366	0.350 3
	林地产值增长率	%	8.0	8.5	9	0.50
	户均山地面积	hm²	0.65	0.806 6	1.0	0.447 4
	劳均林地面积	hm²	0.45	0.46	0.5	0.20
	人均林地产值	元	20	31	41	0.523 8
	荒山面积比重	%	7.1	5.3	1.03	0.703 5
社会	人口增长率	%	8.5	8.2	8	0.6
	劳动力转移率	%	45.5	52.72	55	0.76
	人口密度	人/hm²	582	598	617	0.457 1
	人均纯收入	元	2 150	3 370	3 700	0.787 7
	万人医生数	人	10.8	11.18	12	0.316 7
	公路到村率	%	95	97	98	0.666 7

2.2　协调度函数

可用线性加权法对每一个指标功效配以权系数 W_i（ $W_i < 1$，$\sum W_i = 1$），则协调度函数可表示为：

$$C = \sum_{i=1}^{n} W_i U_A(u_i) \tag{2}$$

该模型合理性的关键在于功效函数中的上下限值的选取[2]，其值的确定可以根据山地利用的实际情况来确定。

3 意义

根据山地可持续利用评价的协调度模型,提出了山地可持续利用评价指标体系的基本框架,介绍了温州地区山地利用系统评价过程与结果,并对该评价模型的适用性、可信度等进行了分析。利用该模型对山地利用系统进行动态评价与调控。随着时间的推移,利用计算机技术及时修改指标值,分期对山地利用系统进行动态评价和调控,及时发现存在的问题,校正利用目标和方向,使山地利用趋于可持续利用。

参考文献

[1] 李植斌. 一种山地可持续利用评价方法. 山地学报,1999,17(1),1:67 – 70.
[2] 吴跃明,郎东锋,张子珩,等. 环境—经济系统协调度模型及其指标体系. 中国人口、资源与环境,1996,6(2):47 – 50.

黏性泥石流的阻力运动方程

1 背景

现有的黏性泥石流阻力运动方程可以大致归纳为三类：一类是将泥石流视为固液两相流，通过理论分析建立的泥石流阻力运动方程；二类是认为黏性泥石流符合宾汉姆流体阻力方程；三类是依据泥石流体具有基本符合库伦公式的剪切强度，将泥石流视为固体颗粒散体重力流，在理论分析的基础上建立阻力和运动方程。周必凡[1]结合这些方程对黏性泥石流阻力和运动方程进行了验证分析。

2 公式

现有的黏性泥石流（其密度一般大于 1.8 t/m³）阻力运动方程大致归纳为如下三类：

一类是将泥石流视为固液两相流，在理论分析的基础上建立阻力运动参数方程，通过实验确定其参数。这类方程以 Bagnold[2] 方程为代表。其阻力 τ_{xzb} 的方程为：

$$\tau_{xzb} = 2/25\lambda^{3/2}\eta_m \mathrm{d}u_{xz}/\mathrm{d}z \tag{1}$$

黏性泥石流的表面流速 U_{cb} 方程为：

$$U_{cb} = g\sin\theta[\rho + (\rho_s - \rho)C_v]H_c^2/4.5\eta_m\lambda^{3/2} \tag{2}$$

式(1)和式(2)中 λ 为颗粒线性浓度，$\lambda = 1/[(C_{vo}/C_v)1/3 - 1]$，$C_{vo}$ 为泥石流体中粗颗粒群体的极限浓度，C_v 为粗颗粒群体的浓度；η_m 为流体的黏度；$\mathrm{d}u_{xz}/\mathrm{d}z$ 为垂向的剪切速率；g 为重力加速度；θ 为坡面坡度；ρ 为流体密度；ρ_s 为泥石流体中土的密度；H_c 为流深。

二类是认为黏性泥石流近似宾汉姆（Bingham）流体，按宾汉姆流体阻力方程导出匀速运动参数方程，通过实验确定流变参数。这类方程可以康志成和熊刚提出的方程[3] 为代表，其阻力方程为：

$$\tau_{xzk} = \tau_B + \eta\mathrm{d}u_{xz}/\mathrm{d}z \tag{3}$$

其表面流速方程为：

$$U_{ck} = (\rho_c H_c g\sin\theta - \tau_B)^2/2\eta\rho_c\sin\theta \tag{4}$$

式(3)和式(4)中 τ_B 为黏性泥石流体的屈服应力；η 为黏性泥石流体的黏度；ρ_c 为泥石流体密度；其他符号同前。

三类是依据泥石流体具有基本符合库伦公式的剪切强度，按固体颗粒散体重力流的观

点建立的阻力运动的参数方程,通过实验确定其运动碰撞摩擦阻力参数。这类方程可以周必凡[4]的方程为代表。其阻力方程为:

$$\tau_{xzc} = \tau_o + \sigma \tan \phi + a\rho_c (\mathrm{d}u_{zx}/\mathrm{d}z)^2 \tag{5}$$

其表面流速 U_{cc} 的方程为:

$$U_{cc} = U_{xo} + (2/3[1])(a_1/a)^{1/2}(H_c - \tau_o/a_1\rho_c)^{3/2}$$

$$= \frac{1}{2}(a_1/a)^{1/2}(H_c - \tau_o/a_1\rho_c)^{1/2} + \frac{2}{3[1]}(a_1/a)^{1/2}(H_c - \tau_o/a_1\rho_c)^{3/2} \tag{6}$$

式(5)和式(6)中 τ_0 为泥石流体的黏聚力;[1]为单位长度;U_{xo} 为泥石流底面相对静止坡面的滑动流速;其他符号同前。

3 意义

根据方程的验证分析,按颗粒散体重力流导出的阻力和运动方程较为符合黏性泥石流的阻力和运动规律。泥石流的物质组成和运动条件的差异很大,其运动碰撞摩擦阻力参数 α 的取值需要根据实验或原型观测数据才能确定。在周必凡的运动方程中具有底面滑动流速 U_{xo},这是根据固体沿坡面滑动的物理意义得出的,即在坡面上的任何固体,只要下滑力大于摩擦阻力便会沿坡面向下运动。这是泥石流的重要特征,也是其与液流的基本差别。

参考文献

[1] 周必凡. 黏性泥石流阻力和运动方程验证分析. 山地学报,1999,17(1):55−58.

[2] Bagnold R A. Experiments on a gravit_free dispersion of large solid spheres in a Newtonian fluid under shear,Proc. Roy. soc,London series A,1954,255,49−63.

[3] 田连权,吴积善,康志成,等. 泥石流侵蚀搬运与堆积. 成都:成都地图出版社,1993,91−92.

[4] 周必凡. 黏性泥石流力学模型与运动方程及验证. 中国科学(B辑),1995,25(2):196−203.

[5] 周必凡. 泥石流运动特征剖析//中国科学院,水利部成都山地灾害与环境研究所. 第二届全国泥石流学术会议论文集(1989,成都). 北京:科学出版社,1991,27−25.

物种三维空间的分布函数

1 背景

自生态学诞生之日起,植物分布及其与气候关系的研究就成为它的主要研究内容之一。20 世纪 70 年代以来,多元分析方法就在植物生态学中得到了广泛的应用,各地的物种分布资料有了相当多的积累,因而使物种空间分布的系统研究和总结成为可能[1]。为了能刻画物种的三维空间分布,生态学家试图用趋势面模型来表征。利用多元统计分析,并借助计算机作图软件,可将复杂的气候条件综合地反映在平面坐标图中,便于物种间气候生态位的比较。方精云[2]近年来一直在探索新的表达方法,以水青冈属植物为例,介绍有关研究方法。

2 公式

以往的物种分布图从未真正实现过三维分布,而实际上物种的分布是三维的。应用空间统计学方法,对我国山毛榉科(Fagaceae)全部物种(约 360 种)空间分布的研究表明,空间统计学或地统计学为物种三维空间分布的可视化提供了良好的手段。在空间分析的诸多方法中,广泛应用地质学理论和实践中的 Krige 方法提供一种无偏、最优的内插估计值,而其被认为是最精确、系统误差最小的一种空间内插方法[3]。它在进行空间分布数据内插时,不仅考虑了出现在该区域中的样本数据和在该区域外的邻近样本数据,同时还考虑观测值空间分布的结构特征。

Krige 方法的最核心内容是半变异函数[3]。

假设空间上某一随机变量在以向量 h 相隔的两点 x 和 $x+h$(h 称为滞后)上的取值分别为 $z(x)$ 和 $z(x+h)$,那么这两点上随机变量的半变异方差 $r(h)$ 为:

$$r(h) = [z(x) - u]^2 + [z(x+h) - u]^2 \tag{1}$$

式中,u 为随机变量在两点上取值的均值。由式(1)得到:

$$r(h) = \frac{1}{2}[z(x) - z(x+h)]^2 \tag{2}$$

如果空间上具有相同滞后 h 的观测值有 $N(h)$ 对,则其样本的半变异方差为:

$$r(h) = \frac{1}{2N(n)} \sum [z(x_i) - z(x_i + h)]^2 \tag{3}$$

191

根据式(3),由 $r(h)$ 和 h 可以绘制 $r(h)$ 随 h 增加的变化曲线,称为半变异函数曲线。

Krige 方法进行空间插值的原理是:设研究区域有任一点 x 和其观测值 $z(x)$,在该研究区域内共有 n 个样点,即 $x_1,x_2,\cdots,x_n$;那么,待估点 x_0 的估计值可由这几个样点的线性组合得到,即:

$$z(x_0) = \sum_{i=1}^n \lambda_i z(x_i) \tag{4}$$

式中,λ_i 是与观测值 $z(x_i)$ 有关的加权系数,用来表示各个样品值 $z(x_i)$ 对待估值 $z(x_0)$ 的贡献,由 Krige 方程组确定,即:

$$\sum_{i=1}^n \lambda_i \bar{r}(x_i,x_j) + \phi = \bar{r}(x_o,x_j) \quad i = 1,2,\cdots,n \tag{5}$$

式中,$\bar{r} = (x_i,x_j)$,表示样点为 x_i 和 x_j 时,求出的半变异函数的平均值;$r(x_0,x_i)$ 表示样点为 x_i 与待估点为 x_0 时,求出的半变异函数的平均值;ϕ 为拉格朗日乘子。

由式(5)确定加权系数,然后由式(4)进行内插估计。目前,不少空间分析软件(如 Geo – EAS 和 Surfer)都提供 Krige 内插功能。

3 意义

根据水青冈属的研究,应用多元统计分析方法和原理,借助计算机作图软件,实现了植物分布在综合气候因素中的直观表达,使不同物种的气候生态位的比较成为可能;应用空间统计学方法和原理,在计算机空间分析软件和作图功能的支持下,实现了植物三维空间分布的表达。根据此原理,利用 GEO – EAS 软件或 Surfer 软件就可以直观地表达物种的三维空间分布,并进行内插。其结果不仅反映物种的三维分布特征,还可以利用内插结果进行预测,为管理和利用植物资源提供依据。

参考文献

[1] Hill M O. Correspondence analysis:a neglected multivariate method. Appl. Stats. ,1974,23 :340 – 354.

[2] 方精云. 植物气候生态位及三维空间分布的图视化——以水青冈属为例. 山地学报,1999,17(1):34 – 39.

[3] 侯景儒. 地质统计学及其在矿产储量计算中的应用. 北京:地质出版社,1981,1 – 192.

土壤的抗蚀性模型

1 背景

我国南方林区经营杉木(Cunninghamia lanceolata)林的历史在 2 000 年以上,20 世纪 50 年代起许多学者注意到杉木林地力衰退问题,随着杉木林栽植范围不断扩大及连栽面积和代数不断增加,杉木人工林地力衰退问题愈来愈引起林学界的关注[1-2]。对不同栽杉代数杉木生长特点、生产力和营养元素生物循环以及对土壤和土壤微生物、生化特性、土壤腐殖质组成及特性进行研究[3],杨玉盛等[1]试图从土壤抗蚀性变化角度,揭示林木多代连栽后土壤变化状况。

2 公式

$$团聚状况 \geqslant 0.05(\text{mm})(微团聚体 - 机械组成)$$
$$团聚度 = (团聚状况)/[\ >0.05(\text{mm})微团聚体] \times 100\%$$
$$分散率 = [\ <0.05(\text{mm}),微团聚体]/[\ <0.05(\text{mm})机械组成] \times 100\%$$
$$EVA(受蚀性指数) = 分散率/[持水当量(\ WSA\ >0.5)]$$

式中,WSA > 0.5,表示大于 0.5 mm 水稳性团粒重量百分数;水稳性团聚体平均重量直径为:

$$E_{MWD}(\text{mm}) = \sum_{i=1}^{N} X_i \frac{W_i}{W_T}$$

式中,X_i 为第 i 级的平均直径,mm;W_i 为第 i 级的土壤重量,mg;W_T 为供试土壤的总重量,mg;结构体破坏率(%) $\geqslant 0.25$ mm 团粒(干筛 - 湿筛) >0.25 mm 团粒(干筛) $\times 100\%$。

土壤颗粒是构成土壤结构的主要组分,通过抵抗水分散的微团聚体与机械组成对比,是反映土壤抗蚀能力大小的主要指标之一。分析结果表明(表 1),杂木林改为杉木林(1 代)后,表层(0 ~ 20 cm)土壤小于 0.001 mm 黏粒含量有所减少,而大于 0.01 mm 的物理性砂粒含量却有明显增加趋势;随着栽杉代数增加,其变化趋势亦是如此。

在杂木林改为杉木林和杉木多代连栽后,由于土壤经过炼山、复垦等经营措施的反复干扰下,土壤有机质含量降低(表 2),土壤结构性能变差,较大粒径的水稳性团聚体减少,较小粒径的水稳性团聚体增加,土壤水稳性团聚体直径变小,团聚体所占比例减少,土壤团聚体稳定性减弱。

表 1 表层土壤颗粒分散特性

林分类型	土壤颗粒组成			团聚状况 /g·kg^{-1}	团聚度 /%	分散率 /%	E_{VA} /%
	<0.001 mm	>0.05 mm	>0.01 mm				
杂木林	82.5/383.0	444.4/133.1	608.4/213.9	311.3	70.5	64.09	2.27
杉木林1代	90.7/360.8	508.7/273.1	654.3/363.7	235.6	46.31	67.59	3.85
杉木林2代	90.2/344.8	525.3/314.8	677.1/417.4	210.5	40.07	69.28	5.82
杉木林3代	90.5/332.6	544.0/352.8	682.7/454.6	191.2	35.15	70.46	7.83
杉木林4代	91.5/301.8	579.6/408.4	693.8/483.7	171.2	29.54	71.06	8.79

表 2 表层土壤水稳性团聚体组成

林分类型	粒径 D/g·kg^{-1}					>0.25 mm 水稳性团聚体 /g·kg^{-1}	E_{MWD} /mm	>1 mm 水稳性团粒含量 /g·kg^{-1}	>0.5 mm 水稳性团粒含量 /g·kg^{-1}	结构体破坏率 /%	有机质含量/ g·kg^{-1}
	>5 mm	5~2 mm	2~1 mm	1~0.5 mm	0.5~0.25 mm						
杂木林	221.6/215.4	181.6/215.3	209.6/167.2	203.0/178.0	100.6/93.4	869.3	2.47	597.9	775.9	5.14	38.25
杉木林1代	317.0/221.5	234.3/183.1	178.8/144.4	108.5/174.3	52.6/84.9	808.1	2.35	549.0	723.2	9.32	30.59
杉木林2代	261.1/72.9	154.1/150.2	174.8/162.8	147.9/145.8	135.4/215.4	747.1	1.40	385.9	531.7	14.45	28.81
杉木林3代	293.2/63.0	184.8/93.2	193.2/129.6	135.2/145.1	104.8/297.7	728.6	1.12	285.8	430.9	20.04	25.84
杉木林4代	288.6/60.8	181.6/91.9	190.7/126.1	139.3/138.4	197.7/287.5	705.3	1.09	278.8	417.8	29.33	23.45

3 意义

根据标准地定位研究方法对杂木林及1代、2代、3代和4代杉木人工林土壤颗粒、土壤团聚体组成进行比较分析,杂木林受人为干扰少,土壤颗粒及土壤团聚体组成较好,抗蚀性最好;但1代、2代、3代和4代杉木人工林分别是在杂木林及前1代林的采伐迹地上经再度干扰建立起来的,土壤结构破坏率加大,土壤团聚体稳定性减小,因而随着杉木林取代杂木林及杉木连栽代数增加,土壤抗蚀性减弱。

参考文献

[1] 杨玉盛,陈光水,彭加才. 不同栽杉代数土壤抗蚀性的变化. 山地学报,1999,17(2):163-167.

[2] 俞新妥,张其水. 杉木连栽林地土壤生化特性及土壤肥力的研究. 福建林学院学报,1989,9(3):256-262.

[3] 杨玉盛,张任好,何宗明,等. 不同栽杉代数29年生林分生产力变化. 福建林学院学报,1998,18(3):202-206.

山地文化的经济公式

1 背景

山地是相对于平地的一种起伏崎岖的地貌类型和地理区域。由此而导致山地居民生存条件和生产方式的特殊性,长期作用的结果形成了独具特色的山地文化类型,进而影响了山地区域的经济发展。虽然山地类型多,分布广,不同区域不同类型也存在许多文化上的差异。但当我们将山地作为一个区域文化整体与平原比较时,山地也显示了一些共性文化特征。陈钊[1]通过公式分析了山地文化特性及其对山地区域经济发展的影响。其中最突出的特征是保守性、排他性和崇尚个性。与之相对应的是缺乏开放性、兼容性和崇尚集体性。

2 公式

图1是山地文化的形成机制示意。在此框架图中,土地的人口容量小(典型山区人口容量只及平原的 1/10 ~ 1/100)、人口密度低、居住分散,居民点规模小以及外界难达性是几个关键影响因素。

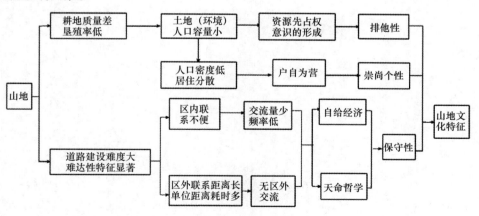

图1　山地文化特征形成机制

为进一步分析山地文化对非国有经济发展的影响,采用个体经济程度系数来衡量个体

195

工业相对发展状况,其计算公式为:

$$I_c = (I_p/C_p) \times 100\%$$

式中,I_c 为个体工业程度系数;I_p 为城乡个体工业产值;C_p 集体工业产值。

3　意义

通过分析山地文化的特性和形成机制,并从实例分析入手剖析了山地文化特性对山区经济发展的影响,提出了从改善山区文化入手促进山区经济发展的措施。根据山地文化的经济公式,要加强山区居民聚居点建设;加强文化、技术培训,有意识地向山区居民注入新思想,推进山区文化和思想意识转变;改善山区内外交通通信条件,改变山区的难达性和消除山区信息的闭塞性;利用山区的某些古老而有特色的地方文化和经济文化发展民俗旅游;合理、适度开发山区资源,增加山区经济自我发展能力,培养山区文化的开发性,打破山区的闭关自守。

参考文献

[1]　陈钊. 山地文化特性及其对山地区域经济发展的影响. 山地学报,1999,17(2):179 - 182.

铁路泥石流的预报模型

1 背景

泥石流具有暴发突然、成灾快的特点,对山区铁路的危害极大。新中国成立以来因泥石流造成的铁路破坏、线路车站淤埋等严重灾害事故 292 起,中断行车 7 500 h。因此,建立泥石流的预警体系,进行泥石流的判识、预报、警报的研究,具有重要的理论和现实意义。王韦等[1]通过技术档案、航卫片资料和现场调查等手段来搜集资料,应用专家调查法进行统计分析,选择最能反映泥石流沟谷状况的基本因素,并将其作为流域环境数据库的主要内容,从而建立铁路泥石流预报警报体系。

2 公式

山区铁路沿线沟谷相连,不可能也无必要对所有的沟谷进行治理,只能按其严重程度分轻重缓急进行防范和监控。因此,首要的工作是建立判识模型,对泥石流沟的严重程度进行评估。判识模型的核心采用谭炳炎建立的数量化综合评判方法[2],即:

$$N = \sum_{i=1}^{15} (r_i p_i) \tag{1}$$

式中,r_i,p_i 分别是第 i 项环境因素的权重及评分(表 1,其中 A,B,C,D 各等级的具体划分参见文献[2]);N 为泥石流沟综合评判量值。

泥石流组合预报参数 Y 由流域环境动态函数 M 和暴雨条件函数 R 确定[3],即:

$$Y = M \cdot R$$

其中:

$$R = k_1 \left(\frac{H_{24}}{H_{24D}} + \frac{H_1}{H_{1D}} + \frac{H_{1/6}}{H_{1/6D}} \right)$$
$$M = k_2 (N_1 + N_2 + N_3 + N_4) \tag{2}$$

式中,k_1 为前期降雨量修正系数,k_1 不小于 1;

H_{24}、H_1、$H_{1/6}$ 分别为 24 h、1 h 和 10 min 最大降雨量;H_{24D}、H_{1D}、$H_{1/6D}$ 分别为所预报地区可能发生泥石流的 24 h、1 h 和 10 min 限界雨量。

通过产汇流模型进行泥石流暴发规模计算。产汇流模型首先利用合理化公式进行清水洪峰流量的计算:

$$Q_{fp} = (1/3.6) \cdot f \cdot r \cdot A \qquad (3)$$

式中,f 为产流系数;r 为汇流时间内最大雨强;A 为流域面积。再由泥石流运动力学理论进行泥石流洪峰流量的计算[4]:

$$Q_{dp} = Q_{fp}\left[\frac{(\sigma - 1)(\mathrm{tg}\phi - J)}{(\sigma - \rho)(\mathrm{tg}\phi - J) - K_c\rho J} \cdot K_b\right] \qquad (4)$$

式中,σ 为泥石流固体颗粒密度;ρ 为泥石流浆体密度;ϕ 为固相内摩擦角;J 为沟床纵坡;K_c 为河槽弧石覆盖系数;K_b 为泥石流堵塞系数。

由于防治工程的存在,泥石流的暴发规模并不等同于破坏能力,应建立水力模型对防治工程的作用进行分析。

表 1　泥石流沟严重程度数量化评分表

序号	影响因数	r_i	p_i			
			A	B	C	D
1	水土流失程度	0.159	21	16	12	1
2	泥沙沿程补给比	0.118	16	12	8	1
3	沟口情况	0.108	14	11	7	1
4	河沟纵坡	0.090	12	9	6	1
5	区域构造	0.075	9	7	5	1
6	流域植被	0.067	9	7	5	1
7	河沟近期变幅	0.062	8	6	4	1
8	岩性	0.054	6	5	4	1
9	松散物贮量	0.054	6	5	4	1
10	山坡坡度	0.045	6	5	4	1
11	产沙区沟槽横断面	0.036	5	4	3	1
12	产沙区松散物厚度	0.036	5	4	3	1
13	流域面积	0.036	5	4	3	1
14	流域相对高差	0.030	4	3	2	1
15	河沟堵塞程度	0.030	4	3	2	1

拦沙坝的主要作用是蓄沙削洪,通过拦沙坝下泄的泥石流洪峰为 Q'_{dp}[3]:

$$Q'_{dp} = (1 - \eta C)Q_{dp} \qquad (5)$$

式中,η 为拦沙坝的拦沙比;C 为泥石流浓度。

排导沟将动床改为定床,从而可以提高泥石流流速,降低泥石流流深。排导沟内流深 h' 与原河床上流深 h 的关系为:

$$h' = (I_m/I_f)^{2/5}h \qquad (6)$$

式中,I_m,I_f分别为动床和定床的泥石流流速系数。泥石流是否造成危害既取决于泥石流的成灾能力,又取决于泄洪工程的抗灾能力。抗灾能力主要反映在桥涵的最大过流能力$Q_c^{[4]}$。

$$Q_c = (1/a)m_c R_c^{2/3} I^{1/2} A_c \tag{7}$$

式中,α为阻力系数;m_c为流量系数;I为桥涵底坡;A_c、R_c分别为桥涵有效过流断面面积和水力半径。由抗灾能力和成灾能力之间的关系,即可建立警报模型。令$k = Q_c / Q'_{dp}$,按目前铁路桥涵泥石流危害程度等级要求,可由2级阈值(1.35,1.00)给出3等泄洪工程安全等级:安全$K \geqslant 1.35$;有危险$1 \leqslant K < 1.35$和很危险$K < 1$。一般认为,K值越小,泥石流成灾的可能性越大,并据此和现场情况分别制订相应的防洪、抢险或救灾措施。泥石流预警体系的结构由图1所示。

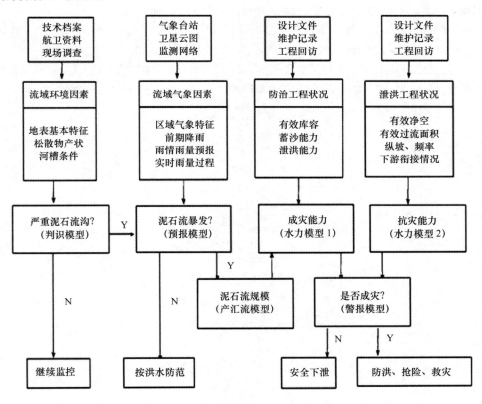

图1　铁路泥石流预警体系

3 意义

根据对铁路泥石流预报警报体系的构成和功能的简单介绍,在归纳分析资料采集内容和途径的基础上,总结并完善了评估泥石流沟严重程度的判识模型、泥石流暴发可能性的预报模型和铁路建筑物是否成灾的警报模型,并用实测资料对其进行了验证。在 GIS 和 Visual Foxpro 的支持下,该体系正在成昆铁路示范路段(乌斯河—甘洛)内试行。随着示范路段内硬件设施—监测网络的进一步完善,该体系作为防灾软件必将发挥它应有的作用并得到进一步的完善和充实。

参考文献

[1] 王韦,许唯临,谭炳炎. 铁路泥石流预报警报体系. 山地学报,1999,17(2);183 – 187.

[2] 谭炳炎. 泥石流沟严重程度的数量化综合评判. 铁道学报,1986,(2).

[3] 王韦,陈正林,沈寿长. 铁路泥石流泄洪工程风险分析∥城市与工程减灾基础研究论文集编辑委员会. 城市与工程减灾基础研究论文集(1995). 北京:中国科学技术出版社,1996. 203 – 208.

[4] 王韦,陈正林,沈寿长,等. 铁路示范路段泥石流灾害分析系统∥城市与工程减灾基础研究论文集编辑委员会. 城市与工程减灾基础研究论文集(1996). 北京:中国科学技术出版社,1997. 232 – 236.

边坡稳定性的可靠度模型

1 背景

传统边坡稳定性分析多采用安全系数法,该方法计算简便、直观,广泛应用于边坡的分析和设计,但其缺点是无法反映介质特性、孔隙水压力和荷载的不确定性[1]。考虑介质特性的不确定性、地下水压力的变动、模型误差和试验误差等,合理的边坡稳定性分析应基于概率方法的可靠性分析。以 Hasofer – Lind 可靠度指标的几何方法进行边坡系统的稳定性分析。

2 公式

2.1 边坡破坏概率与安全系数

如图 1,按极限平衡理论,边坡安全系数为:

$$F = W\cos \alpha f + lc/W\sin \alpha \tag{1}$$

式中,F 为安全系数;f 为滑面内摩擦系数;c 为滑面内聚力;L,α 分别为滑面长度和倾角;W 为边坡单宽质量。

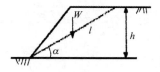

图 1　边坡分析示意图

边坡的状态是受多种因素控制的,如土体容重 γ、强度 c 和 f、地下水压力 u 和外部荷载 q 等,它们具有不确定性,是随机变量,状态函数表达为:

$$Z = g(x) = g(\gamma, c, f, u, q\cdots\cdots) \tag{2}$$

根据破坏概率定义有:

$$P_f = \Pr[g(x) < 0] = \Pr\left[\frac{g(x) - \mu_g}{\sigma_g} < \frac{\mu_g}{\sigma_g}\right] = \Pr(Z' < -\beta) = \Phi(-\beta) \tag{3}$$

式中,P_f 为边坡破坏概率;μ_g 为 $g(x)$ 的均值;σ_g 为 $g(x)$ 的方差;β 为可靠度指标;Φ 为准正态函数;$Z' = g(x) - \mu_g/\sigma_g$。式(3)中 Φ 是个累积函数,即 P_f 与 β 属一一对应关系,β 的大

小,反映了边坡危险度大小,而 β 的表达方式,是由状态函数 $g(x)$ 的构造方式决定的。以边坡抗滑力 R 和下滑力 S 表达的安全储备、安全系数和对数安全系数[2],构造 $g(x)$ 并由此得到 β 与边坡安全系数 F 的关系(表1)。

表1　不同表达形式的 $g(x)$ 和 β

$g(x)$	β
$R-S$	$F-1/\sqrt{F^2\delta_R^2+\delta^2}$
R/S	$F-1/F\sqrt{\delta_R^2+\delta_S^2}$
$\ln R/S$	$\ln F/\sqrt{\delta_R^2+\delta_S^2}$

从表1可以看出,$g(x)$ 的三种构造形式,得到的是边坡可靠度指标 β 不同的表达方式,即对于给定不同的 δR、δS 和 F 值,β 是可变的。图2说明边坡可靠度指标与安全系数多值对应的关系,尤其 F 大于1.2时,β 的多值性质和 P_f 值的发散偏移越来越明显。假定抗剪强度 c、f 为相对独立并服从标准正态分布的变量,F 为中值安全系数,σ_f 和 σ_c 以及 δ_f 和 δ_c 分别为 f、c 的标准差和变异系数,很明显,F 所表征的是边坡处于一定的稳定范围,而非危险状态。

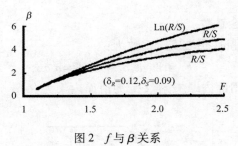

图2　f 与 β 关系

2.2　边坡可靠度指标的几何方法

通过以上 $g(x)$、β、P_f、F 及其间关系的论述可以看出,可靠度指标 β 代表的是边坡破坏概率·P_f,即危险程度,数学上将其定义为:

$$\beta = \mu_g/\sigma_g \tag{4}$$

β 的求解,多采用一次二阶矩法,即将边坡状态函数 $g(x)$ 表达式按 Taylor 级数展开,使其成为 x 的线性函数,即保留一次项的近似方法,该方法以确定性模型为算法基础,难免存在可靠度指标表达方式的差异和分析模型的误差。

可靠度指标的几何解释,据 Hasofer 和 Lind,可靠度指标为随机变量均值点至破坏区域的距离[3],随机变量的空间解释如图3所示,其中 μ_1、σ_1 和 μ_2、σ_2 分别为随机变量 X_1、X_2 的均值和标准差,在 X 空间中,有:

$$\beta = [R(\theta)/r(\theta)] \tag{5}$$

上式反映了随机变量 X 的斜交关系,其性质由 σ_1、σ_2 决定。根据 Hasofer – Lind 可靠度指标的要求,可通过空间单位圆(球)方法,对 X 做正交变换,转换为正交空间 Y(图 3),并满足:

$$\mu_g(Y) = 0, \quad \sigma_g(Y) = 0, \quad Cov[g(Y)_i, g(Y)_j] = 0 \tag{6}$$

这样一来,对 β 的确定转化到空间距离的求解上。

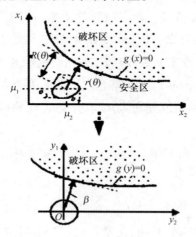

图 3 可靠度指标的几何解释

对于多变量的边坡问题,图 3 极限状态面可以认为是个超平面,通过 $(x_1, x_2, \cdots, x_n) \rightarrow Y(y_1, y_2, \cdots, y_n)$ 正交变换,使得 $y_1, y_2, \cdots, y_n$ 具有零均值和相互独立的属性,此时,Y 空间原点到极限状态面切平面的最小距离即为可靠度指标设计值 β_d,相应的边坡破坏概率设计值 $P_{f\max}$ 为:

$$P_{f\max} = \Phi(-\beta_d) \tag{7}$$

2.3 几何空间的可靠度指标

如图 3 所示,为了实现 X 空间→Y 空间变换,引入:

$$y_1 = x_1 - \mu_1/\sigma_1, \quad y_2 = x_2 - \mu_2/\sigma_1 \tag{8}$$

y_1、y_2 为互不相关的随机变量,假设极限状态面上存在一点 $Y(y_1, y_2)^*$,据式(5),可靠度指标以距离表达为:

$$\beta = \sqrt{y_{1*}^2 + y_{2*}^2} = \sqrt{\left(\frac{x_1 - \mu_1}{\sigma_1}\right)^{2*} + \left(\frac{x_2 - \mu_2}{\sigma_2}\right)^{2*}} \tag{9}$$

不难看出,式(9)实际上为一中心位于 (μ_1, μ_2)、长短轴分别为 $\beta\sigma_1$、$\beta\sigma_2$ 的椭圆。同样对有 m 个变量的边坡问题,式(9)可扩展为 m 维空间椭球体,这时边坡可靠度指标设计值 β_d 为:

$$\beta_d = \min_k \left[\sum_{i=1}^{m} \left(\frac{x_{ik} - \mu_{ik}}{\sigma_{ik}}\right)^2\right]^{1/2} \tag{10}$$

由此也可以看出,在原始 m 维空间中,β_d 是以方差为单位的均值点至极限状态面的最小距离,如果做变换,使得 σ_{ik} 为 1,就成为习惯上的距离。

2.4　变量相关的可靠度指标

式(10)代表了边坡分析和设计中可靠度指标的普遍含义。在对 β_d 确定过程中,μ_i 和 σ_i 很容易从样本参数估计中获得,但 $x_i(i=1,2,\cdots,m)$ 的获得须取决于状态函数 $g(x)$,若据此,问题就回到对 $g(x)$ 的极值或一次二阶矩法上来,而同一边坡,$g(x)$ 的构造形式可以有好几种,且计算过程也较为复杂。因此,使 β_d 存在的问题上,不必要在 $g(x)$ 上寻求(x_1,$x_2,\cdots,x_n$)* 点,而直接从样本方案上寻找与 β_d 相匹配的距离关系。

为此,引入马氏(Mahalanobis)距离概念[4]:设有两个相同协方差矩阵的正态母体 $N(\mu\mu_n,S_n)$,$n=1,2$,变量 x_i 期望值分别为 μ_{i1}、μ_{i2};变量 x_j 期望值分别为 μ_{j1}、μ_{j2},则两个母体期望值间的距离为:

$$d_1 = \mu_{i1} - \mu_{i2}, \quad d_2 = \mu_{j1} - \mu_{j2}$$

将两母体的马氏距离定义为:

$$D^2 = \sum_{i,j=1}^{m} d_j s_{ij} d_j \tag{11}$$

式中,s_{ij} 为协方差矩阵 S 的逆矩阵 S^{-1} 的元素。式(11)给出的是两个正态母体变量相关时的距离,如果变量相互独立,则式(11)可简化为:

$$D^2 = \left(\sum_{i,j=1}^{m} \frac{d_i^2}{\sigma_i^2} \right)^{\frac{1}{2}} \tag{12}$$

很明显,式(12)与式(10)是相同的,式(11)实际上为变量相关时可靠度指标的表达式。因此,据数学原理[4],在未知 $g(x)$ 的期望值和方差的情况下,采用样本参数估计值,可靠度指标设计值 β_d 可表达为:

$$\beta_d = \min_{x \in R} \left[(X - M_x)^T \cdot S^{-1} \cdot (X - M_x) \right]^{1/2} \tag{13}$$

式(13)中,X 为基本变量矩阵;M_x 为基本变量均值阵;$(X - M_x)T$ 为二者的转置矩阵;R 为表示基本变量点 X 所处的破坏区域。并据变量 X_i 服从正态分布 $N(\mu_i,\sigma_i)$,对式(13)做标准化变换,有:

$$\beta_d = \min_{x \in R} \left[\left(\frac{x_i - \mu_i}{\sigma_i} \right)^T \cdot R^{-1} \cdot \left(\frac{x_i - \mu_i}{\sigma_i} \right) \right]^{1/2} \tag{14}$$

式(14)中 R^{-1} 为基本变量相关系数阵的逆矩阵。

式(14)是变量相关时基于 Hasofer - Lind 可靠度指标的马氏距离表达式;可靠度指标设计值 β_d 由椭球体距离方程式(9)确定,即认为样本点大都落入破坏区域时,β_d 椭球体中心为至该区域边界的最小距离。对于多变量的边坡问题,变量间的相关是客观存在的;而基本变量的试验值或反演值的选取,也常于极限平衡状态下进行的;尤其要指出的是,式(14)不仅可反映所有影响边坡的因素的相关性,也可反映变量的随机性,加之计算较为简便,因此有较广阔的应用前景。

3 意义

通过边坡破坏概率与安全系数的比较分析,提出基于概率方法的可靠性分析的必要性;同时从边坡可靠度指标 β 的几何定义出发,建立马氏距离表达式,并对其结果的可行性进行了验证。从分析模型精确、简洁和计算方便的角度,以影响边坡安全的各种因素为系统,寻找其可靠度指标设计值,即最大破坏概率。通过实例分析,结果较为合理,而对其应用于边坡工程设计方面的有效性问题,还有待进一步的工作。

参考文献

[1] 林立相,徐汉斌. 边坡稳定性分析的可靠度方法. 山地学报,1999,17(2):235 – 239.

[2] 祝玉学. 边坡可靠性分析. 北京:冶金工业出版社,1993. 40 – 47.

[3] Hasofer A M, Lind N C. Exact and Invariant Second_moment Code Format, J. Engrg. Mech. Div., ASCE, 1974, Vol. 100:111 – 121.

[4] 於崇文. 数学地质的方法与应用. 北京:冶金工业出版社,1980. 117 – 126.

等高植物篱的带间距公式

1 背景

坡地等高植物篱是当前坡地农林复合经营的最重要应用方式之一,其主要形式是在坡面沿等高线布设密植的灌木或灌化乔木、灌草结合的植物篱带,带间布置作物[1]。合适的等高植物篱带间距、带内结构能使植物篱有效地拦蓄沙土,又有利于水流渗透而不对植物篱形成的土坎造成破坏,同时获得最大的坡面利用空间。其中又以带间距最为重要,因为带间距很大程度上决定了坡面利用空间结构,因而决定了系统的土地利用效率。针对我国南方湿润山区的特点,以三峡库区紫色土坡地为例,对坡地等高植物篱系统合适带间距做了初步探讨,以期为等高植物篱技术推广提供理论参考。

2 公式

常见的简化最大带间距设计理论公式[2]为:

$$L = 4H/\sin 2\alpha$$

式中,H 为坡地土层平均厚度。公式的理论前提是植物篱可拦截全部带间泥沙并最终形成水平梯田(图1)。

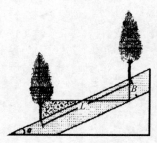

图 1   公式 $L = 4H/\sin 2\alpha$ 计算示意图

2.1 耕作要求

等高植物篱技术推广应用地区多为以手工农具劳动为主的欠发达地区,一般耕作要求水平带间距在 1.5 m(垂直于篱带作业时手工农具挥动幅度)以上。因而耕作要求最小带间距(m)：

$$L_T = 1.5/\cos a \tag{1}$$

2.2 根系竞争

等高植物篱选用的灌木树种根系发达，固土能力强，植物篱与带间作物对水、肥的竞争和根际分泌物的影响主要决定于植物篱根系的影响范围。若无实验资料，可考虑根系胁地水平宽度(m)：

$$W_R \geq D_R/2\cos a \tag{2}$$

2.3 光照要求

等高植物篱长成后形成篱墙，其遮阴可能严重影响带间作物光合作用。当阳光迎坡照射(树篱投影在上坡)时，三角关系如图2所示。图中 H 为由修剪经常保持的平均树高 (m)，WS、c 均为投影带坡面宽度，h 为太阳高度角，α 为坡度，a 为投影带外缘垂直高度，b 为投影带水平宽度，d 为某株植物篱顶端的坡面投影点与其基部的水平距离，β 为该株植物篱(设为垂直)水平面投影线与坡面投影线的夹角，γ 为坡面等高线与太阳入射线在水平面上投影线的夹角($\gamma = |D - D_C5|$)。D 为太阳方位角，计算见式(6)、式(7)，DC 为等高线的方位角。由图2可有：

$$b = d\sin\gamma = a/\text{tg}\alpha, \text{tg}\beta = a/d = \text{tg}a\sin\gamma \tag{3}$$

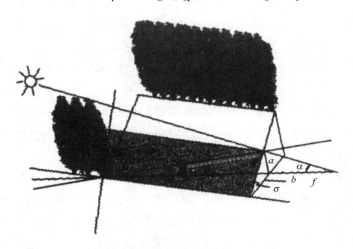

图2 阳光迎坡照射时的植物篱遮阴带

而：

$$\alpha/H = f/(f + d) = \text{ctg}h/(\text{ctg}h + \text{ctg}\beta), a = H\text{ctg}h/(\text{ctg}h + \text{ctg}\beta) \tag{4}$$

则等高植物篱投影带宽度：

$$W_S = C = a/\sin a = H\text{ctg}h/(\text{ctg}h + \text{ctg}\beta)\sin a \tag{5}$$

太阳高度角 h 和方位角 D 有[3]：

$$sinh = sin\varphi\phi sin \delta + cos \varphi cos \delta cos \omega \tag{6}$$

$$sin D = cos \delta sin \omega / cos h \tag{7}$$

式中,φ 为当地纬度;δ 为太阳赤纬,可由天文年历查到或按距春秋分的日期估算;ω 为太阳时角,可按时间计算(每小时 15°)。同样可推算出阳光背坡照射(树篱投影在下坡,图 3)时的等高植物篱投影带宽度。

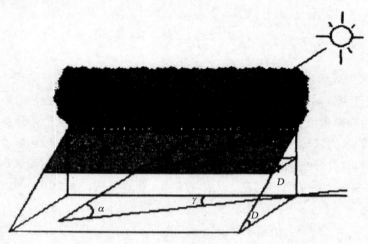

图 3   阳光背坡照射的植物篱遮阴带

$$W_s = a/sin a = Htg\beta tgh/(1 - tg\beta tgh)sina \tag{8}$$

$$tg\beta = tgasin\gamma \tag{9}$$

依据式(4)~式(9)可以计算出任何时候的植物篱投影带宽度。对于阳坡,阳光以迎坡照射为主,植物篱遮阴带宽度一般小于阴坡,应该考虑植物篱带的最大遮阴带宽度对冬季作物的影响。

2.4   土地利用效率

土地利用效率可以用单位面积坡地的净产出(这里不考虑侵蚀的外部影响)来衡量。植物篱在与带间作物对水分、养分、阳光的竞争中处于强势,带间距越小,植物篱胁地效应越强,带间作物产量越低。若带间距为 L,植物篱带平均宽度 W_H,带内植物篱胁地宽度总长为 L_C,则对单位面积的坡地在某一要求的规划期限内,应有的土地利用效率为:

$$E_{LU} = \sum \{[(L - L_C) + L_C(1 - K)]Y_C P_C/(L + W_H) + W_H Y_H P_H/(L + W_H) -$$

$$I_C L/(L + W_H) - I_H W_H/(L + W_H)\}$$

$$\geq \sum (O_E - I_E) \tag{10}$$

式中,Y_C 为无胁地时带内作物平均单产;K 为胁地范围平均减产率(一般超过 50%);P_C 为作物收获产品价格;Y_H 为植物篱年均剪枝量;P_H 为植物篱作为绿肥、饲料或造纸等的相应单价;I_C 及 I_H 分别为单位面积作物及植物篱的年平均总投入(含初始投入的折算值);O_E 及 I_E 分别为单位面积同等条件坡地上应用工程措施(可以梯田为代表)的农地年平均总投入与产出,可依当地田间工程的设计规范测算。

从式(10)可看出,当其他各项确定(Y_C、Y_H 等在 L 变化不大时可视为稳定)时,E_{LU} 取决于 L 与 L_C 的比例。若能确定 L_C,则可计算出满足式(1)的最小 L 值(最小带间距 $L_{\min}$)。而 L_C 不小于 $2W_R$(当 $W_R > W_S$)或 $W_R + W_S$(当 $W_R < W_S$)。即植物篱与作物竞争造成的胁地宽度主要与植物篱的根系及树篱遮阴影响有关。

2.5 最大带间距设计主要依据细沟侵蚀产生的临界坡长

细沟侵蚀的产生取决于坡面水流的侵蚀能力与土壤的抗蚀能力。最近的研究常用剪切流速来衡量前者[4],用土壤的抗剪力或饱和黏滞力等易于测定的指标来衡量后者。对于非高黏粒含量的多数土壤,Rauws 给出经验公式[5]为:

$$v' = (0.89 + 0.000\,56C)/100 \tag{11}$$

式中,v' 为细沟侵蚀发生时的坡面水流临界有效剪切流速,m/s;C 为土壤的饱和(表观)黏结力,Pa。在坡面较平直、表层土壤质地较均一时,v' 近似可用剪切流速 v 代替。坡面水流剪切流速有:

$$v = (ghs)^{1/2} \tag{12}$$

式中,g 为重力加速度,m/s^2;h 为水流的水力半径,m;对于薄层水流,即径流深度,m;s 为坡降(即水力梯度)。

此时,篱带间在距上篱 L 处的坡面水流单宽流量 q 近似地等于上篱至该处的超渗流量(一般植物篱长成后在 $1 \sim 3$ a 左右即可由拦截阻滞的土壤形成 10 数厘米到数十厘米的篱坎,能够拦截绝大部分径流,使之渗入坡面,见图4),即:

$$q = \int_{L_o}^{L} k_f I_{30}\,\mathrm{d}L = k_f I_{30} L$$

式中,k_f 为超渗比率,可视为相同条件下裸地的径流系数,坡面表土入渗率很低或其下有犁底层时可取 1;I_{30} 为最大 30 min 雨强(换算成 m/s),由于考虑大雨强下的侵蚀情况,可以根据当地多年气象资料统计出大于 95% 的降雨的 I_{30} 值。坡面稳定层流有:$q = hu$,u 为平均流速,可用满宁公式 $u = h^{2/3}s^{1/2}n$ 计算。则 $h = q/u = n\,k_f\cos\alpha I_{30}L/h^{2/3}s^{1/2}$,整理得:

$$h = (nk_f\cos aI_{30}L)^{3/5}/S^{3/10} \tag{13}$$

当细沟产生时,将式(13)代入式(12),可得 $v = g^{1/2}(nf_k\cos\alpha I_{30}L)^{3/10}s^{7/20}$,则植物篱带间细沟产生的临界为:

$$L_{Cr} = g^{-5/3}V^{10/3}(nk_f\cos aI_{30})^{-1}s^{-7/6} \tag{14}$$

式中,n 为满宁糙率(表1)。

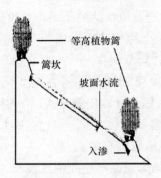

图4　坡面水流剪切流速计算示意图

表1　满宁糙率参考值

土壤质地	坡面状况	满宁糙率 n
黏土	平直裸露	0.013
黏土	平整裸露	0.016
黏土	平整、有结皮	0.018
黏壤土	比较平整	0.02
壤土	较平整、少杂草	0.022 5
沙土	较平整、略有杂草	0.025
粗沙土	较平整、略有杂草	0.03

3　意义

　　针对南方湿润山区易受侵蚀的特点,以三峡库区紫色土为例,从防止细沟的侵蚀、树篱与带间作物的竞争、坡地的土地利用率等基本方面探讨了等高植物篱的适合带间距,并推导了可实际应用的估算公式。然而此公式尚未考虑不同带间距对土壤细粒流失、坡面水流对篱坎冲刷力的影响,对坡面有机农药、化肥等造成的化学径流的拦截作用,在风灾危害地区的防风作用和常年风向对降雨侵蚀力的影响,对等高植物篱系统内小气候及病虫害发生环境的影响,等等。这些因素具有鲜明的区域和个体特点,还需要进行进一步具体研究。

参考文献

[1]　许峰,蔡强国,吴淑安.等高植物篱在南方湿润山区坡地的应用——以三峡库区紫色土坡地为例.
　　　山地学报,1999,17(3):193－199.

［2］ 施迅. 坡地改良利用中活篱笆的种类选择和水平空间结构初步研究. 生态农业研究,1995,3(2):
49－53.

［3］ 陈世训,陈创实. 气象学. 北京:农业出版社,1981. 117－121.

［4］ Govers L G. Selectivity and transport capacity of thin flows in elation to rill erosion. CATENA,1985,12
(1):35－49.

［5］ Rauws G,Gover G. Hydrologic and soil mechanical aspects of rill generation on agriculture soils. The Jour-
nal of Soil Science,1988,39(1):111－124.

排导槽的横断面函数

1 背景

排导槽工程在 20 世纪 70 年代以前,基本上是按一般洪水规律,根据流量、流速、地形条件进行设计,横断面多为传统式的平底梯形或矩形导槽,具有槽宽、槽浅、槽底平的特点[1]。工程实践中表明这种排导槽在排泄洪水和挟沙水流效果十分显著,而在排泄泥石流时则效果较差,常出现淤积、堵塞、淤埋等现象[2]。排导槽的横断面是设计中的重要参数,选择合理的过流断面,使排导槽具有最佳的排泄能力,是需要迫切解决的问题。游勇[1]结合相关公式对此问题展开了探讨。

2 公式

设 L_1、L_2 为过流断面的两个特征长度,$\beta = L_1/L_2$。不同断面形状可以选择不同结构尺寸参数作为特征长度。过流断面面积 A 和湿周 X 可表示成 β 和 L_1 的函数:

$$A = f(\beta, L_1) , \quad X = g(\beta, L_1) \tag{1}$$

最佳水力断面条件为 $\begin{cases} A = 常数 \\ X = 最小值 \end{cases}$,或 $\begin{cases} Q = 常数 \\ A = 最小值 \end{cases}$ 即:

$$\frac{dL_1}{d\beta} = 0, \frac{dX}{d\beta} = \frac{\partial X}{\partial \beta} + \frac{\partial X}{\partial L_1}\frac{dL_1}{d\beta} = 0 \tag{2}$$

由条件(2)可求得最佳水力断面应满足的 β 值。

考虑三角形复式排导槽最佳水力条件,三角形复式排导槽过流断面和尺寸如图 1 所示,m 为边坡系数,过流断面面积和湿周为:

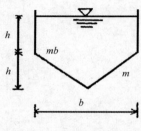

图 1 三角形复式断面

$$A = 2mh_1h_2 + mh_2^2, \quad X = 2h_1 + 2h_2\sqrt{1 + m^2}$$

令 $\beta = h_1/h_2$，由条件(2)得：

$$\beta = \sqrt{1 + m^2} - 1 \tag{3}$$

可见，三角形复式水力最佳断面仅与系数 m 有关。

三角形排导槽最佳水力条件

三角形排导槽过流断面如图2所示，过流断面水力要素为：

$$A = \frac{1}{2}bh, \quad X = 2\sqrt{\frac{b^2}{4} + h^2} \tag{4}$$

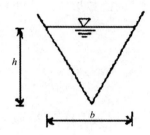

图2　三角形断面

令 $\beta = b/h$，得最佳水力条件为 $\beta = 2$ 或 $b = 2h$。

梯形排导槽最佳水力断面条件

梯形排导槽过水断面和尺寸如图3所示，其水力要素为：

$$A = (b + mh)h, \quad X = b + 2h\sqrt{1 + m^2} \tag{5}$$

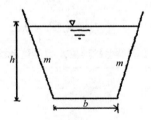

图3　梯形断面

令 $\beta = b/h$，得 $\beta = 2\sqrt{1 + m^2} - 2m$，可知，梯形水力最佳断面的 β 仅与边坡系数有关。

矩形排导槽最佳水力条件

矩形排导槽过流断面和尺寸如图4所示，若：

$$A = bh, \quad X = b + 2h \tag{6}$$

在梯形断面中取 $m = 0$ 即为矩形断面。可得 $\beta = 2$，即 $b = 2h$。

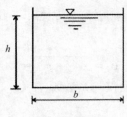

图 4 矩形断面

考虑水力最佳断面比较,为比较的方便,将梯形、矩形、三角形、三角形复式排导槽的最佳水力断面面积和湿周写成 $nQ/I^{1/2}$ 的函数形式。此处采用普通泥石流流量公式:$Q = AC$ $RI = I^{1/2}A^{5/3}/nx^{2/3}$,以下令 $\phi = (2nQ/I^{1/2})^{3/8}$。

梯形断面:

$$A_0 = 2^{-1/4}(2 + \sqrt{1 + m^2} - m)^{1/4}\phi^2, \quad X_0 = 2^{7/8}(2 + \sqrt{1 + m^2} - m)^{3/8}\phi \qquad (7)$$

矩形断面:

$$A_0 = \phi^2, \quad X_0 = 2^{2/3}\phi \qquad (8)$$

三角形断面:

$$A_0 = \phi^2, \quad X_0 = 2^{2/3}\phi \qquad (9)$$

三角形复式断面:

$$A_0 = 2^{-1/4}(2 + \sqrt{1 + m^2} - m)^{1/4}m^{-1/4}\phi^2, \quad X_0 = 2^{7/8}(2 + \sqrt{1 + m^2} - m)^{5/8}m^{-5/8}\phi \quad (10)$$

比较结果:

不同类型排导槽水力最佳断面相应的水力要素(见表1)以及水力半径 R_0 均可表示为:

$$A_0 = N\left(\frac{nQ}{\sqrt{I}}\right)^{\frac{3}{4}}, \quad X_o = M\left(\frac{nQ}{\sqrt{I}}\right)^{\frac{3}{8}}, \quad R_o = K\left(\frac{nQ}{\sqrt{I}}\right)^{\frac{3}{8}} \qquad (11)$$

表 1 不同类型排导槽水力最佳断面的比较

序号	断面形状	系数		
		N	M	K
1	梯形排导槽 $0 < m \leqslant \frac{4}{3}$	1.622~118	3.353~3.668	0.459~0.484
2	三角形复式排导槽 $m \geqslant \frac{4}{3}$	≤1.682	≤3.668	≥0.459
3	短形排导槽 $m = 0$	1.682	3.668	0.459
4	梯形排导槽 $m > \frac{4}{3}$	>1.682	>3.668	<0.459
5	三角形复式排导槽 $m < \frac{4}{3}$	>1.682	>3.668	<0.459
6	三角形排导槽	1.682	3.668	0.459
7	三角形复式常用断面 $3.33 < m < 10$	1.635~1.663	3.419~3.564	0.478~0.467

3 意义

根据所导出三角形复式排导槽的最佳水力断面,对梯形、矩形、三角形排导槽优化断面 $\beta = \sqrt{1 + m^2} - 1$ 进行了比较,研究结果对规划设计有很强的适用性。常用三角形复式断面的 m 值一般在 3. 33 ~ 10 之间,相应优化断面的 N 值在 1. 635 ~ 1. 663,显然此时的三角形复式断面积比矩形断面面积小,三角形复式断面较矩形断面优越。

参考文献

[1] 游勇. 泥石流排导槽水力最佳断面. 山地学报,1999,17(2):255 – 258.

[2] 成都科技大学水力学教研室组. 水力学(上册). 北京:人民教育出版社,1979. 249 – 251.

坡面泥沙的输移模型

1 背景

坡面侵蚀问题因其与人类的密切关系而愈来愈为世界各国关注,国外学者曾将裸露山坡上的土壤侵蚀过程分为两个阶段:颗粒分离和分离颗粒被地表径流的搬运。岩石风化是产生颗粒分离的最主要来源[1]。由于坡面上泥沙堆积体基本成离散分布,且泥沙颗粒间的孔隙多互相连接,当坡面形成径流时,水流可在其间渗透通过,并夹带泥沙颗粒输移。一般认为底床坡度、水流条件和颗粒级配是决定泥沙输移的主要因素。为了探索坡面泥沙输移的机理,研究从最简单的模型入手,逐级深入研究。

2 公式

以非均匀沙系统的研究为基础,取泥沙非均匀系数:

$$\varphi = \sqrt{d_{75}/d_{25}} > 2.55$$

实验用沙特征值及结果见表1和表2。

表1 实验泥沙颗粒级配统计表

编号	各粒径(mm)的级配数/%																非均匀系数
	0.2	0.4	0.6	0.9	1.25	2	2.5	3	4	5	7	10	15	20	30	40	$\varphi = \sqrt{d_{75}d_{25}}$
I	0	7.7	15.4	23.1	30.8	38.5	46.2	53.9	61.6	69.3	77.0	84.7	92.9	100			2.55
II	0	11	20	27	34	43	48	52	58	66	75	84	97	100			2.96
III	0	9	22	30	35	44	49	51	60	65	72	82	91	96	98.5	100	3.50
IV	0	10	25	30	35	45	49	51	55	60	64	70	75	100			5.00

表2 实验结果统计表

泥沙组号	系数 φ	样本容量	均值 $E(x)$/%	标准差 $D(x)$	变差系数 Cy	大于均值概率/%	用 x^2 检验,在水平0.05下对样本正态分布检验
I	2.55	61	10.80	6.97	0.645	37.7	
II	2.96	64	9.00	6.49	0.721	32.8	拒绝样本来自正态分布总体的假设
III	3.50	58	10.92	6.88	0.630	32.8	
IV	5.00	54	8.95	7.46	0.834	27.8	

利用标度不变性理论[2]可认为沙堆流沙量在统计意义上具有无规分形的特性,以李后强和汪富泉[3]提出的在重对数轴上标绘 $N(>X)$ 与 X 数值之间的经验关系,用最小二乘法拟合出一条直线,可用下式表示:

$$\ln N(>X) = A - D\ln X \tag{1}$$

式中,A 为系数;D 为所求分维数,由表 3 可知,沙堆流沙量的分维数统计平均为 1.65。

表 3 回归分析结果

泥沙组编号	非均匀系数 φ	回归方程(在 $\alpha=0.01$ 水平上显著)
I	2.55	$\ln N(>X) = 6.58 - 1.57\ln X$
II	2.96	$\ln N(>X) = 6.06 - 1.64\ln X$
III	3.50	$\ln N(>X) = 6.87 - 1.71\ln X$
IV	5.00	$\ln N(>X) = 6.24 - 1.69\ln X$

3 意义

根据坡面泥沙输移现象的分析,以室内沙堆模型实验量化其输沙特征,得出其在空间上具有自相似分形的动力学过程,从理论上应用水动力学弥散特性。利用概化实验研究坡面非均匀沙输移机理,认为沙堆流沙量具有统计意义上的分形特征,对坡面非均匀沙输移机理有了进一步的了解。利用纵向弥散度可以更好地解释非均匀沙堆流沙量的统计特征,沙堆流沙量服从无规分形正是非均匀介质的弥散度具有分形特征的外在表现。

参考文献

[1] 王协康,方铎,曹叔尤,等. 坡面非均匀沙输移机理实验方法. 山地学报,1999,17(2):230 - 234.
[2] Witten T A,Sande L M. Diffusion_limited Aggregation,Phys. Rev. 1983,B27,5686.
[3] 李后强,汪富泉. 分形理论及其在分子科学中的应用. 北京:科学出版社,1993. 186 - 187.

土壤养分的流失公式

1 背景

水土流失的经济损失包括直接经济损失(Direct Economic Loss)和间接经济损失(Indirect Economic Loss)两大部分。前者包括养分流失损失、水分流失损失和泥沙流失损失三个方面;后者则颇为复杂,如水土流失引起土壤肥力和作物产量降低的损失,泥沙淤积水库引起水库蓄水和灌溉能力下降的损失,泥沙冲淹农田引起弃耕的损失等[1]。杨子生[2]利用有限的资料和条件,结合公式进行直接经济损失的评估。

2 公式

这里所说的土壤养分,主要考虑氮、磷、钾三种元素。其计算方法选用"市场价值法"(Market Value Techique),这是一种基本的效益费用分析法,在国外已用于环境质量变化效益评价中[3]。就具体的养分流失损失来讲,将一地某种养分的流失数量(t/a)乘以相应的市场价格(元/t),即可得出该地该种养分流失的经济损失(元/a)。应指出,由于确定合理的市场价格往往困难,故这里统一以 1990 年不变价来计算,各种肥料单价均由云南省农资公司提供。

2.1 氮素流失损失

即一地的土壤氮素流失量(折算成氮肥数量,t)与氮肥市场价格(元/t)的乘积。计算式为:

$$E_n = L_n \cdot C_n \cdot P_n \tag{1}$$

$$L_n = 10^{-6} \cdot A \cdot N \tag{2}$$

式中,E_n 代表氮素流失损失(元/a);L_n 代表氮素流失量(t);A 代表土壤流失量(t/a);N 代表土壤碱解氮平均含量(10^{-6}),系由典型分析测算得出(表 1);C_n 为碱解氮折算为硫酸铵的系数;P_n 为硫酸铵价格(元/t)。

2.2 磷素流失损失

土壤磷素流失量(折算成磷肥数量,t)与磷肥市场价格(元/t)的乘积,计算式为:

$$E_p = L_p \cdot C_p \cdot P_p \tag{3}$$

$$L_p = 10^{-6} \cdot A \cdot P \tag{4}$$

式中,E_p 代表磷素流失损失(元/a);L_p 代表磷素流失量(t);P 代表土壤速效磷平均含量
(10^{-6}),系由典型分析测算得出(表1);C_P 为速效磷折算为过磷酸钙的系数;P_P 为过磷酸
钙价格(元/t)。

2.3 钾素流失损失

土壤钾素流失量(折算成钾肥数量,t)与钾肥市场价格(元/t)的乘积。计算式为:

$$E_k = L_k \cdot C_k \cdot P_k \tag{5}$$

$$L_k = 10^{-6} \cdot A \cdot K \tag{6}$$

式中,E_k 代表钾素流失损失(元/a);L_k 代表钾素流失量(t);K 代表土壤速效钾平均含量
(10^{-6}),系由典型分析测算得出(表1);C_k 代表速效钾折算成氯化钾的系数;P_k 代表氯化
钾价格(元/t)。

表1 滇东北山区各县(市)坡耕地土壤平均有效养分和含水量

县(市)	土壤有效养分平均含量/10^{-6}			土壤平均含水量/%
	碱解氮	速效磷	速效钾	
昭通市	129.2	12.1	127.5	10.23
鲁甸县	121.3	11.6	122.0	12.79
巧家县	125.0	10.5	121.2	9.68
盐津县	127.4	11.1	123.3	15.69
大关县	120.2	9.5	121.4	17.06
永善县	121.0	9.8	120.5	10.23
绥江县	123.4	9.6	125.3	15.35
镇雄县	124.2	10.1	121.5	14.75
彝良县	125.9	10.2	120.1	10.24
威信县	119.2	10.3	122.9	19.19
水富县	123.1	10.6	121.6	17.06
东川市	124.4	11.5	122.3	8.14
宣威市	119.4	10.1	118.2	12.79
会泽县	114.5	9.5	116.3	10.19

2.4 养分流失总损失

即氮、磷、钾三种主要元素流失损失之和。若用 E_N 代表之,则其计算式为:

$$E_N = E_n + E_p + E_k \tag{7}$$

1)水分流失损失的计算方法

计算出能替代流失的土壤水分的补偿工程所需的费用,可用农用水库工程作为替代
物,故一地的土壤水分流失的经济损失(元/a)也就是该地所流失的土壤水量(m^3/a)与修建

每立方米农用水库所需投资费用(元/m³)的乘积。其计算式为：

$$E_W = L_W \cdot M \tag{8}$$

$$L_W = 10^3 \cdot L_a \cdot D \cdot Bd \cdot W \tag{9}$$

式中，E_W 代表水分流失损失(元/a)；L_W 代表土壤水分流失量(t 或 m³，因为水的比重约为 1.0 t/m³)；L_a 代表土壤流失面积(km²)；D 代表所流失的土壤厚度(即侵蚀深度，mm/a)；Bd 代表土壤容重(g/cm³ 或 t/m³)，取平均值为 1.25 g/cm³；W 为土壤平均含水量(%，见表1)；M 为修建每立方米农用水库投资费用(元/m³)。

2)泥沙流失损失的计算方法

与上述土壤水分流失损失一样，泥沙流失的经济损失亦选用"影子工程"法来计算，只是泥沙流失损失的替代物为拦截泥沙工程的投资费用，亦即一地的泥沙流失经济损失就是该地的泥沙流失量(m³/a)与拦截每立方米泥沙工程的投资费用(元/m³)之乘积。其计算式可表示为：

$$E_S = L_S \cdot G \tag{10}$$

$$L_S = A/Bd \tag{11}$$

式中，E_S 代表泥沙流失损失(元/a)；L_S 代表泥沙流失量(m³)；G 代表拦截 1 m³ 泥沙工程投资费用(元/m³)。

水土流失直接经济损失总量的计算。

水土流失直接经济损失总量即养分流失损失、水分流失损失和泥沙流失损失之和，按下式计算。

$$E_t = E_N + E_W + E_S \tag{12}$$

式中，E_t 代表水土流失直接经济损失总量(元/a)；E_N，E_W，E_S 的计算分别见式(7)、式(8)和式(10)。

应指出，按式(12)计算的结果为经济损失的绝对量，因各地的土地面积大小不相同，难以进行地区间的对比，故还应在式(12)计算结果的基础上，换算成相对损失量[元/(km²·a)]，即单位面积(km²)的年均水土流失直接经济损失(元)，其计算式为：

$$E_a = E_t/L_a \tag{13}$$

式中，E_a 为水土流失直接经济损失相对量[元/(km²·a)]；L_a 该坡耕地面积(km²)。

3 意义

应用新兴的环境经济评价理论和方法，定量测算了滇东北山区坡耕地水土流失的直接经济损失，包括养分流失损失、水分流失损失和泥沙流失损失三方面内容。按1990年不变价格计算，全区坡耕地年均水土流失直接经济损失为1996年农业总产值的4.72%，其中年均土壤养分流失损失占直接经济总损失的29.98%，水分流失损失占4.24%，泥沙流失损失占 65.78% 。这些数值从灾害经济学角度表明了滇东北山区坡耕地水土流失是极其严重的。

参考文献

[1] 杨子生,谢应齐. 云南省水土流失直接经济损失的计算方法与区域特征. 云南大学学报(自然科学版),1994,16(增刊1):99 – 106.

[2] 杨子生. 滇东北山区坡耕地水土流失直接经济损失评估. 山地学报,1999,17(2):32 – 35.

[3] Hufschmidt M M, Dixon J, James D, et al. Environment, natural systems, and development: An economic valuation guide. Baltimore: Johns Hopkins University Press, 1986. 88 – 168.

[4] 杨子生. 滇东北山区坡耕地水土流失状况及其危害. 山地学报,1999,17(增刊):25 – 31.

土壤侵蚀的地形因子公式

1 背景

坡度和坡长是影响土壤侵蚀的基本地形要素。坡度因子(S)是在其他条件相同的情况下,特定坡度的坡地土壤流失量与坡度为9%或5°(即标准径流小区的坡度)的坡地土壤流失量之比值。现大多学者认为土壤流失量与坡度呈幂函数关系,但坡度指数的变化幅度较大,在我国坡度指数大多数在0.5~2.5之间。杨子生[1]对滇东北山区坡耕地土壤侵蚀的地形因子进行了计算分析。国内外已有的分析研究表明[2],土壤流失量与坡长亦呈幂函数关系,在我国坡长指数多数在0.15~0.50。

2 公式

在实际工作中,将坡度因子 S 和坡长因子 L 结合起来,作为一个复合因子(即本文的地形因子 LS)进行综合测算较单因子更为方便。所谓地形因子 LS,是指在其他条件相同的情况下,特定坡面(特定坡度和坡长)的土壤流失量与标准径流小区土壤流失量之比值,即:

$$LS = A/A_0 \tag{1}$$

式中,A 代表特定坡面土壤流失量$[t/(hm^2 \cdot a)]$;A_0 为标准径流小区土壤流失量$[t/(hm^2 \cdot a)]$。

美国学者 Wischmeier 和 Smith[3] 得出适用于坡度大于9%的 LS 关系式为:

$$LS = \left(\frac{L}{22}\right)\left(\frac{S}{5.16^0}\right)^{1.3} \tag{2}$$

式中,L 为坡长(m),S 为坡度(°)。

经过1995—1997年的试验观测,获得了18个 LS 因子试验小区各年份和年均土壤流失量资料,并由式(1)计算出各小区的平均 LS 值(表1)。

根据上述18组坡度、坡长和土壤流失量的统计分析,经过反复推导,得出滇东北山区坡耕地 LS 因子的计算公式为:

表1　滇东北山区坡耕地土壤侵蚀地形因子(LS)试验小区实测结果

小区编号	土壤流失量/t·hm⁻²·a⁻¹				LS 值	小区编号	土壤流失量/t·hm⁻²·a⁻¹				LS 值
	1995 年	1996 年	1997 年	年平均			1995 年	1996 年	1997 年	年平均	
1	66.78	62.45	65.98	65.07	1.00	12	386.80	339.43	372.14	366.12	5.63
4	48.32	43.59	47.76	46.56	0.72	13	456.21	409.76	430.45	432.14	6.64
5	59.75	50.62	53.57	54.65	0.84	14	508.90	437.55	475.66	474.04	7.29
6	125.89	110.94	121.77	119.53	1.84	15	590.78	529.50	559.82	560.03	8.61
7	151.12	128.04	144.56	141.24	2.17	16	650.39	587.73	615.95	618.02	9.50
8	212.71	181.27	200.63	198.20	3.05	17	792.35	697.85	750.14	746.78	11.48
9	242.36	224.84	236.72	234.64	3.61	18	889.18	771.82	845.27	835.42	12.84
10	290.12	261.28	279.98	277.13	4.26	19	922.56	802.70	872.39	865.88	13.31
11	339.90	290.28	322.42	317.53	4.88	20	991.48	897.58	958.22	949.09	14.59

$$LS = \left(\frac{L}{20}\right)^{0.24} \times \left(\frac{S}{5^0}\right)^{1.32} \tag{3}$$

式(3)中的 L、S 均与式(2)相同。

为了便于实际工作中直接查取 LS 值,根据式(3)计算了不同坡度(5b,10b,15b,20b,25b,30b,35b,40b,45b)、不同坡长(5 m,10 m,15 m,20 m,25 m,30 m,35 m,40 m,45 m,50 m,55 m,60 m)的 LS 值,结果见表2。

表2　滇东北山区坡耕地土壤侵蚀的坡面地形效应(LS 值)表

坡长/m	坡度								
	5°	10°	15°	20°	25°	30°	35°	40°	45°
5	0.72	1.79	3.06	4.47	6.00	7.63	9.35	11.16	13.03
10	0.85	2.11	3.61	5.28	7.09	9.01	11.05	13.18	15.39
15	0.93	2.33	3.98	5.82	7.81	9.94	12.18	14.52	16.97
20	1.00	2.50	4.26	6.23	8.37	10.65	13.05	15.56	18.18
25	1.06	2.63	4.50	6.58	8.83	11.23	13.77	16.42	19.18
30	1.10	2.75	4.70	6.87	9.22	11.73	14.38	17.15	20.04
35	1.14	2.86	4.88	7.13	9.57	12.18	14.92	17.80	20.79
40	1.18	2.95	5.04	7.36	9.88	12.57	15.41	18.38	21.47
45	1.21	3.03	5.18	7.57	10.17	12.93	15.85	18.91	22.09
50	1.25	3.11	5.31	7.77	10.43	13.26	16.26	19.39	22.65
55	1.27	3.18	5.44	7.95	10.67	13.57	16.63	19.84	23.18
60	1.30	3.25	5.55	8.11	10.89	13.86	16.98	20.26	23.67

3   意义

通过在滇东北山区坡耕地上设置 18 个不同坡度和坡长的试验小区,并进行连续 3 年实测,得到本区域土壤侵蚀地形因子(LS)的定量关系式,据此求得滇东北山区坡耕地土壤侵蚀的坡面地形效应(LS 值)表。客观、准确地求取了滇东北山区坡耕地的 LS 因子值,从而揭示了该区域坡耕地土壤侵蚀的坡面地形因子效应。坡长越大,坡度值越高,LS 越大,水土流失量就越严重,需要采取相关措施来预防此现象的加剧。

参考文献

[1]   杨子生. 滇东北山区坡耕地土壤侵蚀的地形因子. 山地学报,1999,17(2):16－18.

[2]   王万忠,焦菊英. 中国的土壤侵蚀因子定量评价研究. 水土保持通报,1996,16(5):1－2.

[3]   Wischmeier WH,Smith D D. Predicting rainfall erosion losses—a guide to conservation planning. Agriculture handbook,No. 537,USDA,1978. 12－72.

台风浪的模拟公式

1 背景

台风在海上时能掀起巨浪,称为台风浪。在大洋上,一般强度的台风浪的浪高 10 ~ 11 m,在强台风下,浪高可超过 15 m。1985 年第九号台风是在冲绳以西海域生成的。其具有移动速度快,来势凶猛,影响面积大,损失惨重等特点,是较为严重的台风之一,带来了农业生产、人员、财产等的重大损失。李元治[1] 根据这次台风的风场情况,在现有基础上对 8509 号台风进行了推算和分析。了解台风的过程,推算波浪状况,对青岛市海洋开发、海岸工程设计、施工及防护等方面,是很有参考价值的。

2 公式

关于台风的气压场模式,目前国外广泛应用的静止台风气压场模式主要有如下几种。

藤田公式:

$$P = P_n - \frac{\Delta P}{\sqrt{1 + \left(\dfrac{r}{r_0}\right)^2}}$$

高桥浩一郎公式:

$$P = P_n - \frac{\Delta P}{\sqrt{1 + \dfrac{r}{r_0}}}$$

Meyrs 公式[2,3]:

$$P = P_0 + (P_n - P_o) e^{-\frac{r_o}{r}}$$

1965 年日本学者宫崎正卫[4] 将 Meyrs 公式中的 r_o 定义为台风区内最大风速带至台风中心的距离 R,则有:

$$P = P_o + \Delta P e^{-\frac{R}{r}}$$

式中,P 为某一测点的气压值;P_o 为台风中心的气压值;P_n 为台风外围的气压值;$\Delta P = P_n - P_o$;r 为某一测点至台风中心的距离;r_o 为视不同台风而定的台风常数。

当前比较普遍使用的一些经验公式如下。

(1)日本高桥浩一郎提出的计算海上台风区内最大风速公式为：

$$U_{\max} = 6.0\sqrt{\Delta P}$$

(2)上海台风协作研究组针对影响东海及上海地区的台风，经过统计分析得出：

$$U_{\max} = 5.7\sqrt{\Delta P}$$

(3)Fletcher[5]和 Kraft[5,6]等假定台风是静止的，且忽略地转偏向力与摩擦力作用，提出的公式为：

$$U_{\max} = K\sqrt{\Delta P}$$

K 的理论值为：

$$K = \left(\frac{0.37}{\rho}\right)^{\frac{1}{2}}$$

在不同的气压下，K 值由表 1 给出。

表1　不同气压下的 K 值

气压/hPa	1 000	980	970	950	920	900	880
K	5.6	5.7	5.7	5.8	5.9	5.9	6.0

为了计算上的方便，依上式可知：

$$R = r\ln\frac{\Delta P}{P - P_o}$$

即根据台风区内某点的气压值 P 及该点与台风中心的距离 r，外围气压 P_n，中心气压 P_o 来计算 R。

(1)宇野木早苗计算方法。

经过综合分析与计算得出了一组计算台风区内波浪要素的经验公式：

$$H = a\left[1 + n\cos(\theta - \alpha)\right] \times \frac{1 + \dfrac{\varepsilon}{r_o}}{1 + \dfrac{r}{r_o}} \times \begin{cases} \dfrac{1}{7} \\ 11.43 \end{cases} \times (1\,030 - P_o)$$

$$T = 48.5 - \frac{P_o}{25} - \frac{r}{250}$$

式中，H 为台风区内某点(θ, r)的有效波高(m)；T 为台风区内平均周期(s)；θ 为由计算点向台风中心连线与台风移动方向的夹角；P_o 为台风中心气压值(hPa)；r 为计算点至台风中心的距离(n mile)；$\varepsilon = 20$ n mile；$r_o = 200$ n mile。

(2)Bretschneider 1957 年公式。

$$H_{\max} = 16.5\mathrm{e}^{\frac{R \cdot \Delta P}{200}} \times \left(1 + \frac{0.208U_F}{\sqrt{U_{\max}}}\right) \times \left(\frac{\cos\o}{\cos 35}\right)^{\frac{1}{2}}$$

$$T_{\max} = 8.6\mathrm{e}^{\frac{R \cdot \Delta P}{200}} \times \left(1 + \frac{0.108 U_F}{\sqrt{U_{\max}}}\right) \times \left(\frac{\cos\varnothing}{\cos 35}\right)^{\frac{1}{4}}$$

式中，$H_{\max}$ 为台风区内最大有效波高(ft,$1\ \mathrm{ft} \approx 0.3\ \mathrm{m}$)；$T_{\max}$ 为相应的最大周期(s)；R 为最大风速半经($\mathrm{n\ mile}$)；ΔP 为台风中心气压与标准气压差；U_F 为台风的移动速度(kn)；$U_{\max}$ 为台风区内最大风速(kn)；$\varnothing$ 为计算海区纬度。上述公式的使用范围：

$$U_F \leqslant U_{cr} = 16.5\mathrm{e}^{\frac{R \cdot \Delta P}{200}}$$

如 $U_F > U_{cr}$，则 $U_F - U_{cr} = \Delta U$，此时，台风移动速度可采用：

$$(U_F)' = U_{cr} - \Delta U$$

计算时，滩长 L 和平均周期 T 的关系，取浅水关系式：

$$L = \frac{g\overline{T}^2}{2\pi}\tanh\frac{2\pi d}{L}$$

计算时，假定周期不变，则计算点的波高值由下式确定：

$$H = K_r \frac{K_{sp}}{K_{sf}} H_1$$

式中，K_r、K_{sp} 分别是计算点的折射系数和浅水系数；K_{sf} 和 H_1 分别是水深 d_1 处的浅水系数和波高值；波向由计算的各条波向线上的波向角确定。

3 意义

根据各波浪要素的公式计算，推算了外部海区的波浪要素，并计算和分析外海波浪要素向湾内折射的情况，阐述了诸如台风区内的气压场模式、最大风速的推算和风场分布等问题。由于参照地面台站的实测资料与天气图上的风场资料，比较准确地定出计算公式中的各种参数，所得结果还是比较满意的。计算波浪的折射时，只考虑涌浪传播，但该区域仍有风浪的叠加，这一问题未加探讨，风、涌浪周期的合成问题也有待分析，需要在已知经验公式的基础上对这一系列问题进行进一步研究。

参考文献

[1] 李元治. 8509 号台风浪的推算与分析. 海岸工程,1988,7(2):10 – 18.

[2] Myers V A. Characteristics of United States Hurricenes Portinent to levee D esign for lake okeechobee,Florida,U. S Wenthoer Bureau,Hydrometorogical Report. 1954,(32).

[3] Myers V A. Bull. Amer. Meteor. Soc. 1957,36(4).

[4] 宫崎正卫. 关于鹿儿岛及八代海高潮的综合调查报告. 日本气象厅:第四港湾建设局,1965.

[5] Fletcher R D. Bull. Amer. Meteor. Soc. 1955,36(6).

[6] Kraft R D. Mriners Wetahoer Log. 1961.

浮式防波堤的消浪计算

1   背景

防波堤为阻断波浪的冲击力、围护港池、维持水面平稳以保护港口免受坏天气影响、以便船舶安全停泊和作业而修建的水中建筑物,一般可分为固定式与可移动式两大类。刘文通[1]根据浮箱式与倾斜式浮防波堤对浮防波堤展开分析。抛石防波堤是固定式防波堤的一种,防浪效果好,使用寿命长,建造时间和花费较多。浮防波堤在防浪、使用时间、抵御波浪袭击等方面都不及固定式防波堤。浮式防波堤适于应用波高不超过 1.3 m,周期不超过 4 s 的波浪条件,建造周期短,不受水深、海底地质条件等因素限制,具有可移动性及重复使用性,造价低廉。

2   公式

浮箱式浮防波堤
单、双浮箱一般用加筋混凝土或钢板在陆上预制而成,其断面多呈矩形(图 1)。

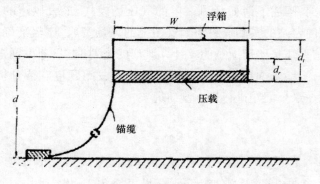

图 1   单浮箱浮防波堤

浮箱式浮防波堤主要由单浮箱、双浮箱、长筏及各种压载(废旧船只)等构成。
浮箱式浮防波堤的主要消浪机制是靠波浪的反射,此外还有许多因素也会影响到波浪的透射系数:

$$C_t = \frac{H_t}{H_i}$$

式中，H_i 为入射波波高，H_t 为透射波波高。

以中间刚性连接的两个单浮箱为构件的浮防波堤，称为双浮箱式浮防波堤(图2)。

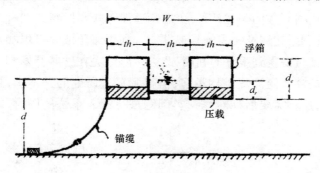

图2 双浮箱式浮防波堤

无论是实验室还是现场试验都表明，浮箱的重量、入射波波陡(H_1/L)、防波堤的相对宽度(W/L)、结构的自振周期与入射波周期之比(T_n/L)以及防波堤的长度等都会不同程度地影响到浮防波堤的消浪效果。

倾斜式浮防波堤

倾斜式浮防波堤由一排厚板或栅栏与锚缆系统构成。厚板或栅栏下端置于水底或支持物上，上端向着入射波方向倾斜并穿过水面(图3)，水面以上板高度的大小会直接影响到波浪越顶的程度。此种结构本身决定了这种浮式防波堤只适于浅海水域。波浪透射系数除了与波浪越顶程度有关外，还与通过各板间的波能以及结构本身的运动情况等因素有关。

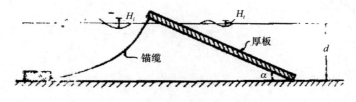

图3 倾斜式浮防波堤

已进行的理论分析表明，对于倾斜式浮防波堤，波浪透射系数与5个无量纲物理量有关，即：

$$C_t = f\left(\frac{l}{L}, \frac{l}{d}, \frac{H_i}{L}, \frac{l_b}{l}, \frac{W_b}{W}\right)$$

式中，l 为结构的有效宽度(波浪传播方向)；L 为入射波波长；d 为水深；l_d 为倾斜浮体加载的长度;W_b 为倾斜浮体单位长度内部加载的重量;W 为倾斜浮体单位长度的重量。

3 意义

根据浮防波堤透射系数的公式计算,可以知道浮箱式与倾料式两种浮防波堤的制造原理,还有它们的设计和结构以及相关的防浪性能。利用浮防波堤可以加速利用我国沿海地区的中、小型港口,使资源得到很好的利用,此类浮防波堤在这些开发和利用中将会发挥巨大作用。目前提出的浮式防波堤结构虽多,但得到普遍研究的并不多,具有实用价值的所占比例也不是很大,这就需要后期对这一类问题进行深入系统的探讨,以便发掘更多的有意义的结构类型。

参考文献

[1] 刘文通. 浮箱式与倾斜式浮防波堤. 海岸工程,1988,7(2):65-68.

海雾的预报模型

1 背景

海雾属于海上灾害性天气的一种,青岛近海发生海雾较多,该区海雾多出现在4—7月,探讨该区域海雾预报方法,提高预报准确率对生产和国防等方面意义重大。林滋新等[1]根据青岛近10年的海雾日资料,对青岛及其近海海雾预报展开了一系列分析。研究海雾的发生首先划分天气形势,再用数理统计方法对不同时间的不同天气形势建立预报方程,用此方程对1981年和1982年4—7月份进行了逐日试报,其准确率均在70%左右,该方法对青岛地区海雾的短期预报有一定的作用。

2 公式

预报因子与预报量之间的相关关系显著,其次根据因子的历史拟合率采用0—1权重回归的方法,确定权重系数,最后按月份分别建立预报方程,共建立8个方程,如表1和表2。

表1 $(P_{济州岛} - P_{太原})_{14} > 0$ 同时 $(P_{安庆} - P_{太原})_{14} > 0$ 型

时间	预报正确		预报错误		预报方程	预报方程	
	有雾	无雾	漏报	空报		拟合率/%	概括率/%
1971年4月至1980年4月	21	46	2	14	$\hat{y}_4 = 4.0x_2 + 6.9x_2 + 3.1x_3$	81	91
1971年5月至1980年5月	21	36	10	9	$\hat{y}_5 = 3.8x_2 + 4.2x_2 + 5.0x_3$	75	68
1971年6月至1980年6月	31	41	13	11	$\hat{y}_6 = 4.0x_2 + 4.5x_2 + 3.8x_3$	70	63
1971年7月至1980年7月	34	56	20	19	$\hat{y}_7 = 2.4x_2 + 2.9x_2 + 2.4x_3$	75	70

临界值的确定:

根据预报方程历史最大拟合率的原则,两型各月的预报方程临界值分别确定如下:

$$(P_{济州岛} - P_{太原})_{14} > 0 \text{ 同时} (P_{安庆} - P_{太原})_{14} > 0 \text{ 型}$$

$$\hat{y}_{04月} = 10.0 \qquad \hat{y}_{05月} = 9.7 \qquad \hat{y}_{06月} = 8.3 \qquad \hat{y}_{07月} = 5.3$$

$$(P_{济州岛} - P_{太原})_{14} > 0 \text{ 同时} (P_{安庆} - P_{太原})_{14} < 0 \text{ 型}$$

$$\hat{y}_{04月} = 8.3 \qquad \hat{y}_{05月} = 3.2 \qquad \hat{y}_{06月} = 6.6 \qquad \hat{y}_{07月} = 5.1$$

表2 $\left(P_{济州岛}-P_{太原}\right)_{14}>0$ 同时 $\left(P_{安庆}-P_{太原}\right)_{14}<0$ 型

时间	预报正确		预报错误		预报方程	预报方程	
	有雾	无雾	漏报	空报		拟合率/%	概括率/%
1971 年 4 月至 1980 年 4 月	34	33	10	11	$\hat{y}_4=3.1x_1+5.2x_2+4.4x_3$	76	77
1971 年 5 月至 1980 年 5 月	44	38	12	19	$\hat{y}_5=2.9x_1+4.2x_2+4.0x_3$	73	79
1971 年 6 月至 1980 年 6 月	48	32	12	17	$\hat{y}_6=2.4x_1+4.2x_2+3.5x_3$	73	80
1971 年 7 月至 1980 年 7 月	57	21	8	30	$\hat{y}_7=1.8x_1+3.3x_2+2.4x_3$	67	88

3 意义

根据预报方程的建立,结合地面天气图进行天气型划分,得出了三个具有物理意义的预报因子。在海雾预报研究过程中,考虑传统的单纯的气象资料和水文资料,把气象资料和水文资料结合起来选取预报因子做出海雾预报,这对我们气象工作者来说是一次初步尝试。最后采用了单因子加消空的办法选出了通过 x^2 检验的因子,建立起预报方程。青岛近海海雾存在除平流雾以外其他性质的雾出现规律性不明显的问题,使海雾预报选不出拟合率高的预报因子,这一部分问题还没得到很好的处理,还需要加强研究。

参考文献

[1] 林滋新,滕学崇,唐万林,等. 青岛及其近海海雾预报. 海岸工程,1988,7(2):74-79.

波能资源的估算模型

1 背景

波能是波动水体所具有的动能和势能。能源资源已是当今世界比较关注的一个话题,海洋中具有很多再生资源,已得到各海洋国家的重视。我国东邻太平洋,拥有广阔的海域,漫长的海岸线,是海洋能源比较丰富的国度,但是由于我国技术的不成熟,即便有如此丰富的海洋资源,对海洋能源的研究和开发还不及发达国家。吕常五[1]通过诸多公式,对我国沿岸波能资源进行了估算。在我国沿岸海域里的众多岛屿供电条件较差,开发利用好海洋能资源尤其是波能,除解决供电问题外,还会带来另外的便利,具有重要的现实意义。

2 公式

依小振幅波动理论,对水深规则波而言,每单位波峰宽度波能量,表示为:

$$W_o = 0.98 H_o^2 T (\text{kW/m})$$

式中,H_o 为深水波高;T 为深水波周期。

经验和理论均表明,海浪波高大致服从于瑞利分布,均方根波高与有效波高有如下关系,即:

$$H_g = 0.706 H_{\frac{1}{2}}$$

式中,H_g 为均方根波高;$H_{\frac{1}{2}}$ 为有效波高。由以上两式可得:

$$W_o = \frac{1}{2} H_{\frac{1}{3}}^2 T (\text{kW/m})$$

依文献[2],有:

$$H_{\frac{1}{10}} = 1.27 H_{\frac{1}{2}}$$

我国海岸线长达 18 000 km,岛屿岸边约长 14 000 km,由表 1 及图 1 知,各区波能量的分布有显著差异,图 1 直观地表明了我国沿岸海区波能量资源的区域分布。

表1　各沿岸海区代表波能密度估算　　　　　　　　单位:kW·m⁻¹

年份	渤海					黄海					东海				南海			
	龙口	塘沽	藏锚湾	鲅鱼圈	北隍城	连云港	小麦岛	千里岩	成山头	大连	嵊山	台山	大陈	平潭	硇洲岛	莺歌海	白龙尾	西沙
1978	0.87				4.15		0.70	2.43	0.32	0.47	2.81	8.55	9.68	8.34	2.12	1.27	0.34	4.52
1979	1.98				4.88	0.78	1.00	2.86	0.29	0.45	3.55	8.33	8.65	7.98	1.49	1.20	0.53	4.24
1980	1.73	0.71	0.58	0.15	4.38	0.67	0.73	2.25	0.35	0.44	4.17	7.80	9.36	9.00	1.57	0.98	0.65	4.81
1981	1.50	0.69	0.77	0.20	2.20	0.77	0.80	2.04	0.43	0.40	3.94	8.42	9.24	7.79	1.20	1.18	0.58	3.95
1982	1.43	0.69	0.69	0.18	3.12	0.50	0.68	1.47	0.32	0.31	4.45	8.14	8.80	7.15	1.16	1.15	0.47	3.40

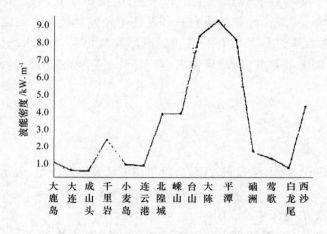

图1　沿海各代表站波能密度

3　意义

　　根据波能的各参数计算,可以宏观地了解到我国沿岸海区波浪能资源蕴藏量,可以在此基础上对海洋波能资源进行进一步的开发和利用,通过分析相关资料算得各海区波能分布特性、季节变化。我国沿海岸边波能量丰富且不平衡,以东海最为丰富,波能量大且有明显的季节变化。需要考虑影响波能转换电能的各种因素,再决定波能是否有开发的价值。目前只对海洋波能资源做出一个粗略的概算,具体开发利用时,还需要做进一步的精确调查、分析和计算。

参考文献

［1］　吕常五．我国沿海波能资源的估算．海岸工程,1988,7(2):69－73.

［2］　合田良实,永井康平．关于波浪旋计性质的调查和分析．港湾技术研究所报告,1974:13(1).

防波堤的设计波高计算

1 背景

20 世纪 70 年代以来我国港口建设规模不断扩大,国外也有了援助性的港口建设。在这些防护工程中多采用斜坡式防波堤。侯国本[1]通过对斜坡式防波堤设计波高的分析,对此展开了研究。1972 年台风袭击了石岛黄海船厂防波堤,护面块体溃散。1981 年台风袭击了山东即墨女岛防波堤及堤头,防波堤头被推向海港内侧,同期岚山头港、沙子口港、仰口港、烟台港均遭受损失。1983 年低气压风暴袭击了辽宁南部的羊头洼渔港,损失很重,至今未修复。1985 年石臼港的作业船只、码头的防波堤遭受过境台风浪袭击。台风浪出现时对防波堤作用的时间超过 $4 \sim 6$ h,破坏防波堤的大浪是 $3 \sim 5$ 个连续出现的,因此研究防波堤的设计波高具有重要现实意义。

2 公式

Goda(合田)[2]提出了最大波高 H_{max} 与有效波高 $H_{\frac{1}{3}}$ 的关系,近岸最大波高为:

$$H_{max} = 1.8H_{\frac{1}{3}}$$

离岸最大波高为:

$$H_{max} = 2.0H_{\frac{1}{3}}$$

Weibull(伟伯尔)利用伟氏对数纸绘制有效波高 $H_{\frac{1}{3}}$ 的累计频率图得出最大波高 H_{max} 与风时的关系如下。[3]

最大波高:

$$H_{max} = 2.10H_{\frac{1}{3}}（连续风时 6 \text{ h}）$$

最大波高:

$$H_{max} = 1.86H_{\frac{1}{3}}（连续风时 3 \text{ } h）$$

Rayleigh(瑞利)给出跨 0 点波数 N_0 在波列中的 H_{max} 与 $H_{\frac{1}{3}}$ 的关系如下[3]:

$$H_{max} = 0.706 \sqrt{\ln N_0} H_{\frac{1}{3}}$$

当 N_0 为 $700 \sim 3\,000$ 时(与大浪的作用延时关系):

$$H_{max} = 1.80H_{\frac{1}{3}} \sim 1.99H_{\frac{1}{3}}$$

按常用的统计特征值 $\overline{H}_1$、$H_{\frac{1}{3}}$ 及累计频率为 $F_\%$ 的波高 H_F 的关系，以 H_F 代替 $H_{\max}$ 得出：

$$\left.\begin{array}{ll} \dfrac{H_{0.1\%}}{H_{\frac{1}{3}}} = 1.85(\text{a}), & \dfrac{H_{0.3\%}}{H_{\frac{1}{3}}} = 1.72(\text{c}) \\[3mm] \dfrac{H_{0.2\%}}{H_{\frac{1}{3}}} = 1.76(\text{b}), & \dfrac{H_{0.5\%}}{H_{\frac{1}{3}}} = 1.61(\text{d}) \end{array}\right\}$$

设计波高 H_D 在斜坡水平面以上的爬坡高为 R_a，跌落在水平面以下的波谷高为 R_d。

爬坡系数：

$$k_a = \frac{R_a}{H_D}$$

降坡系数：

$$k_d = \frac{R_d}{H_D}$$

斜坡堤反射系数：

$$k_R = \frac{R_a + R_d}{H_D}$$

定义 K_a 为吸波系数：

$$K_a = 1 - \frac{k_R}{k_0}$$

如果把吸波系数 K_a 看做是最大波高 $H_{\max}$ 作用到斜坡堤上以后的损失系数，而且 $H_{\max}$ 的损失也是线型的。斜坡堤的设计波高 H_D 将由下式确定：

$$H_D = K_a H_{\max}$$

根据以上的分析：

$$H_{\max} = (1.61 \sim 1.76) H_{\frac{1}{3}}$$

选取斜坡堤设计波高时应采 $K_o = K_a$ 的系数对 $H_{\max}$ 做修正，即设计波高：

$$H_D = (1 - K_o) H_{\max} = H_{\frac{1}{3}} \approx H_{4\%}$$

在许多情况下波高最大，不一定波能量最大，破坏力不一定最大，所谓单波的能量 $\overline{E}$：

$$\overline{E} = \frac{1}{8}\rho g H^2 L = \frac{1}{8}\rho g H^2 \frac{gT^2}{2\pi}\text{than}\frac{2\pi d}{L}$$

同理，一个波列的平均波能量 $\overline{E}$：

$$\overline{E} = \frac{1}{8}\rho g H^2 \overline{L} = \frac{1}{8}\rho g \overline{H}^2 \frac{g\overline{T}^2}{2\pi}\text{than}\frac{2\pi d}{\overline{L}}$$

波能量：

$$E_r = \frac{H^2 T^2 \text{than}\dfrac{2\pi d}{L}}{\overline{H}^2 \overline{T}^2 \text{than}\dfrac{2\pi d}{L}}$$

取近似值得:

$$E_r = \frac{H^2 T^2}{\overline{H^2} \, \overline{T^2}}$$

3 意义

根据海区最大波高的确定,再结合斜坡堤护面块体的吸波系数可以确定斜坡堤的设计波高,台风出现的最大波高与风场延时的关系及波群中连续出现大波的个数或大波波连长度都是防波堤设计的参考。浅水区波高容易破碎,波能量的最优比值可以通过波高周期的联合分布求得,斜坡堤设计可以依据模拟试验或数值计算来进行。多年来,港口建筑受台风袭击较多,在这些实例中斜坡式防波堤的稳定性已获得较多经验,这些经验在波高设计中可以作为参考。防波堤设计的参考条件虽相对充分,但是还有很多不足,还是需要后期的实验来进行验证。

参考文献

[1] 侯国本. 斜坡式防波堤设计波高的分析. 海岸工程,1988,7(2):1 - 9.
[2] Goda Y. New wave pressure formula for composile breakwaters. Coastal Engineering Conference,1974,3 (14):1702 - 1720.
[3] 哈勒姆. 海洋建筑物动力学. 北京:海洋出版社,1981.

方块码头的增稳板公式

1 背景

以"古典式"、"衡重式"为主要形式的重力式方块码头岸壁断面,在 20 世纪 50 年代末期逐渐被卸荷板的岸壁形式代替,其中有实心方块、空心方块和异形方块等。卸荷板出现以来,又有过各种改进,但还未形成令大家比较满意的岸壁形式。刘幼如和许云飞[1]通过在重力式方块码头中设置增稳板,来形成新的岸壁结构,并对此进行分析探讨,方块码头的岸壁结构改进潜力还比较大,可以继续探讨。

2 公式

"增稳板"系指在重力式方块码头主体结构中设置一种"构件",使岸壁断面结构更趋合理,更加经济与适用。这种起稳定作用的构件,暂称为"增稳板"。

"增稳板"的作用

增加抗滑稳定性:

$$K_S = \frac{fG}{H}$$

式中,G 为垂直合力;H 为水平合力。

增加抗倾稳定性:

$$K_0 = \frac{M_R}{M_0}$$

式中,M_R 为稳定力矩,M_0 为倾覆力。

改善基床应力:

$$\sigma_{\min}^{\max} = \frac{G}{B}\left(1 \pm \frac{be}{B}\right)$$

其中:

$$e = \frac{B}{2} - \xi;\ \xi = \frac{M_R - M_0}{G}$$

基本数据

(1)码头顶高 +3.3 m,底高 -6.8 m,总高 10.1 m;

(2)设计高水位 +1.70 m,设计底水位 -0.30 m;

（3）码头面均布荷载 $q = 3 \text{ t/m}^2$；

（4）系船力 25 t，N = 16.3 t；

（5）不计波浪力；

（6）材料容重及摩擦角见表 1；

（7）码头等级：I 级。

表 1　材料容重及摩擦角表

部位	水上	水下
浆砌胸墙	2.3	1.3
混凝土方块	2.3	1.3
块石棱体	1.8(45°)	1.1(45°)
回填石碴	1.8(32°)	0.95(28°)

计算结果

计算结果见表 2 。

由表 2 看出，加设"增稳板"后，抗倾稳定安全系数 K_0 提高，抗滑稳定安全系 Ks 提高较多，基床应力 $\sigma_{\max}$ 减小，而且每米码头的断面减小。

表 2　各项指标计算结果对比表

序号	计算水位	指标	单位	原有断面	设增稳板	对比	结论
1	设计高水位	G 垂直合力	t	62.92	69.11	+6.15	增加
2		M_R 稳定力矩	t·m	163.34	169.94	+6.6	
3		H 水平合力	t	21.92	21.92	±0	在此暂假设不变，实际应有所减少
4		M_0 倾覆力矩	t·m	83.21	83.21	±0	
5		K_0 抗倾安全系数	〔1.6〕	1.78	1.85	0.07	抗倾稳定好
6		K_S 抗滑安全系数	〔1.3〕	1.66	1.82	+0.16	抗滑稳定好
7	设计低水位	G 垂直合力	t	89.72	90.78	+1.06	增加
8		M_R 稳定力矩	t·m	228.30	232.59	+4.29	
9		H 水平合力	t	22.93	22.93	0	在此暂假设不变，实际应有所减少
10		M_0 倾覆力矩	t·m	87.28	87.28	0	
11		ξ 合力作用点至墙前趾距离	m	1.48	1.51	+0.03	
12		l 偏心距	m	0.62	0.54	−0.08	偏心距小
13		$\sigma_{\max}$ 前趾应力	t/m²	40.29	39.63	−0.66	前趾应力减小
14		$\sigma_{\min}$ 后踵应力	t/m²	2.44	4.65	+2.19	后踵应力加大
15		W 断面积	m²	34.49	32.81	−1.68	断面减小即节约

3 意义

根据"增稳板"相关参数的公式计算,增加了这种设置的重力式码头,能够使结构的自重得到增加,稳定力矩得到增加,土压力得到减小,倾覆力矩得到减小,合力作用点与墙前趾之间的距离变远,偏心距变小,前趾应力也变小。这种带"增稳板"的断面结构和方块重力式码头的结构计算方法是一样的。又因为结构自重的增加是通过块石重量而来的,同时断面本身是减小的,因此,成本上可以降低,从而可以节约投资。在深水码头和软基上建这种形式的重力式码头,将会有很大的实用意义。

参考文献

［1］ 刘幼如,许云飞. 重力式方块码头中设置增稳板的探讨. 海岸工程,1988,7(2):59 – 64.

不同时距的平均风速换算公式

1 背景

在海岸工程的设计中,除了需要正常条件下获得的最大平均风速,其他时距的平均最大风速也是必不可少的,目前,关于不同时距平均风速的换算关系,各国还没有得到统一,东部石油公司提供的英国规范与我国南海横澜岛的资料,10 min,3 s,1 s 及 1 h 平均风速的比值差别比较明显,这一系数的取值相当混乱。因此有必要对此进行分析,以便得到有依据的换算关系。赵永平等[1]就不同时距平均风速换算关系进行了研究,以期望得到合理的公式。

2 公式

平均风速值与平均时间的时距成反比,当时距长时,平均风速小;时距短时,平均风速大,两者之间的关系可用下式表示:

$$W_{t_2} = BW_{t_1} + A$$

其中:

$$B = \left(\frac{t_1}{t_2}\right)^a$$

这里 W_{t_2} 为在 t_2 时间内的平均风速;W_{t_1} 为在 t_1 时间内的平均风速;B 为斜率,其值取决于待定系数 a;A 为截距;B 即为换算系数。

统计了 10 min 平均风速不小于 10 m/s 和 14 m/s 的资料系列,分别计算 10 min 平均风速和这 10 min 期间 2 min、1 min、3 s 和 1 s 平均最大风速之间的相关系数和回归方程。同时也计算了 1 h 平均风速和这 1 h 期间平均最大风速的相应关系,结果见表 1。

表 1 不同时间间隔的最大风速关系

	$U \geqslant 10 \ \text{m} \cdot \text{s}^{-1}$			$U \geqslant 14 \ \text{m} \cdot \text{s}^{-1}$		
	R	B	A	R	B	A
$U_{3''} - U_{10'}$	0.94	1.32	−1.65	0.85	1.39	−2.76
$U_{1''} - U_{10'}$	0.97	1.22	−0.62	0.94	(1.26)	(−0.37)

242

续表

	$U \geq 10 \ \mathrm{m \cdot s^{-1}}$			$U \geq 14 \ \mathrm{m \cdot s^{-1}}$		
	R	B	A	R	B	A
$U_{1'} - U_{10'}$	0.99	1.11	−0.40	0.98	1.12	−0.57
$U_{2'} - U_{10'}$	0.99	1.07	−0.17	0.99	1.09	−0.53
$U_{10'} - U_{1h}$	0.98	1.04	−0.46	0.96	1.12	−0.90

　　表 2 为这两个值代入上式算出的换算系数与实测系数的比较,表中表明计算值和观测值十分相近,其变化趋势也很一致。

表 2　换算系数与实测系数的比较

		$U_{1''}/U_{10'}$	$U_{3''}/U_{10'}$	$U_{1'}/U_{10'}$	$U_{2'}/U_{10'}$	$U_{10'}/U_{1h}$
$U_{10'} \geq 10 \ \mathrm{m \cdot s^{-1}}$	实测	1.32	1.22	1.11	1.07	1.04
($a = 0.042$)	计算	1.29	1.25	1.10	1.07	1.08
$U_{10'} \geq 14 \ \mathrm{m \cdot s^{-1}}$	实测	1.39	(1.26)	1.12	1.09	1.12
($a = 0.054$)	计算	1.41	1.33	1.13	1.09	1.10

3　意义

　　根据平均风速的计算公式,再结合超声波风速仪观测的风脉动资料,可以清楚地计算出 10 min 平均风速以及把这 10 min 分割成 2 min、1 min、1 s 的平均最大风速的关系,还可以得到 1 h 平均风速与这 1 h 期间 10 min 进行换算得出最大风速的关系。不同时距间的平均风速,它们的换算关系,不仅与时距成反比,样本风速与之也有一定的联系。它们之间的关系得到确定,会为不同时距平均风速换算系数提供合理参考。由于观测中 10 min 平均风速在 18 m/s 以上的记录不多,不能直接计算 18 m/s 以上风速的换算系数,这有待于进一步积累资料和深入研究。

参考文献

[1]　赵永平,张必成,陈永利. 不同时距平均风速换算关系的研究. 海岸工程,1988,7(3):62 − 66.

泥沙洄淤量的估算公式

1 背景

　　大口河海港地理位置较好,铁路较少,须拆迁的地方也比较少,征地较多,环境污染少,占据了很多有利位置,但是此处外岸滩平缓,航道开挖土方量大,比较费时费力,尤其建成后洄淤量大,严重影响在此处选港。洄淤量的多少,怎样权衡利弊,可以通过计算来做进一步的分析。武桂秋等[1]对大口河外海港航道开挖后泥沙洄淤量进行了估算,来确定具体选港条件。

2 公式

　　依据下列公式[2],我们对水深为 −5 m 处的波浪进行了推算:

$$H_{(-5)} = H_0 K_r K_s K_1$$

$$K_r H_0 = H_0$$

$$\frac{H_b}{H'_0} = \frac{1}{3.3(H'_0/L_0)^{\frac{1}{3}}}$$

　　根据文献[2],计算破碎水深并列入表1:

$$\frac{d_b}{H_b} = \frac{1}{b - (aH_b/gT^2)}$$

$$a = 1.36g(1 - e^{-10m})$$

$$b = \frac{1.56}{1 + e^{-19.5m}}$$

式中,K_r 为折射系数;K_s 为浅水系数;K_f 为摩擦系数;H_o 为无折射深水波高;m 为岸滩坡度;a、b 为岸滩坡度的函数。

表 1　破碎水深相关参数及结果

序号	H /m	周期 T /s	L_0	d/L_0	L	K_s	L'_0	H_b	d_b
1	3.8	7.4	85.43	0.070 82	52.75	0.969 0	4.613 6	3.698 7	4.721 9
2	3.3	6.5	65.91	0.091 79	45.22	0.940 4	4.112 7	3.138 1	4.045 9

序号	H /m	周期 T /s	L_0	d/L_0	L	K_s	L'_0	H_b	d_b
3	2.8	6.0	56.16	0.107 72	38.73	0.921 5	3.574 7	2.709 6	3.461 3
4	2.3	5.4	45.49	0.133 00	35.78	0.916 1	2.953 7	2.24 1	2.840 4
5	1.8	4.8	35.94	0.168 34	30.46	0.913 3	2.318 7	1.749 1	2.234 5
6	1.3	4.2	27.52	0.219 84	25.01	0.923 0	1.657 0	1.279 4	1.634 3
7	0.8	3.2	15.97	0.378 84	15.72	0.971 4	0.968 9	0.745 3	0.949 8

根据文献[2]按下列公式计算了波动质点临底水平速度。

Airy：

$$U = \frac{\pi H}{T \sinh\left(\dfrac{2\pi d}{L}\right)}$$

Stokes：

$$U = \frac{HgT}{2L} \frac{1}{\cosh\left(\dfrac{2\pi d}{L}\right)} + \frac{3}{4}\left(\frac{\pi H}{L}\right)^2 C \frac{1}{\sinh\left(\dfrac{2\pi d}{L}\right)}$$

Solitary：

$$U = \frac{CN}{1 + \cos(M_2/d)}$$

考虑大口河外水域的特点和风浪作用天数,对公式中有关计算因子重新进行了确定：

$$P = \frac{K_m}{r_0} a \sin\theta \omega \overline{S} \left[1 - \left(\frac{H_1}{H_2}\right)^2 \right] \exp\left[\frac{1}{2}\left(\frac{A}{A_0}\right)^{\frac{1}{3}} \right]$$

$$\overline{S} = K_s \frac{(|V_1| + |V_2|)^2}{gH_1}$$

式中,P 为航道淤积强度,m;$Ka\sin\theta$ 为与潮流、波流和航道轴向有关的综合系数;W 为细颗粒泥沙沉降速度,m/s;$\overline{S}$ 为大口河外浅滩水体的平均含沙量,kg/m³;V_1 为实测潮流流速,m/s;V_2 为波生流速,m/s;H_1 为未开挖浅滩水深,m;H_2 为港池与航道开挖水深,m。

3 意义

根据公式的计算,结合现场观测资料,得到了对风、浪、潮流和余流等动力因素的具体计算,通过波浪掀沙潮流输沙的模式进行分析,详细估算出大口河外浅滩上开挖开敞式航道的洄淤量。虽然潮流掀沙作用较小,但却是大口河外开挖式港池和航道洄淤量估算模式的主要依据,大口河外浅滩,风浪天引起港池航道淤积量大于非风浪天,滩面越浅洄淤量越大,所以离岸越远徊淤量越少,可以利用潜堤来防止骤淤和改善泊稳条件,但对减少悬移质徊淤量作用较小,需要继续寻找更好的方法来作为控制措施。

参考文献

[1] 武桂秋,王润玉,崔金瑞. 大口河外海港航道开挖后泥沙徊淤量的估算. 海岸工程,1988,7(3):12 – 19.

[2] U. S. Army. Coastal Engineering Research center,Shore Protection Manual. U. S. 1975.

港池内的淤积模型

1 背景

沿岸泥沙及其对港池和航道的影响是在港址选择和港口平面布局中需要弄清的问题，在进行可行性研究及初步设计后才可以建深水港。对河口港湾进行水力、水文和地质地貌等多方面的勘测是了解泥沙的侵蚀、输送和淤积的前提条件。张炳楷[1]为弄清这方面的问题，对河口港湾由于潮汐引起的内淤积的机制做了一定量的研究。多年来，在新港选址和旧港治理的研究中，国内外学者获得了一定成果，都认为港池内不同程度的淤积是不可避免的。如果对圣劳伦斯海湾的乔治柯克诺港的相关测量工作和悬移质输沙的原体进行观测，可以看出在一个潮周期内有 1/4 的悬移质泥沙沉积在港内。

2 公式

单位底面积水柱中悬移质泥沙的总量为：

$$N = \int_0^h n(z)\,\mathrm{d}z$$

式中，h 是从底算起的水面高度；$n(z)$ 是平衡浓度；N_e 表示平衡的垂直水柱的 N 值。

$$N_e = \int_0^H n(z)\,\mathrm{d}z$$

用富里埃级数的形式表示流速：

$$\tilde{u} = U_1 \sin\frac{2\pi}{T}t + U_2 \sin\frac{4\pi}{T}t + V_2 \cos\frac{4\pi}{T}t + \cdots$$

式中，T 是潮周期；t 从 $0 \sim T/2$ 和 $T/2 \sim T$ 分别为涨潮期和退潮期。

为了使涨潮流向和退潮流向不影响 N_e 的值，我们取 N_e 值为流速 $\tilde{u}$ 的偶函数：

$$N_e = B\tilde{u}^2$$

式中，B 为比例系数，由悬移质泥沙的粒径和比重确定。

为了使问题定量化，在此我们使用一个一级近似方程：

$$\frac{\mathrm{d}N}{\mathrm{d}t} = \alpha[N_e(t) - N(t)]$$

用 S 表示航道截面上单位宽度悬移质泥沙的输送量，那么：

247

$$S = \int_0^h n(z) \cdot u(z)\,\mathrm{d}z$$

如果 S 的量值取与下式的概念相应：

$$N = \int_0^h n(z)\,\mathrm{d}z$$

这时航道截面上悬移质泥沙的输送量 S 也应为：

$$S = N\tilde{u}$$

所以流速 $\tilde{u}$ 由下式定义：

$$\tilde{u} = \frac{S}{N} = \frac{\int_0^h n(z) \cdot u(z)\,\mathrm{d}z}{\int_0^h n(z)\,\mathrm{d}z}$$

如果只取其前两项，可得：

$$\tilde{u} = A(2\sin\omega t + \sin 2\omega t)$$
$$N_e = B\tilde{u}^2 = BA^2(2\sin\omega t + \sin 2\omega t)^2$$

式中，$\omega = 2\pi/T$，T 为潮周期；A 和 B 为任意常数。

用未知系数的富里埃级数开 N_t，把它代入：

$$N(t) + \frac{1}{a}\frac{\mathrm{d}N}{\mathrm{d}t} = N_e(t)$$

应用方程两边相应的富里埃级数系数相等的方法，可以得到：

$$N(t) = BA^2\Big[2.5 + \frac{2(\cos\omega t + a^{-1}\omega\sin\omega t)}{1 + (a^{-1}\omega)^2} - \frac{2\cos 2\omega t + 2a^{-1}\omega\sin 2\omega t}{1 + (2a^{-1}\omega)^2}\Big] -$$
$$\frac{2(\cos 3\omega t + 3a^{-1}\omega\sin 3\omega t)}{1 + (3a^{-1}\omega)^2} - \frac{a5(\cos 4\omega t + 4a^{-1}\omega\sin 4\omega t)}{1 + (4a^{-1}\omega)^2}$$

取 $a = \omega$，这时有：

$$N_t = BA^2(2.5 + \sin\omega t + \cos\omega t - 0.8\sin 2\omega t - 0.4\cos 2\omega t - 0.6\sin 3\omega t -$$
$$0.2\cos 3\omega t - 0.12\sin 4\omega t - 0.03\cos 4\omega t)$$

于是悬移质泥沙在一个潮周期内的输送总量为：

$$\tilde{S}(T) = \int_0^T S\,\mathrm{d}t$$

涨潮输送量：

$$\tilde{S}\Big(\frac{T}{2} - 0\Big) = \int_0^{\frac{T}{2}} N(t) \cdot \tilde{u}(t)\,\mathrm{d}t$$
$$= \frac{T}{2\pi}\int_0^\pi N \cdot \tilde{u}\,\mathrm{d}(\omega t)$$

退潮输送量：

$$\tilde{S}\Big(T - \frac{T}{2}\Big) = \int_{\frac{T}{2}}^T N(t) \cdot \tilde{u}(t)\,\mathrm{d}t$$

$$= \frac{T}{2\pi} \int_{\pi}^{2\pi} N \cdot \tilde{u} \mathrm{d}(\omega t)$$

经简化得：

$$\tilde{S}\left(\frac{T}{2} - 0\right) = 2.2BA^3T$$

$$\tilde{S}\left(T - \frac{T}{2}\right) = 1.6BA^3T$$

3 意义

根据悬移质泥沙净输送的定量模式,结合涨潮的内向流和落潮的外向流这一缘由,可对河口港湾由潮汐引起的内淤积的机制做定量研究。一个潮周期内,约有 1/4 的由涨潮的内向流和退潮的外向流引起的悬移质泥沙净输送泥沙滞留港内。这些泥沙的密度大于水的密度,在水受湍流扩散的作用而移动的情况下,泥沙还是相对于水做下降运动,这些泥沙的大部分可能落淤于港池内,这一泥沙积淤问题需要更多的研究来解决。

参考文献

［1］ 张炳楷. 港池淤积的一个机制. 海岸工程,1988,7(3):6 – 11.

温排水的扩散公式

1 背景

评价环境影响,为海岸工程提供依据,平衡工程的经济功能与环境功能,是实施海岸工程的前提,这样才可以取得尽可能好的总体效益。青岛市黄岛区东南海岸的黄岛发电厂,是一燃煤中型电厂,这类电厂一般只有三分之一的热量转变为电能,剩余的热量进入环境而导致水域环境的热污染,生态平衡受到损害。张洪芹和刘文通[1]对黄岛发电厂温排水接受海域进行了现场调查,了解温排水对受纳海域的影响范围和程度以及对胶州湾水域的影响。我国海水水质标准规定,受外界人为影响,海域水温的温升超过当时、当地4℃时,即构成热污染。

2 公式

电厂排水受纳水域潮汐类属正规半日潮,平均潮差为2.7 m,最大潮差为4.61 m,潮流基本属于往复流。所测得的表层大、小潮流流速、流向情况如表1所示。

表1 电厂温排水受纳水域附近大、小潮流流速和流向[2]

层次	表层			5 m层			底层		
潮时	流速/cm·s⁻¹		流向 /(°)	流速/cm·s⁻¹		流向 /(°)	流速/cm·s⁻¹		流向 /(°)
	大	小		大	小		大	小	
−5	4	2	333	8	4	90	4	2	63
−4	8	4	360	12	6	360	10	5	37
−3	14	7	16	18	9	360	14	7	16
−2	10	5	11	14	7	8	10	5	22
−1	2	1	180	2	1	360	2	1	315
0	10	5	191	14	7	207	10	5	233
1	14	7	188	18	9	207	14	7	207
2	14	7	180	18	9	298	18	9	216
3	2	1	45	2	1	225	2	1	315
4	4	2	360	2	1	45	2	1	90
5	0	0	9	6	3	90	4	2	117
6	2	1	315	4	2	90	6	3	90
余流	11		41	13		29	13		29

从一期工程温排水扩散范围的测定值对新田模式进行验证,可判断选用新田模式的可靠性。

$$\log y = 1.226 \lg x + 0.855$$

其中:

$$x = Q \times 7\%$$
$$Q = 温排水量(\mathrm{m}^3/\mathrm{d})$$

温排水的扩散半径:

$$R = \sqrt{2y/\pi}$$

3　意义

根据温排水扩散半径公式计算,可得出黄岛电厂二期工程温排水对环境的影响以及造成的热污染。由于受屏蔽作用的电厂码头及水流北向流的作用,高温水舌则向北推移,所以温排水对电厂冷却水水温影响不大。电厂温排水未受有害物质污染,水质较好,但这部分热水资源被白白浪费掉,比较可惜。应设法充分利用这一热水资源,比如可以搞水产养殖、育苗、海水提溴提碘、作为游泳馆用的游泳用水等。二期工程会加剧局部海域的热污染,但影响区域较小,而且受污染的是港池区,尚未预见明显危害,这部分热能今后仍有待于开发利用。

参考文献

[1]　张洪芹,刘文通. 黄岛电厂扩建工程温排水对胶州湾水域影响评价. 海岸工程,1988,7(3):47 - 52.

[2]　国家海洋局第一海洋研究所港湾室. 胶州湾自然环境. 北京:海洋出版社,1984:1:34 - 148.

波浪的特征值计算

1　背景

　　屺姆岛位于龙口市西北,三面环海,该岛附近海区具有得天独厚的深水港址和航道条件。海岸工程规划和设计的重要条件之一是海浪要素。鄢鉴章[1]根据屺姆岛站的海浪观测资料,结合有关台风资料,对屺姆岛附近海区波浪特征进行了基本分析,推算出不同重现期的波高和周期,分析讨论偏北大风、大浪的主要特点,以提供深水港区和海上作业的波浪参数。屺姆岛海浪观测已有20多年的历史,根据多年的经验,有些海浪特征值的结果已基本稳定,但使用不同年限的资料所得特征值也会有稍许差异。

2　公式

　　将1970—1979年的风浪、涌浪出现频率列于表1。由表看出:该区以风浪为主,涌浪出现较少。风浪频率占89%,涌浪频率占11%。冬、秋季涌浪比春、夏季出现稍多,5—7月涌浪出现最少。

表1　风浪、涌浪频率表

项目	1月	2月	3月	4月	5月	6月	7月	8月	9月	10月	11月	12月	全年
风浪频率/%	83.8	86.1	90.4	92.2	92.0	96.6	96.2	93.5	86.7	86.9	83.0	78.8	88.9
涌浪频率/%	16.2	13.9	9.6	7.8	8.0	3.4	3.8	6.5	13.3	13.1	17.0	21.2	11.1

　　用皮尔逊Ⅲ型曲线进行频率分析,不同重现期 T 与频率 P 的关系按下式计算:

$$T = \frac{1}{F}$$

　　不同累积率波高依式:

$$F(H) = \exp\left[-\frac{\pi}{4\left(1 + \frac{H^o}{\sqrt{2\pi}}\right)} \left(\frac{H}{\overline{H}}\right)^{\frac{1}{1-H^o}} \right]$$

　　式中,$H^o = \dfrac{\overline{H}}{d}$;$\overline{H}$ 代表平均波高;d 代表推算点水深;$F(H)$ 为累计频率。

根据皮尔逊Ⅲ型曲线分析结果,结合以上两式,将最后推算结果列于表2。

表2 不同重现期波高、周期推算结果

波向	50 年						25 年						$\overline{H}/d$
	$H_{1\%}$	$H_{4\%}$	$H_{5\%}$	$H_{13\%}$	$\overline{H}$	$\overline{T}$	$H_{1\%}$	$H_{4\%}$	$H_{5\%}$	$H_{13\%}$	$\overline{H}$	$\overline{T}$	
N(NNW)	6.1	5.2	5.0	4.3	2.8	10.8	5.9	5.0	4.9	4.1	2.7	10.3	0.16
NE(NNE)	6.9	5.9	5.7	4.9	3.2	11.6	6.6	5.6	5.4	4.6	3.0	10.6	0.17
WSW(SWW)	4.0	3.4	3.3	2.8	1.8	6.7	3.8	3.2	3.1	2.6	1.7	6.6	0.10
NW(WNW)	5.7	4.9	4.8	4.0	2.6	9.3	5.5	4.7	4.6	3.8	2.5	9.0	0.15
SSW	2.6	2.2	2.1	1.8	1.2	6.0	2.5	2.1	2.0	1.7	1.1	5.9	0.10
·	3.8	3.2	3.1	2.6	1.7	6.4	3.7	3.1	3.0	2.5	1.6	6.3	0.10

注:"·"行是由风场推算值;H 单位为 m;$\overline{T}$ 单位为 s。

3 意义

根据屺姆岛所测得的波浪观测资料和有关寒潮、台风资料,波浪状况得以知晓。讨论波型特征、各向波浪统计量的特点和波痕的季节特点,在此基础上可以推算出不同重现期、不同累积率的设计波高和不同重现期的平均周期。由于寒潮和台风天气会导致偏北大浪,针对这些方面可以分析寒潮天气过程引起的大风、大浪的特点,影响该区台风路径特点以及由其影响产生的偏北大风、大浪特点,也可以一并进行讨论。

参考文献

[1] 鄞鉴章. 屺姆岛附近海区波浪特征分析. 海岸工程,1988,7(3):21 – 32.

海堤的抗浪模型

1 背景

胜利油田位于黄河入海口北侧,有大片的海滩油田,其滩涂地势的形成是由于黄河泥沙堆积造成的,此处具备低洼平坦的地势,土质较弱的地层,相当低的承载能力,比较复杂的潮汐和风暴潮以及多属极限波的大浪。从 1976 年开始逐步进行修海堤打井等工序,现在已成为年产几百万吨的大油田,这仅是开发海滩油田的开始。俞聿修等[1]通过对胜利油田海堤抗浪性能研究,试图分析已建海堤典型断面和几种新堤结构断面方案的抗浪性能。

2 公式

为了适应不同堤段的设计要求,测定了不同堤型、不同潮位时的波浪爬高(表1)。

表1 不同堤型和不同潮位时的波浪爬高 单位:m

重现期		10 年	25 年	50 年	100 年
水深 d/m		2.07	2.43	2.70	2.97
波高 H/m		1.32	1.44	1.62	1.93
护面结构	复坡断面 A	1.17 + 3.24	1.64 + 4.08	2.1 + 4.8	2.79 + 5.76
	同上、下坡栅栏板	1.7 + 3.84	2.12 + 4.56	2.22 + 4.92	2.97 + 5.94
	单坡蘑菇石 1:3	2.13 + 4.2	2.36 + 4.8	2.58 + 5.28	2.91 + 5.88
	单坡混凝土板 1:3	2.97 + 5.04	3.44 + 5.88	3.54 + 6.24	—
	单坡二层抛石 1:3	1.63 + 3.7	2.0 + 4.44	2.04 + 4.74	2.67 + 5.64
	单坡栅栏板	1.89 + 3.96	2.12 + 4.56	2.34 + 5.04	2.79 + 5.76

对单坡堤规定用下式计算波浪爬高 R:

$$R = K_\Delta K_d R_0 H$$

此处 K_Δ 为与护面结构形式有关为糙渗系数;K_d 为水深校正系数。

由实测资料可求得不同护面结构在不同潮位时的 K_Δ,数据比较集中,其均值和变化范围见表2。

表2 不同护面结构的 K_Δ 值

护面结构	实测 K_Δ 值	海港水文规范值	护面结构	实测 K_Δ 值	海港水文规范值
二层抛石	0.50(0.47~0.52)	0.50~0.55	蘑菇石	0.59(0.58~0.61)	—
混凝土板	0.84(0.81~0.88)	0.90	栅栏板	0.54(0.53~0.55)	—

采用反压平台或复坡断面使波浪爬高明显减小(表1和表3)。此时由于上、下坡的护面结构常是不同的,更使波浪爬高的计算复杂化。

平台顶相对于水面的高度为 d_w,堤前波长 L,则折算坡比为:

$$m_e = m_\perp \left(1 - \frac{4.0 d_w}{L}\right)(1 + 3B/L)$$

表3 波浪在栅栏板护面上的爬高 单位:m

反压平台		10年一遇潮 $d=2.07$ m $H=1.33$ m	25年一遇潮 $d=2.43$ m $H=1.46$ m	50年一遇潮 $d=2.7$ m $H=1.62$ m	100年一遇潮 $d=2.97$ m $H=1.93$ m
高/m	宽/m				
1	1.5	1.89	2.12	2.34	2.79
1	5	1.47(0.93)	1.76(0.94)	2.22(1.01)	2.55(0.95)
1	8	1.29(0.91)	1.58(0.96)	2.04(1.02)	2.49(1.02)
1	12	1.05(0.87)	1.40(0.99)	1.66(0.95)	2.13(0.98)
1.5	5	1.29(0.85)	1.52(0.87)	1.92(0.92)	2.43(0.94)
1.5	6	1.05(0.78)	1.34(0.85)	1.62(0.84)	2.19(0.92)
1.5	12	0.93(0.79)	1.28(0.96)	1.50(0.90)	1.95(0.94)
2.0	5	1.17(0.80)	1.4(0.82)	1.74(0.91)	2.31(0.99)
2.0	8	0.93(0.73)	1.28(0.85)	1.5(0.87)	2.07(0.97)
2.0	12	0.87(0.76)	1.10(0.37)	1.26(0.84)	1.71(0.92)

3 意义

根据胜利油田已建海堤三种典型断面和几种新堤结构方案的抗浪性能的研究和分析,可得到对护面结构、反压平台厚度和宽度、潮位变化以及堤面坡度等系统的认知以及其对波浪爬高和护面结构稳定性的影响。通过这些方面的研究还可以使计算波浪爬高的方法得以验证,一举两得,并可以得出必要的参数。与此同时,还测定了作用于顶墙上的波浪,为设计提供了有力依据。

参考文献

[1] 俞聿修,仲跻权,潘春钰,等.胜利油田海堤抗浪性能研究.海岸工程,1988,7(3):39-46.

浮托力的计算

1 背景

浮托力是地下水位上升产生的静水压力,影响着直墙建筑物的稳定性,是海岸工程设计中的重要设计依据,直接关系到工程的安全和造价。目前计算浮托力的方法多是把直墙前趾的浮托力看做与水底波压力相同,而直墙后趾的浮托力视为零,浮托力沿直墙底面的分布视为直线变化,这样构成的三角形则为浮托力计算公式。但也有人认为直墙后趾处的浮托力不为零,而提出梯形的浮托力计算公式。不管是哪一种都须借助于室内规则波的实验资料对其进行修正,由于直立堤前的海浪在天然条件下是多向的不规则波,这些公式能否真正反映天然真实情况,还有待于用现场实测资料来检验。陈雪英和董吉田[1]通过在黄海某港观测站直立堤上设置测浮托力装置来探讨这一问题,分析所取得的资料并进行总结。

2 公式

为了搞清楚浮托力沿直立堤底面的分布规律,我们就 1987 年测得的资料,统计了各测点的峰、谷浮托力的均值,并求各测点之间的相对比值,绘于图 1 上。图中纵坐标是各测点峰(或谷)浮托力相对于 A 测点的峰(或谷)浮托力的比值,横坐标是各测点的位置。

从图 1 上可以看出,浮托力沿直立堤底面的分布近于梯形,后趾处的浮托力不为零。

为了了解海浪对直立堤底部的总浮托力随频率的分布情况,我们做了总浮托力谱,图 2 是实测的总浮托力随时间的变化曲线,图 2 中,正总浮托力 R_+ 是波峰击堤时的总浮托力值,负总浮托力 R_- 是波谷击堤时的总浮托力值,R 是总浮托力幅度。

图 3 是堤前表面波谱和总浮托力谱。从图 3 可以看出,总浮托力谱的最大谱密度所对应的频率同堤前表面波谱的最大谱密度所对应的频率基本上是一致的,但谱形略有不同,表面波谱在频率为 0.208 Hz 附近出现一个不大的次峰,而总浮托力谱没有次峰出现,谱值更加集中。

峰、谷总浮托力及总浮托力幅度与表面波高有明显的依赖关系,图 4 是它们之间的关系图。从图上可以看出,峰、谷总浮托力都是随波高的增加而增大,其趋势是一致的,量值也相差不多,而总浮托力幅度随波高增加的速率远远超过前两者。它们之间的回归方程和相

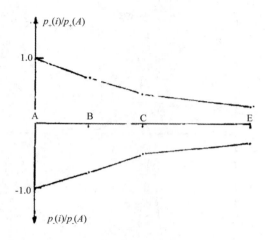

图1 各测点峰(谷)浮托力均值的相对比值沿堤底面的分布

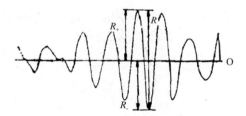

图2 总浮托力变化曲线

关系数列于表1。

表1 峰、谷总浮托力回归方程和相关系数

类别	回归方程	相关系数
正总浮托力	$R_+ = -1.04 + 2.52H$	0.97
负总浮托力	$R_- = -1.12 + 2.77H$	0.98
总浮托力幅度	$R = -2.07 + 5.24H$	0.98

正浮托力的计算：

$$P_u = \frac{bp_b}{2} = \frac{brH}{2\cosh\dfrac{2\pi d}{L}}$$

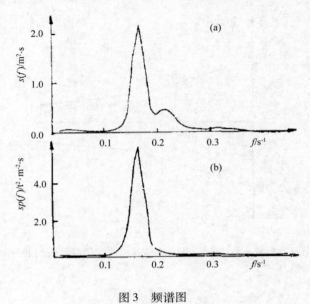

图3　频谱图

a. 表面波谱；b. 总浮托力谱

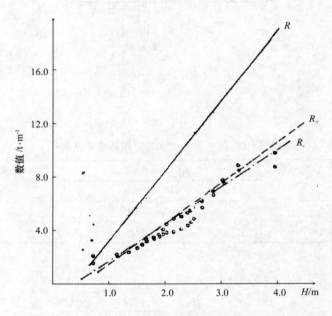

图4　峰、谷总浮托力和总浮托力幅度与表面波高的关系

3 意义

根据黄海观测站测得的直立堤上浮托力和堤前表面波的实测资料,结合相关计算公式,探讨直立堤上浮托力沿堤底面的分布规律及其与波高的关系,并与规范法做比较。可知防波堤后趾处的浮托力不为零,浮托力沿直立堤底面的分布近于梯形;总浮托力谱与表面波谱的峰值频率基本一致;峰、谷总浮托力及总浮托力幅度与波高关系密切,都随波高增加而增大;而按规范方法计算的浮托力值比实测值偏大。

参考文献

[1] 陈雪英,董吉田. 直立堤上浮托力沿堤底面的分布及其与波高的关系. 海岸工程,1988,7(3):1-5.

港池的回淤公式

1 背景

回淤是指挖槽中发生泥沙沉积的现象,也指河道淤泥回流现象。S 工程是拟建中的港口工程,该港口是在淤泥质浅滩上开辟的一个港口。喻国华和鲍曙东[1]根据在建成护岸、防波堤工程后,在不开挖港池的情况下,研究港内自然回淤情况,并对 S 工程回淤进行预报与分析。港内不同时间的不同部位的淤积状况以及港池挖至 − 5 m 时回淤情况都有待分析,需要组织港区潮流的观测,结合这一区域波浪、泥沙运动和保滩促淤工程的研究成果展开以上任务的研究。

2 公式

据 1、2、3 号站位的底质分析(图 1),港区附近浅滩的泥沙从沉积学的分类看,属粉沙质泥,中径在 0.018 ~ 0.009 5 mm 之间(表 1)。

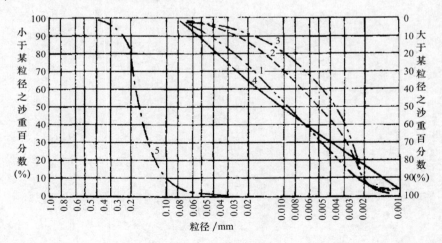

图 1　工程泥沙颗粒分析曲线

表 1 工程泥沙颗粒分类表   单位:mm

站位	大于某粒径沙重百分数			沉积物名称
	d_{34}	d_{50}	d_{18}	
1	0.003	0.009 5	0.029	粉沙质泥
2	0.002 4	0.005	0.018	粉沙质泥
3	0.002 2	0.003 4	0.012	粉沙质泥
4	0.002	0.01	0.044	粉沙质泥
5	0.12	0.018	0.21	细沙

关于淤泥质海岸上,水体含沙量的变化规律,刘家驹[2]通过新港、连云港等海岸的研究,得出了以下关系式:

$$\bar{S} = 0.027\ 3 V_g \frac{(\mid V_1 \mid + \mid V_2 \mid)^2}{gH}$$

式中,$\mid V_1 \mid = \mid \vec{V}_吹 + \vec{V}_潮 \mid$;$\mid V_2 \mid = \mid V_波 \mid = 0.2 \frac{h}{H} C$;$\vec{V}_吹 = 0.02 \vec{W}$;$V_g$ 为沙粒的容重。

S 工程处于淤泥质海难,港池内的淤积是以悬沙落淤为主,根据刘家驹[2]的研究成果,这类港池的回淤强度可以用下列公式估算[3]:

$$P = \frac{k \cdot m}{r_0} a \cdot \sin\theta \cdot \omega \cdot \bar{S} \left[1 - \left(\frac{H_2}{H_1} \right)^3 \right] \exp\left[\frac{1}{2} \left(\frac{A}{A_0} \right)^{\frac{1}{2}} \right]$$

式中,P 为港池年平均淤积强度;k 为经验系数;m 为一年时间的总数;$a \cdot \sin\theta$ 是与入港水流形态等因素有关的一数值;r_0 为泥沙干容重;ω 为泥沙的沉降速度;$\bar{S}$ 为港池外浅滩水体年平均含沙量;H_1 为港池外浅滩水深;H_2 为港池水深;A_0 为港内总水域面积;A 为港内浅滩水域面积。

3 意义

根据泥沙分析及回淤强度的分析计算,可对 S 工程的回淤情况进行详细分析,这一研究结合了淤泥质海岸泥沙运动的一些研究成果,又由于该港域与连云港有相同的自然条件,因此在估算该港池回淤中采用了连云港的一些经验系数是合理的。因该港池本身面积较小,港池基本全部开挖,因此港内浅滩面积可近似取为零,这一点与连云港的实测值一致。在研究过程中对 S 工程的自然回淤做出了预报,但这一结果还有待工程建成后做进一步验证。

参考文献

[1]　喻国华,鲍曙东.S工程回淤预报与分析.海岸工程,1988,7(4):50-57.

[2]　刘家驹.连云港外航道的回淤计算及预报.水利水运科学研究,1980(4):31-42.

[3]　刘家驹,张镜潮.连云港扩建工程港口回淤问题的研究.水利水运科学研究,1983(4):33-43.

波浪谱的折射模型

1 背景

海岸及河口地区,地形及水流会影响波浪的传播,波浪的传播方向、水流方向与海底等深线走向可为任意组合,除此之外,波浪具有不规则性。波浪与水流的相互作用的研究已有很多,但却没有多少综合研究,因主要从计算方法入手,虽大多已简化,但运用在实际计算中还比较难。李玉成和石峰[1]通过分析规则波在波、流与地形的任意组合条件下波浪折射的计算方法,提出一种实用方法,一种可供在任意水流条件下计算波浪谱受地形及水流影响的折射问题的实用方法。

2 公式

相对波速应满足弥散方程:

$$C_{ri} = \left(\frac{g}{k_i} \tanh k_i d \right)^{\frac{1}{2}}$$

式中,k 为波数;d 为当地水深。

当有水流存在时,波折射可按下式计算:

$$\frac{\sin\alpha_0}{C_0} = \frac{\sin\alpha_i}{C_i} = \frac{\sin\alpha_i}{[C_{ri} + U\sin(\alpha_i + \beta_i)]}$$

下脚注 0 表示深水无流区值。

任意点的波速变化为[2]:

$$C_i = \left(1 - \frac{U_0}{C_0} \sin\alpha_0 \right)^{-2} \tanh k_i d$$

式中,U_0 为深水有流区流速;折射后的波向角 α_i 可计算如下:

$$\sin\alpha_i = \frac{C_i \sin\alpha_0}{C_0}$$

该点的谱密度(或波能)变化可按二相邻波能射线间波浪作用通量守恒原则计算:

$$e_i \frac{E_i}{\omega_{ri}} C_{g0} = e_{i0} \frac{E_{i0}}{\omega_{i0}} C_{gi0}$$

式中,e 为二相邻波能射线间距离;E 为单位面积上水柱内的波能;ω 为波浪圆频率;C_g 为波

263

群速。

$$C_{gi} = \left[C_{gri}^2 + U^2 + 2C_{gri}U\sin(\alpha_i + \beta_i) \right]^{1/2}$$

式中,$C_{gri} = C_{gri}A_i$。

$$A_i = \frac{1}{2}\left(1 + \frac{2k_id}{\sinh 2k_id}\right)$$

$$C_{gi0} = \frac{1}{2}C_{i0}$$

波浪圆频率间的变换关系:

$$\omega_{ri} = \omega_{r0} - k_iU\sin(\alpha_i + \beta_i)$$

可得下式:

$$\frac{E_i}{E_{i0}} = \cos\alpha_0\omega_{ri}C_{gi0}/(\cos\alpha_i\omega_{i0}C_{gri})$$

根据线性系统的变换原则并经计算域的变换,波谱变化可按下式计算:

$$S_{\eta\eta}(\omega_{ai}) = |Y_\eta|^2 SS_{\eta\eta}(\omega_{ai})$$

式中,S 及 SS 分别为流水及静水中的波谱密度;下脚注 a 表示在绝对频域中值;Y_η 为波能传递函数,可由下式计算:

$$|Y_\eta|^2 = \frac{E_i}{E_{i0}}$$

第 i 个组成波在任意坐标点 (X_m, Y_n) 处的底速 $\vec{U}_{di}$ 由该处波浪底流速 $\vec{V}_{di}$ 及边界层处的水流底流速 $\vec{U}_{ci}$ 决定:

$$\vec{U}_{di} = \vec{V}_{di} + \vec{U}_{ci}$$

由线性波理论,波浪底速为:

$$V_{di} = V_{dmi}\cos\omega_{ri}t$$

而

$$V_{dmi} = \pi H_i/(T_{ri}\sin k_id)$$

$$T_{ri} = 2\pi/\omega_{ri}$$

边界层厚 δ 可计算为:

$$\delta = \frac{\pi}{2}(2\beta K_m V_{fm}/\omega)^{1/2}$$

式中,K_m 为底床糙率;β 为紊流常数;V_{fm} 为波流共存时的摩阻流速,计算式为:

$$V_{fm} = \left(\frac{\tau_{bm}}{\rho}\right)^{1/2}$$

式中,τ_{bm} 为底部最大剪应力,按 Jonsoon 的分析可计算如下:

$$\tau_{bm} = \frac{1}{2}\rho f_{\omega c}|U_{dm}|U_{dm}$$

其中：

$$U_{dm} = V_{dm}^2 + U_c^2 + 2V_{dm}U_c\sin(\alpha_i + \beta_i)$$

$$f_{\omega c} = \frac{f_\omega + |a|f_c}{1 + |a|}$$

式中，f_ω 及 f_c 分别为纯水流及纯波浪时的底摩擦系数，$a = \overline{V}_d/U_c$。由此可得计算边界层厚的公式：

$$\delta = 0.203\ 7[K_N U_{dm}Tf_{\omega c}]^{1/2}$$

$$U(Z) = U_0(1 + Z/d)^{1/7}$$

式中，U_0 为表面流速，可得断面平均流速 $\overline{U} = 7U_0/8$。边界层边缘处的水流速 U_0 为：

$$\overline{U}_0 = \frac{7}{8}U\left(\frac{\delta}{d}\right)^{1/7}$$

由于底部水质点的运动速度是随时间变化的，因而单位面积床面上总能量的损失率应取时均值 D_f：

$$D_f = <\overline{\tau}U_{di}>$$

式中，符号 $<\ >$ 表示时均值；τ_b 为瞬时海底边界层边缘处的剪应力。

$$U_{di}(t) = [U_{ci}^2(\overline{V}_{dmi}\cos\omega_{ri}t)^2 + 2U_{ci}\overline{V}_{dmi}\cos\omega_{ri}t\sin(\alpha_i + \beta_i)]^{1/2}$$

可改写为：

$$D_f = <\vec{\tau}_b(\vec{V}_{di} + \vec{U}_{ci})> = <\vec{\tau}_b\vec{V}_{di}> + <\vec{\tau}_b\vec{U}_{ci}> = D_{f\omega} + D_{fc}$$

式中，D_{fc} 为水流作用所产生的摩阻损耗，表现为水面坡降的变化；$D_{f\omega}$ 为波浪作用所产生的摩阻损耗，表现为波浪衰减。因而在此只需分析总能耗 D_f 中的坡能损耗项 $D_{f\omega}$。

$$D_{f\omega} = <\vec{\tau}_b\vec{V}_{di}>$$

$$\int_0^{T_{r1}} \frac{1}{2}\rho f_{\omega c}U_{di}^2\overline{V}_{di}\cos\theta_i \mathrm{d}t/T_{ri}$$

式中，θ_i 为合成速度方向与波动方向间的夹角，它可由下式计算：

$$\cos\theta_i = [U_{di}^2 + (\overline{V}_{dmi}\cos\omega_{ri}t)^2 - U_{ci}^2][2U_{di}\overline{V}_{dmi}\cos\omega_{ri}t]^{-1}$$

则波能损耗为：

$$D_{f\omega} = \frac{\rho f_{\omega c}}{4T_{ri}}\int_0^{T_{r1}} U_{di}[U_{di}^2 + (\overline{V}_{dmi}\cos\omega_{ri}t)^2 - U_{ci}^2]\mathrm{d}t$$

当计及波浪传递过程中的能量损耗时，波浪作用通量守恒方程应表示为：

$$e_{i(m-1)(n-1)}\frac{E_{i(m-1)(n-1)}}{\omega_{ri(m-1)(n-1)}}C_{gi(m-1)(n-1)}$$

$$= e_{imn}\frac{E_{imn}}{\omega_{rimn}}C_{gimn} + D_{f\omega}\frac{\Delta X_{me}\overline{e}_{imn}}{\omega_{rimn}}$$

考虑底摩阻损失后第 i 个组成波的波高为：

$$H_{imn} = \left\{ \frac{\cos\delta_{i(m-1)(n-1)}}{\cos\delta_{imn}} \frac{\omega_{rimn}}{\omega_{ri(m-1)(n-1)}} \frac{C_{gi(m-1)(n-1)}}{C_{gimn}} H_i^2 (m-1)(n-1) - \right.$$

$$\left. \frac{8D_{f\omega}}{\rho_0} \Delta X_{mn} \left(1 + \frac{\cos\delta_{i(m-1)(n-1)}}{\cos\delta_{imn}} \frac{\omega_{rimn}}{\omega_{ri(m-1)(n-1)}} \frac{1}{C_{gimn}} \right) \right\}^{1/2}$$

此时波谱密度变化由下式计算:

$$S_{\eta\eta mn}(\omega_{ai}) = |Y_\eta|^2 S_{\eta\eta(m-1)(n-1)}(\omega_{ai})$$

而传递函数 Y_η 为:

$$|Y_\eta|^2 = \left[\frac{H_{imn}}{H_{i(m-1)(n-1)}} \right]^2$$

即此时波谱密度变化必须利用由深水到浅水的逐点推移法进行计算。

3 意义

根据通量守恒的原则在波能射线间的作用,再结合波浪的线性叠加原理,得出了波浪频谱的折射计算方法,这是以地形影响为前提的计算方法,同时还比较了底摩擦损耗是否考虑在内的情况。按谱分析得出的结果与按规则波方法得出的结果相比较更符合实际海况。当需要资料要求精确时,宜采用谱分析法;在工程规划对海况精度要求不高时,则作为简化可采用规则波方法进行初步分析。

参考文献

[1] 李玉成,石峰. 波浪谱在任意水流条件下受地形及水流影响的折射. 海岸工程. 1988,7(4):1-11.
[2] 李玉成,叶正凡. 不规则波和流作用于圆柱上的正向力及横向力. 海洋学报,1985,7(5):611-620.

冬季大风的预报方程

1 背景

在研究了冬季偏北大风的预报方法后,王厚广[1]以历史天气图为基础,对 1975—1984 年每年 11 月至翌年 2 月的资料进行了调查,分析了大风过程行进的分路径,根据共性关系对每种路径规定关键区,结合物理意义明确的因子,建立预报方程。11 月属秋末冬初,冷空气活动较为频繁,气温下降较为显著,冬季特征较为明显,所以划到冬季内。

2 公式

设 $|\nabla\theta|$ 表示位温水平梯度的绝对值,F 表示锋生强度,如 $\dfrac{\mathrm{d}}{\mathrm{d}t}$ 表示随锋或锋生线一起移动坐标系里的个别变化,因而:

$$F = \frac{\mathrm{d}}{\mathrm{d}t}|\nabla\theta|$$

选择 x 轴平行于锋或者锋生线,y 轴由暖空气指向冷空气的右螺旋坐标系,因而 $\dfrac{\partial\theta}{\partial x}=0$,锋生强度为:

$$F = \frac{\mathrm{d}}{\mathrm{d}t}\frac{\partial\theta}{\partial y}$$

展开可得:

$$F = \frac{\mathrm{d}}{\mathrm{d}t}\left(\frac{\partial\theta}{\partial y}\right) = \frac{\partial}{\partial t}\left(\frac{\partial\theta}{\partial y}\right) + V\frac{\partial^2\theta}{\partial y^2} + \omega\frac{\partial\theta}{\partial P\partial y}$$

式中,V 为沿 y 方向的风速;ω 表示垂直运动,负值为上升运动。又因为位温个别变化:

$$\frac{\mathrm{d}\theta}{\mathrm{d}t} = \frac{\partial\theta}{\partial t} + V\frac{\partial\theta}{\partial y} + \omega\frac{\partial\theta}{\partial p}$$

对 y 微商:

$$\frac{\partial}{\partial t}\frac{\mathrm{d}\theta}{\mathrm{d}t} = \frac{\partial}{\partial t}\left(\frac{\partial\theta}{\partial y}\right) + \frac{\partial V}{\partial y}\frac{\partial\theta}{\partial y} + V\frac{\partial^2\theta}{\partial y^2} + \omega\frac{\partial^2\theta}{\partial p\partial y} + \frac{\partial\omega}{\partial y}\frac{\partial\theta}{\partial y}$$

可解得:

$$F = -\frac{\partial V}{\partial y}\frac{\partial \theta}{\partial p} - \frac{\partial \omega}{\partial y}\frac{\partial \theta}{\partial p} + \frac{\partial}{\partial y}\frac{\mathrm{d}\theta}{\mathrm{d}t}$$

若该关键区内某层是暖平流,所得 x_1 或 x_2 是负值,得到的预报方程是:

$$\hat{y} = 10.45 - b_1 x_1 - b_2 x_2$$

x_1、x_2 实际上可以近似地看做是气压梯度:

$$\hat{y} = 9.7 - b_1 x_1 + b_2 x_2$$

3　意义

根据预报方程的分析,用北方路径冷锋预报方程能够提前 24 小时做出了偏北大风预报,在实际工作中本方法具有一定的参考价值。高空有强锋区和地面上有较大的气压差是引起风力增大的主要原因。通过数理统计的方法将冬季影响青岛市的冷锋分为四条路径,选取温度梯度和气压梯度作为在高空和地面图上的因子,建立起预报方程,为实际预报业务工作提供了一种方法。

参考文献

[1]　王厚广. 冬季偏北大风的预报方法. 海岸工程,1988,7(4):58 - 62.

港潮类型的判别式

1 背景

过去一致认为秦皇岛港的潮汐类型是混合潮港,这只是还没做过统计和分析的感性认识。选用潮汐类型判别式:$(H_{K_1} + H_{O_1})/H_{M_2}$用来撰编1981年《秦皇岛海洋水文气候志》,振幅比值大于4.0者属于日潮港。俞世清[1]通过对潮汐类型分类的定义、潮汐类型判别式的选用,用秦皇岛港10年潮汐资料分析结果、秦皇岛港潮位变化过程曲线分析等资料对秦皇岛港潮汐类型进行探讨。这对秦皇岛港潮汐属于哪一种潮汐类型,选用哪种潮汐类型判别式才能比较客观地分析判别秦皇岛港潮汐类型有很大帮助。

2 公式

潮汐类型见表1。

表1 潮汐类型

形式	潮汐类型			
	半日潮	混合潮		全日潮
$F = \dfrac{H_{K_1} + H_O}{H_{M_2}}$		不正规半日潮	不正规日潮	
	$0 < F < 0.5$	$0.5 < F < 2.0$	$2.0 < F < 4.0$	$F > 4.0$
	半日潮		混合潮	规则日潮
$F = \dfrac{H_{K_1} + H_{O_1}}{H_{M_2} + H_{S_2}}$	规则	不规则	半日潮为主	日潮为主	
	$0 < F < 0.10$	$0.10 < F < 0.5$	$0.5 < F < 1.00$	$1.00 < F < 10.00$	$F > 10.00$

从分析结果可以明显地看出,该地区潮汐变化复杂,除受天文潮影响外,主要是受气象要素和地形的影响。这是造成潮汐变化复杂的主要原因(表2)。

潮汐类型判别式选用下式较为合理:

$$F = \frac{H_{K_1} + H_{O_1}}{H_{M_2} + H_{S_2}}$$

式中,H为分潮振幅;F为分潮振幅比值。

表2 潮汐变化复杂的主要原因

年份	1月			2月			3月			4月			5月			6月			7月		
	日潮	半日潮	非典型潮	日潮	半日潮	非典型潮	日潮	半日潮	非典型潮	日潮	半日潮	非典型潮	日潮	半日潮	非典型潮	日潮	半日潮	非典型潮	日潮	半日潮	非典型潮
1968	24	7		16	11	1	18	11	2	Δ11	11	8	15	13	3	22	6	2	16	12	3
1970	24	7		18	8	2	16	9	6	13	11	6	15	10	6	24	2	4	18	8	5
1971	17	10	4	14	12	2	16	10	5	16	6	8	14	11	6	19	7	4	15	10	6
1972	17	11	3	14	11	4	14	9	8	9	14	7	14	13	4	18	8	4	14	11	6
1973	20	9	2	15	12	1	15	11	5	8	15	7	13	14	4	17	10	3	14	13	4
1974	18	11	2	17	7	4	13	11	7	10	11	9	11	15	5	20	7	3	18	10	3
1975	20	11		13	11	4	13	14	4	9	11	10	15	13	3	16	12	2	14	11	6
1976	22	9		13	10	6	9	12	11	6	17	7	8	19	4	15	12	3	15	12	4
1977	23	6	2	14	12	2	16	12	3	8	12	10	4	22	5	17	9	4	17	10	4
1978	20	11	2	17	9	2	14	12	5	10	11	9	11	15	5	Δ13	13	4	16	10	5
合计	205	92	13	151	103	28	144	110	56	100	119	81	120	145	45	181	86	33	157	107	46
百分率/%	66.1	29.7	4.2	53.5	36.5	9.9	46.5	35.5	18.1	33.3	39.7	27.0	38.7	46.8	14.5	60.8	28.7	11.0	50.6	34.5	14.8

续表

年份	8月 日潮	8月 半日潮	8月 非典型潮	9月 日潮	9月 半日潮	9月 非典型潮	10月 日潮	10月 半日潮	10月 非典型潮	11月 日潮	11月 半日潮	11月 非典型潮	12月 日潮	12月 半日潮	12月 非典型潮	合计 日潮	合计 半日潮	合计 非典型潮	百分率/% 日潮	百分率/% 半日潮	百分率/% 非典型潮
1968	11	14	6	11	15	4	Δ13	13	5	17	10	3	19	11	1	193	134	38	52.9	36.7	10.4
1970	Δ14	14	3	13	10	7	10	15	6	14	12	4	23	8		202	114	49	55.3	31.2	13.4
1971	15	11	5	14	9	7	Δ11	11	9	18	8	4	19	10	2	188	115	62	51.5	31.5	17.0
1972	13	12	6	Δ13	13	4	15	11	5	13	12	5	20	9	2	174	134	58	47.5	36.6	15.8
1973	9	16	6	10	13	7	13	14	4	11	13	6	18	8	5	163	148	54	44.7	40.5	14.8
1974	14	10	7	8	18	4	Δ12	12	7	Δ12	12	6	18	13		171	137	57	46.8	37.5	15.8
1975	Δ14	14	3	12	14	4	14	12	5	10	14	6	21	8	2	171	14.5	49	46.8	39.7	13.4
1976	10	11	10	10	14	6	11	13	7	16	16	4	18	7	6	147	151	68	40.2	41.3	18.6
1977	11	17	3	9	13	8	7	14	10	15	10	5	23	8		164	145	56	44.9	39.7	15.3
1978	15	11	5	9	16	5	10	16	5	17	10	3	24	5	2	176	139	50	48.2	38.1	13.7
合计	126	130	54	109	795	56	116	131	63	137	117	46	203	87	20	1 749	1 362				
百分率/%	40.6	41.9	17.4	36.3	45.0	18.7	37.4	42.3	20.3	45.7	39.0	15.3	65.5	28.1	6.5	47.9	37.3				

备注
1. 一个太阴日（24 h 50 min）为统计日。
2. 非典型潮系指一天内出现一次、三次、五次以上高低潮或无潮日数。
3. 统计时不考虑气象要素等影响。
4. 半日潮天数大于日潮天数。Δ 日潮、半日潮天数相等。无符号的表示日潮为主的混合潮。
5. 潮汐类型单位:d

3 意义

根据大量资料分析,潮汐类型可分日潮、半日潮、混合潮三种基本类型,秦皇岛港潮汐类型是日潮为主的混合潮。《秦皇岛海洋水文气候志》对该港潮汐类型判别式选用 $F = H_{K_1} + H_{O_1}/H_{M_2} + H_{S_2}$ 更切合秦皇岛港潮汐类型的客观规律。该地区潮汐变化复杂,除受天文潮影响外,主要是受气象要素和地形的影响,这是造成潮汐变化复杂的主要原因。

参考文献

[1] 俞世清. 关于秦皇岛港潮汐类型的浅见. 海岸工程,1988,7(4):45 – 49.

波要素的预报模式

1 背景

波浪要素和水流形态发生变化,往往是由于波浪与海流或通流同时存在而导致的,水流对波要素起着最基本和最重要的影响,同时对于强流海区的海况预报,海工建筑物上的波浪力计算等意义重大。水流中波要素的变化已被不少学者研究,波流场中辐射应力的概念已被提出,并建立了完整的波能流守恒方程。波浪水流相互作用的运动学和动力学的研究,加快了波流场中的波作用量守恒方程的建立。刘桦[1]对逆向波流场中的波要素做了系统的理论分析和实验验证,建立起逆流中波要素变化的全过程预报模式,在此基础上采用波作用量守恒方程和一阶椭圆余弦波理论,对极浅水有流区的波要素做了理论分析,计算方法简捷方便。

2 公式

一阶 C_n 波既可以用摄动法直接推导,也可以将 Laitone 的二阶 C_n 波略去高阶项后得到。有关公式如下。

波面:

$$\zeta = H[C_n^2(\theta,k) - \overline{C_n^2(\theta,k)}]$$

水平速度:

$$u = \frac{C}{d} \cdot \zeta$$

垂直速度:

$$W = \sqrt{\frac{g}{d}} \cdot H \cdot \frac{4kd}{L} \cdot \frac{d+z}{d} \cdot C_n(\theta,k) \cdot S_n(\theta,k) \cdot d_n(\theta,k)$$

压强:

$$P = \rho g(\zeta - z)$$

式中,$\theta = 2K\left(\dfrac{X}{L} - \dfrac{t}{T}\right)$;$d$ 为平均水深;L 为波长;T 为周期;H 为波高。K 为第一类完全椭圆积分;E 为第二类完全椭圆积分;k 为椭圆积分的模数。C_n、S_n、d_n 表征模数为 k 的 Jacobian 椭圆函数。根据 Stokes 的波速第二定义,得到:

$$C = \sqrt{gd}\Big[1 + \frac{H}{d} \cdot \frac{1}{k^2}\Big(\frac{1}{2} - \frac{E(k)}{K(k)}\Big)\Big]$$

波参数与模数之间有如下关系:

$$\frac{L^2 H}{d^3} = k^2 K^2(k)$$

一阶 C_n 波的能量为:

$$E_\omega = \frac{\rho g}{2}\overline{\zeta^2} + \overline{\int_{-d}^{\zeta} \frac{\rho}{2}(u^2 + \omega^2)\mathrm{d}z}$$

化简得:

$$E_\omega = \rho g H^2\big[\overline{C_n^4} - (\overline{C_n^2})^2\big]$$

波能流通量可写为:

$$F = \overline{\int_{-d}^{\zeta} -\rho\, \frac{\partial\varphi}{\partial t} \frac{\partial\varphi}{\partial x}\mathrm{d}z}$$

其中, $\varphi = \varphi(x - Ct)$,为波动势函数,由 $\frac{\partial\varphi}{\partial t} = -\frac{C\partial\varphi}{\partial x}$ 得:

$$F = \rho C \overline{\int_{-d}^{\zeta} u^2 \mathrm{d}z} = \rho g H^2 \cdot C \cdot \big[\overline{C_n^4} - (\overline{C_n^2})^2\big]$$

由波作用量守恒和波数守恒:

$$\frac{(E_\omega)_0}{W_0} \cdot C_{g0} = \frac{(E_\omega)_v}{W_r}(C_{gr} + V)$$

$$W_0 = W_r + k \cdot V$$

可求得波高变化和波长变化的计算公式:

$$\frac{H_V}{H_0} = \frac{C_0 \cdot [\overline{C_n^4} - (\overline{C_n^2})^2]_0}{(V + C_r) \cdot [\overline{C_n^4} - (\overline{C_n^2})^2]_v}$$

$$\frac{L_v}{L_0} = \frac{\dfrac{d}{H_0} + \dfrac{H_v}{H_0} \cdot \dfrac{1}{k_v^2}\Big[\dfrac{1}{2} - \dfrac{E(k_v)}{K(k_v)}\Big]}{\dfrac{d}{H_0} + \dfrac{1}{k_0^2}\Big[\dfrac{1}{2} - \dfrac{E(k_0)}{K(k_0)}\Big]} + \frac{V}{C_0}$$

其中,下标 0 和 V 分别表示无流区和有流区的物理量。对同向波流场, V 取正值。对逆向波流场, V 取负值。

若应用波能流守恒方程:

$$E_{\omega 0} \cdot C_{\omega 0} = (E_\omega)_v \cdot (C_{gr} + V)$$

则得到波高变化:

$$\frac{H_v}{H_0} = \frac{C_0[\overline{C_n^4} - (\overline{C_n^2})^2]_0}{(V + C_r)[\overline{C_n^4} - (\overline{C_n^2})^2]_v}$$

引进参数 λ 、 μ 、 f ,定义如下:

$$\lambda = \frac{(1 - k^2)}{k^2} = 16q'\left(\frac{T_{04}}{T_{02}}\right)^4$$

$$\mu = \left(\frac{E}{k^2}\right) \cdot E = \left\{\left[\frac{2}{-\ln q'}\right] - S + (T_{04})^4\right\} / (T_{02})^4$$

则有：

$$\overline{C_n^2} = \mu - \lambda$$

$$\overline{C_n^4} = \frac{2}{3}(1 - \lambda)\mu - \frac{\lambda}{3}(1 - 2\lambda)$$

$$f = \overline{C_n^4} - \overline{(C_n^2)^2} = -\mu + \frac{2}{3}(1 + 2\lambda)\mu - \frac{\lambda}{3}(1 + \lambda)$$

可写成：

$$\frac{H_v}{H_0} = \frac{f_0}{f_v}\frac{L_0}{L_V}\left(1 - \frac{V}{C_0}\frac{L_0}{L_V}\right)^{\frac{1}{2}}$$

要计算 $\frac{H_V}{H_0}$、$\frac{L_V}{L_0}$，则必须先求出水流中的 k_V、$E(k_V)$、$K(k_V)$。则有：

$$\ln q'_v = -\frac{1}{(T_{02})_V^2}\left(\frac{3}{4}\right)^{\frac{1}{2}} \cdot \left(\frac{L_0}{d}\right) \cdot \left(\frac{L_V}{L_0}\right) \cdot \left(\frac{H_V}{H_0}\right)^{\frac{1}{2}} \cdot \left(\frac{H_0}{d}\right)^{\frac{1}{2}}$$

其中，$(T_{02})_V = 1 - 2q_v^1 + 2(q_v^1)^4 \cdots$ 显然，q' 与 $\frac{H_V}{H_0}$、$\frac{L_V}{L_0}$ 有着隐函数关系。

计算过程中，$\frac{H_V}{H_0}$、$\frac{L_V}{L_0}$ 的初值均按 Unna 的极浅水公式计算，即：

$$\left(\frac{H_V}{H_0}\right)_0 = 1 - \frac{V}{2C_0}$$

$$\left(\frac{L_V}{L_0}\right)_0 = 1 + \frac{V}{2C_0}$$

对于极浅水情况，线性理论的解可写成：

$$\left(\frac{H_V}{H_0}\right)_0 = 1 - \frac{V}{2C_0} + 0\left[\left(\frac{V}{C_0}\right)^2\right]$$

$$\left(\frac{L_V}{L_0}\right)_0 = 1 + \frac{V}{2C_0} + 0\left[\left(\frac{V}{C_0}\right)^2\right]$$

3 意义

根据一阶椭圆余弦波的直接数值计算方法,理论分析了均匀流场中一阶椭圆余弦波波要素的变化规律。由于水流作用,在极浅水区域,相对水深对波要素变化有着较显著的影响,相对水深越大,水流对波要素的影响越大,但不同的相对波高也将影响计算结果。在一定范围内一阶椭圆余弦波的直接数值计算方法极为有效,且作为一种简捷的方法,可进行极浅水水流区波要素的预报。对于水流中的极浅水陡波,理论上也可考虑采用高阶的 C_n 波理论。

参考文献

[1] 刘桦. 均匀流场中一阶椭圆余弦波波要素的直接数值计算. 海岸工程,1988,7(4):12 - 20.

大型海浪的物理模型

1 背景

近海工程中当建筑物的精确计算结果不能由理论计算提供时,物理模型就成为主要选择。当物理模型对实际情况反映准确和可靠时,就显得理论计算方法不是很迅速和经济。物理模型使人们对物理现象有深入了解,可用来检验计算方法的正确性,可改进理论和数值计算方法。现阶段模型可作为重要技术手段解决大型近海工程问题。朱骏荪[1]通过相关研究对大型海浪物理模型装置的设计原理进行探讨。对大型近海工程必须进行理论、模型及现场实测过程,三者紧密结合,不断修正,使设计更符合客观实际。

2 公式

水池有两套海浪发生器,沿短边 A 有能产生规则和不规则长峰波的发生器,其波高与周期产生的能力见图 1;沿长边 B 有产生长峰波及短峰波的发生器,其发生波高与周期的能力见图 2。

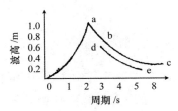

图 1　NHL 海洋装置波高与波周能力(A 边)

按国际推荐,对充分成长情况的波谱有:

$$S_\xi(\omega) = \frac{A}{\omega^5}\exp\left(-\frac{B}{\omega_p^4}\right)$$

$$A = 8.1 \times 10^{-3} g^2$$

$$B = 0.74\left(\frac{g}{V}\right)^4$$

$$\omega_p = (0.74B)^{1/4}$$

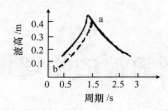

图 2　NHL 海洋装置波高与波周能力(B 边)

对有限风区情况的波谱为：

$$S_\xi(\omega) = S^{(P-M)}\xi(\omega) \cdot F$$

$$F = F_2^{-1} \cdot r^{\exp}\left\{\frac{-(\omega - \omega_p^2)}{2\sigma^2\omega_p^2}\right\}$$

假定变量是可分离的,从而得到方向谱为：

$$S_\xi(\omega,\mu) = S_\xi(\omega) \cdot M(\mu)$$

波谱方向扩散函数应满足：

$$\int_{-\frac{\pi}{2}}^{\frac{\pi}{2}} M(\mu)\,\mathrm{d}u = 1$$

则短峰方向谱可为：

$$S_\xi(\omega,\mu) = A(n)\cos^2\mu \cdot S_\xi(\omega)$$

$$n = 2, \quad A(n) = \frac{2}{\pi}$$

3　意义

根据物理模型的计算,通过改进理论和数值方法,了解物理现象。在新建大型深水波浪物理装置时,对维护费高的问题,应该做细致的经济证论。挪威水动实验室(NHL)是目前欧洲最大海洋动力实验室,在 20 世纪 70 年代初开始近海石油的开发的相关研究。结合 1982 年新建的 NHL 论述了其典型的近海工程、装置设计原理,并给出结论与建议。开发大型试验室投资昂贵,因此要做到一方建成、多方受益,以提高我国总体技术水平。

参考文献

[1]　朱骏苏. 论大型海浪物理模型装置的设计原理. 海岸工程,1988,7(4):75 - 81.

年极值波浪的分布函数

1 背景

一般采用 Picrson Ⅱ 型分布适线法来拟合年极值波浪的经验频率曲线,这是由于国内通常采用这种线型分析最大风速和河流洪水频率,用它对波浪进行频率分析也被一些工程单位采用,用此法计算一些台站的资料效果也比较好。但也存在一些问题,一是偏差系数 C_s 的误差是很大的,其二适线时为照顾累积率很小的一两个大值而人为地加大 C_s 的值。潘锦嫦[1]通过对年极值波浪长期分布的研究,来解决存在的这些问题。目前国内外倾向于使用实测波浪在一些特殊的几率格纸上分布近似成直线的办法选取合理的理论分布函数,而分布函数中的参数则用最小二乘法或其他方法求解。

2 公式

设变量(波高或周期)以 x 表示,令 $\lg x = y$,则 y 服从正态分布,其频率密度函数为:

$$f(y) = \frac{1}{\sigma_y \sqrt{2\pi}} \exp\left[-\frac{(y - \overline{y})^2}{2\sigma y^2} \right]$$

如 x 服从对数正态分布,则通过函数转换,x 的频率密度函数为:

$$f(y) = \frac{1}{x\sigma_{\lg x} \sqrt{2\pi}} \exp\left[-\frac{(\lg x - \overline{\lg x})^2}{2\sigma_{\lg x}^2} \right]$$

其分布概率为:

$$P(x) = \int_x^\infty f(x)\,\mathrm{d}x = \frac{1}{\sqrt{2\pi}} \int_{t_p}^\infty \mathrm{e}^{-\frac{t_p^2}{2}}\,\mathrm{d}t$$

式中,t 为标准化随机变量,即:

$$t_p = \frac{\lg x_p - \overline{\lg x}}{\sigma_{\lg x}}$$

得:

$$\lg x_p = \overline{\lg x} + \sigma_{\lg x} \cdot t_p$$

设欲求的度量为 y,与其有关的参数为 $x_1, x_2, \cdots, x_k$,其函数关系为:

$$y = f(x_1, x_2, \cdots, x_k)$$

Δy 可用全微分写为：

$$\Delta y = \frac{\partial f}{\partial x_1}\Delta x_1 + \frac{\partial f}{\partial x_2}\Delta x_2 + \cdots + \frac{\partial f}{\partial x_k}\Delta x_k$$

按方差定义，可得：

$$D(y) = E[(\Delta y)]^2 = E\left[\left(\sum_{i=1}^{K}\frac{\partial f}{\partial x_i}\Delta x_i\right)^2\right]$$

$$= E\left[\sum\left(\frac{\partial f}{\partial x_i}\right)^2(\Delta x_i)^2 + 2\sum{}'\frac{\partial f}{\partial x_i}\cdot\frac{\partial f}{\partial x_j}\Delta x_i\Delta_j\right]$$

式中，$i=1,2,\cdots,K$，但第二项中 $j\neq i$，$\frac{\partial f}{\partial x_i}$ 为常数，而 $E[(\Delta x_i)^2]=D(x_j)=\sigma_{x_i}^2$，$E(\Delta x_i,\Delta x_j)$ 以符号 $\mathrm{COV}(x_i,x_j)$ 表示，统计中称为共差。于是上式可写为：

$$D(y) = \sum\left(\frac{\partial f}{\partial x_i}\right)^2\sigma_{x_i}^2 + 2\sum{}'\frac{\partial f}{\partial x_i}\cdot\frac{\partial f}{\partial x_j}\mathrm{COV}(x_i,x_j)$$

因 $D(y)=\sigma_y^2$，故 y 的均方误为：

$$\sigma_y = \sqrt{\sum\left(\frac{\partial f}{\partial x_i}\right)^2\sigma_{x_i}^2 + 2\sum{}'\frac{\partial f}{\partial x_i}\cdot\frac{\partial f}{\partial x_j}\mathrm{COV}(x_i,x_j)}$$

根据以上原理，我们要求的变量为：

$$\lg x_p = \overline{\lg x} + \sigma_{\lg x}\cdot t_p = f(\overline{\lg x},\sigma_{\lg x},t_p)$$

当指定概率 P 时，t_p 为常数，故：

$$\Delta\lg x_p = \Delta\overline{\lg x} + t_p\cdot\sigma_{\lg x}$$

于是方差为：

$$D(\lg x_p) = \sigma_{\lg x}^2 + t_p\cdot 2\sigma_{\sigma_{\lg x}}^2 + 2t_p\cdot\mathrm{COV}(\overline{\lg x},\sigma_{\lg x})$$

式中共差 $\mathrm{COV}(\overline{\lg x},\sigma_{\lg x})$ 可用分布函数的各阶矩表示，即：

$$\mathrm{COV}(\overline{\lg x},\sigma_{\lg x}) = \mathrm{COV}(\alpha_1,\mu_2)$$

式中，α_1 为 $\lg x$ 的一阶原点矩；μ_2 为二阶中心矩。

一般认为误差分布服从正态分布，根据原点矩与中心矩间的共差关系式：

$$\mathrm{COV}(\alpha,\mu_s) = -(\mu_{r+s} - \mu_r\mu_s - S_{\mu_{r+1}\mu_{s-1}})$$

把正态分布的参数的均方误代入，得：

$$D(\lg x_p) = \frac{\sigma_{\lg x}^2}{n} + t_p^2\cdots\frac{\sigma_{\lg x}^2}{2n}$$

于是纵坐标为对数的频率曲线的均方误为：

$$\sigma_{\lg x_p} = \frac{\sigma_{\lg x}}{\sqrt{n}}\left(1+\frac{t_p^2}{2}\right)^2$$

对数正态分布曲线纵坐标的误差亦可利用相关分析中回归直线的均方误求得，即：

$$\sigma_{\lg x_p} = \sigma_{\lg x}\sqrt{1-R^2}$$

于是：

$$\Delta x_p = x_p \times 2.3 \times \sigma_{\lg x} \sqrt{1 - R^2}$$

式中，R 为相关系数。

根据经验频率按几率的古典定义，一些学者提出了一些修正公式，这些公式均可概括为以下形式：

$$P_m = \frac{m - a}{n + 1 - 2a}$$

利用重现期 T 的概念作为设计标准，它是由以下公式推导得来的：

$$q = 1 - (1 - p)^T = 1 - \left(1 - \frac{1}{T}\right)^T$$

当重现期 T 相当大时：

$$q = \lim_{T \to \infty} \left[1 - \left(1 - \frac{1}{T}\right)^T\right] \approx 1 - e^{-1}$$

如已知建筑物使用期 L，可指定保证率 Q 作为设计标准求设计波要素，从而取代使用重现期作为设计标准。

$$P = (1 - Q^{\frac{1}{L}}) = \int_{t_p}^{\infty} e^{-\frac{1}{2}t_p^2} dt$$

3　意义

根据经验频率计算公式，提出了理论频率曲线的抽样误差，解决了用建筑物使用年限及危险率作为设计波浪标准的问题。经分析，用对数正态分布律来拟合年极值波浪也是可行的，对于对数正态分布律，经验频率的计算采用数学期望公式更安全。但是现行海港水文规范中设计波浪频率分析计算还存在不足，最好用建筑物使用期及安全保证率来代替现行的重现期作为设计标准求设计波浪。

参考文献

[1]　潘锦嫦. 年极值波浪长期分布的研究. 海岸工程,1988,7(4):21-29.

海洋工程的水位计算

1 背景

　　港工建设中的重要的水文参数之一就是海洋工程水位,这一参数除了关系建筑物的高程和船舶航行的水深之外,还关系着建筑物类型的选择及结构计算。风暴水位给各地带来的破坏和造成的灾难已受到人们的注意,因此许多计算工程水位的方法逐渐被提出,以此来满足工程建设的要求。李坤平[1]对海洋工程水位进行了研究,进行了高、低水位的设计和核对。

2 公式

　　选用中国沿岸主要台站的全年实测潮位资料,进行了高、低潮位累积频率的统计计算并绘制成图(图1)。

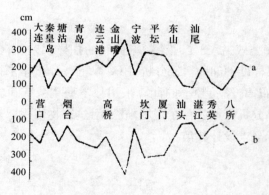

图1　设计高、低水位的地理分布

　　短期同步差比法计算高、低水位的公式为:

$$h_{S_y} = A_{N_y} + \frac{R_y}{R_x}(h_{S_x} - A_{N_x})$$

式中,h_{S_x}、h_{S_y}分别为原有港口和拟建港口的设计高(低)水位;R_x、R_y分别为原有港口和拟建港口的短期同步的平均潮差;A_{N_x}、A_{N_y}分别为原有港口和拟建港口的平均海平面。

282

$$A_{N_y} = A_y + \Delta A_y$$

式中, A_y 为拟建港口短期验潮资料的月平均海面; ΔA_y 为拟建港口所在地区海平面的月份订正值或近似地用原有港口海平面的月份订正值。

这两种方法,引用一个例子来加以说明(图 2)。

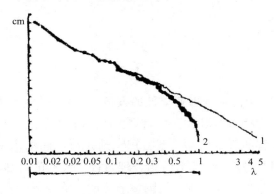

图 2　水位高度的保证率曲线

根据港口的设计高、低水位,加减一个常数近似计算校核高低、水值:

$$h_J = h_s \pm K$$

式中, h_J、h_s 分别为拟建港口和原港口的校核和设计高、低水位值; K 为常数。

把计算值叠加在平均高(低)潮上,即:

$$H_{高} = \overline{H}_{高} + \Delta h$$

式中, $H_{高}$ 为不同重现期高水位值; $\overline{H}$ 为平均高潮位; Δh 为不同重现期的增水值。

3　意义

根据分析高、低水位的设计和核对,得出了高、低水位的沿岸变化,并评述了极值水位的计算方法。近年来,人们在提出以最高潮位为样本计算最高水位之后,又提出风暴潮和天文潮的各种组合方法以及其他方法。这些方法有些在实际工作中已得到运用,还有些在完善中,有效程度待验证后再进行推广。人们通过进一步的深入研究和实践活动,寻找更适合中国沿海工程建设要求的方法。

参考文献

[1]　李坤平 . 海洋工程水位 . 海岸工程,1989,8(1):24 – 30.

胶州湾排水沟的流量公式

1 背景

城市建筑物的安全,居民及企事业单位的安危,与城市排洪工程设计是否合理密切相关。偏于安全会造成人力物力的浪费,偏于冒险,又会造成洪水灾害的威胁,排水沟工程得到恰当设计才能发挥工程的最大效益。董吉田[1]通过对胶州湾东岸岸滩改造工程中排水沟设计方案的分析,来讨论胶州湾排水沟的合理设计。青岛的自然岸线地势坡度大,落差大,全天候排水,潮位对其无太大影响。但围填地区情况确相反,对于这种情况下的排水沟工程,设计必须改变。采取水平明渠排水,考虑海水倒灌,用口门加闸的方法处理较窄内排水沟,来保证渠内有一定的水位。

2 公式

胶州湾东岸的排水沟,现在基本上都是采用暗渠,排水沟底标高与乘潮排水时间、潮位和年最大降水的联合概率如表1所示。

但目前胶州湾东岸规划中的排水沟,其底标高都偏低(表2)。由表2看出,规划中的排水沟乘潮排水时间较短,设计成暗渠顶盖容易遭到顶托,造成清淤不便并且费用较高。

表1　排水沟底标高与潮位的关系

排水沟底标高(黄海面)/cm	0	20	40	60	80	100	120	140	160	180
乘潮排水时间/h	11.0	11.8	12.9	13.9	14.6	15.6	16.4	17.3	18.6	19.7
海水淹没渠底时间/h	13.9	12.2	11.1	10.1	9.4	8.4	7.6	6.7	5.4	4.3
淹没时间的比例/%	54	51	46	42	39	35	32	28	23	20
最高潮位与每年一遇降水联合概率/%	0.15	0.14	0.13	0.11	0.10	0.09	0.08	0.07	0.06	0.05

表2　规划中排水沟的尺寸

序号	1	2	3	4	5	6	7	8	9	10	11	12	13	14	15	16	17	18	19	20	21	22
底标高/m	1.0	1.0	1.0	1.2	3.99	1.5	0.035	1.5	15	1.5	0.29	0.38	1.5	1.5	0.44	0.63	0.74	1.87	0.62	0.14	0.99	1.5
长度/m	920	800	801	658	1 020	450	1 070	1 140	990	950	950	860	1 040	1 190	1 345	830	580	460	396	840	510	440

续表

序号	1	2	3	4	5	6	7	8	9	10	11	12	13	14	15	16	17	18	19	20	21	22
宽度/m	7	4	7	4	6	4	13	6	8	6	7	6	4	4	6	7	8	8	25	4	4	
坡降/‰	2.5	3	3	3	3	3	3	3	3	3	2	2	3	3	2	3	3	3	3	2.5	3	3
深度/m	1.2	1.2	1.2	1.2	1.2	1.2	0.7	1.2	1.2	1.2	1.0	0.7	1.2	1.2	1.2	1.2	1.2	1.2	1.2	1.2	1.2	1.2

设回填区单位时间最大降雨量为 d，流域汇水面积为 S，地面渗吸系数为 r，沟顶标高为 H，潮位为 ζ。

由以上的参数可以推算排水沟应承受的流量：

$$Q = Sd(1-r)$$

如按理想流体考虑，沟内平均流速应为：

$$V = \left(2g \int_{\zeta}^{H-\Delta} \mathrm{d}y\right)^{1/2}$$

式中，Δ 为堤坝与水面高度之差；g 为重力加速度。设单位时间内排水量与进水量平衡，B 为排水沟底标高，则：

$$Q = (H - \zeta - \Delta) B \overline{V}$$

即：

$$Sd(1-r) = (H - \zeta - \Delta) \cdot B \left(2g \int_{\zeta}^{H-\Delta} \mathrm{d}y\right)^{1/2}$$

$$B = \frac{Sd(1-r)}{(H - \zeta - \Delta)\left(2g \int_{\zeta}^{H-\Delta} \mathrm{d}y\right)^{1/2}}$$

3　意义

根据排水沟相关设计的计算，可知滨海回填地区，排水沟宜采用水平明渠排水，允许海水倒灌的排水方案，这样做既安全稳妥又节省投资。该方案具有投资省，美化市容，改善环境质量等特点，同时可以使污水二次稀释，促进海水自净能力发辉，明渠对清淤净化也较为方便。狭窄的排水沟处，在出水口加设漫水闸门，还可以增大排水能力。水平明渠排水是一种有效的排水方式，但也有占地多，阻断交通的缺点，可以先选用一条排水沟试用，然后再推广应用。

参考文献

［1］　董吉田,孙荣生. 胶州湾东岸岸滩改造工程中排水沟设计方案的讨论. 海岸工程,1989,8(1):47-51.

大暴雨的预报方程

1 背景

多发生于盛夏期间的大暴雨是灾害性的天气,会给工农业生产、交通运输、港口海岸工程设施等方面带来很大的影响。白化士等[1]在以往工作的基础上,制作了青岛地区及其近海盛夏低槽型大—暴雨的甚短时 MOS 预报方法,对每天的天气形势进行了分类,归纳起来有四种类型,即低槽型、低涡型、横槽切变型和其他型。经严格的统计假设检验和实际预报试用证明,预报方程可靠,效果良好。

2 公式

对预报因子进行了统计假设检验,即 x^2 检验,其统计量公式如下:

$$x^2 = \frac{(n_{00}n_{11} - n_{10}n_{01})^2 n}{n_{.0}n_{.1}n_{0.}n_{1.}}$$

式中符号代表意义见表1。

表1　2×2 的列联表

预报因子 x_i 或估计量 $\hat{y}$ ＼ 次数　预报量 y	0	1	Σ
0	n_{00}	n_{01}	$n_{0.}$
1	n_{10}	n_{11}	$n_{1.}$
Σ	$n_{.0}$	$n_{.1}$	$n_{..}$

根据预报因子的历史概括率 $P(x_i)$ 可得到甚短时大—暴雨的(0,1)权重回归顶报方程的系数 C_i:

$$C_1 = 13.7; C_2 = 11.5; C_3 = 6.0; C_4 = 14.7。$$

由此,即可得到预报甚短时大—暴雨的权重回归预报方程为:

$$\hat{y} = 13.7x_1 + 11.5x_2 + 6.0x_3 + 14.7x_4$$

3　意义

　　根据回归方程的分析,再结合高空实况分析图划分天气类型,可得低槽天气型的区域标准。通过相关普查,并结合分析日本气象厅发布的数值预告传真图资料,筛选出了四个预报因子,这些预报因子具有清楚的物理意义,且效果较好。建立了权重回归 MOS 预报方程,经严格的统计假设检验,该方程十分可靠。投入业务试用两年后,得到良好的效果,比经验预报的方法优胜很多,是一种较佳的甚短时大—暴雨预报方法。

参考文献

[1]　白化士,刘士进,孟宪斌. 青岛地区及其近海盛夏低槽型大—暴雨甚短时 MOS 预报方法. 海岸工程,1989,8(1):52 – 56.

天文潮的增减水方程

1 背景

潮位变化是十分重要的海洋动力因素,可以作为海面升降标志和量度。在浅近海域、海湾河口附近时,有较大的潮位时空变化,情况复杂。需要对潮位有相当的了解并做分析计算,才能弄清潮位变化的成因和机制,才可以在该处兴建海岸工程建筑物或建造海洋工程结构物。陈雪英和童吉田[1]对青岛港增减水与天文潮的关系进行了分析,并得出相关结论。一个地区的潮位变化,取决于天文潮部分和非天文潮部分,这两部分潮位的相互配搭构成该地域潮位的综合结果。

2 公式

对青岛港历年各月高、低潮最大增水和最大减水的数值进行统计,图1是累年最大增水平均值的月变化,图2是累年最大减水平均值的月变化。

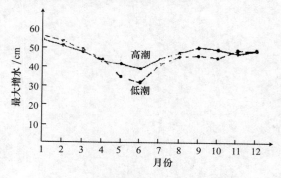

图1 累年最大增水平均值的月变化

现以年最高潮位为样本,分离出最高潮位时的增水值和相应时刻的天文潮高度,点绘相关图,并按最小二乘法求其相关方程:

$$h = 4.027\,8 - 0.804\,2H_{天}$$

式中,h 为高潮时的增水;$H_{天}$ 为天文潮位,相关系数为 -0.68。

计算落在小方区 $\Delta H_{天} \cdot \Delta h$ 内的点数 n_{ij},设参加统计的总次数为 N,根据公式计算概率

288

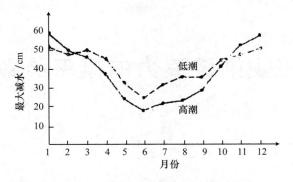

图 2　累年最大减水平均值的月变化

密度值：

$$P_{ij} = \frac{n_{ij}}{N \times \Delta H_天 \times \Delta h}$$

直线方程为：

$$Q(u) = \int_u^\infty \frac{1}{\sqrt{2\pi} e^{-\frac{u^2}{2}}} du$$

用最小二乘法找出 h 与 u 的关系，并得出回归方程式：

$$h = a + bu$$

3　意义

　　根据增减水的数值计算，结合历年的平均状况分析，可知无论是最大增水还是最大减水，都是 6 月的量值最小，1 月最大。高潮时的增水大于低潮时的增水，低潮时的减水大于高潮时的减水。分析增减水特征，探讨高潮时增水与天文潮的关系，得到高潮时增水的条件概率分布为计算极值潮位提供了一种途径。概率分析可知大的增水与大的天文潮相遇的概率比较小，而适中的天文潮与适中的增水相遇的机会最多，这说明特大的潮灾发生机遇是很少的。

参考文献

[1]　陈雪英,童吉田. 青岛港增减水与天文潮的关系. 海岸工程,1989,8(1):1 - 7.

不规则波浪力的概率函数

1 背景

防波堤是用于围护港池,挡御波浪,维持水面平稳,以便船舶安全停泊和作业的水工建筑物。削角式直立堤是一种逐步被采用的新型防波堤,可减轻波浪水平压力,增加竖向压力,增进堤身稳定。国内外学者已对该种形式防波堤的规则波波浪力做过研究,但对于不规则波浪作用下,削角式直立堤上不同累积率的波浪力的计算还不明确。康海贵等[1]对削角直立式防波堤上不规则波浪力的概率特征进行研究,以解决这方面的计算。

2 公式

JanswAp 谱的表达式为:

$$S_n(f) = \frac{5 \times 10^{-4}}{f^5} \exp\left[-\frac{5}{4}\left(\frac{f_m}{f}\right)^4\right] \cdot \gamma^{\exp\left[-\frac{(f-f_m)^2}{2\sigma^2 f_m^2}\right]}$$

式中,f 为频率;f_m 为谱峰频率;γ 为谱峰升高因子。

频谱模拟法见文献[2]:

$$F(H) = \exp\left[-\frac{\pi}{2\left(1 + \frac{H^*}{\sqrt{2\pi}}\right)}\left(\frac{H}{\overline{H}}\right)^{\frac{1}{1-H^*}}\right]$$

式中,$\overline{H}$ 为平均波高;$H^* = \dfrac{\overline{H}}{d}$;$d$ 为水深。

静水位以下各点(不包括底部)的波浪压强 P_Z 及总水平波浪力 P_H 峰值的表达式为:

$$P_Z = \gamma H \frac{\mathrm{ch}k(d-z)}{\mathrm{ch}kd}$$

$$P_H = \frac{1}{2}\gamma H^2 + \frac{\gamma H}{K}\left[\mathrm{th}kd - \frac{\mathrm{sh}k(d-d_1)}{\mathrm{ch}kd}\right]$$

式中,γ 为水的容重;d 为水深;z 为测点纵坐标,静水面为零,向下为正;K 为波数;L 为波长;d_1 为基床以上水深。

静水面以下点的波浪压力强变峰值的累积概率为:

290

$$F(P_z) = \exp\left[-\frac{\pi}{2\left(1 + \dfrac{H^*}{\sqrt{2\pi}}\right)} \cdot \left(\frac{P_z}{\overline{P}_z}\right)^{\frac{2}{1-H^*}} \right]$$

上式为不越浪情况下所推出的波压强分布式。其中 $\overline{P}_z$ 为波浪压力强系列峰值的平均值,可按下式计算:

$$\overline{P}_z = \gamma\overline{H}\frac{\mathrm{ch}k(d-z)}{\mathrm{ch}kd}$$

当有越浪时,不同累积率波高的越浪高度也不同,所以应乘以不同的越浪校正系数 K_F。K_F 值可依下式计算:

$$K_F = (K_n)^{2\times(1-F)}$$

式中,F 为累计率。

直墙上的总水平波浪力峰值的累积概率为:

$$F(P_H) = \exp\left[-\frac{\pi}{4\left(1 + \dfrac{H^*}{\sqrt{2\pi}}\right)} \cdot \left(\frac{\sqrt{B^2 - 2P_H} - B}{H}\right)^{\frac{2}{1-H^*}} \right]$$

其中,$B = \dfrac{\gamma}{K}\left[\mathrm{th}kd - \dfrac{\mathrm{sh}k(d-d_1)}{\mathrm{ch}kd} \right]$。

总水平力峰值的均值可推求如下:

$$\overline{P}_H = \frac{1 - H^*}{2} \cdot \left[\frac{\Gamma(1 - H^*)}{A^{1-H^*}} + B\frac{\Gamma\left(\dfrac{1 - H^*}{2}\right)}{A^{\frac{1-H^*}{2}}} \right]$$

其中,$\Gamma(x)$ 为伽玛函数;$A = \dfrac{\pi}{4\left(1 + \dfrac{H^*}{\sqrt{2\pi}}\right)\overline{H}^{\frac{2}{1-H^*}}}$。

总水平力峰值的平均值建议按下式计算:

$$\overline{P}_H = K_F\gamma \cdot \left[\left(Z_{BC} + \frac{B}{\gamma}\right) \cdot \overline{H} - \frac{1}{2}Z_{BC}^2 \right]$$

由欧拉坐标一次近似式易于推出在不规则波作用下直墙上静水面 Z 点的波浪压强谱:

$$S_p(f) = |TR_p(f)|^2 \cdot S_\eta(f)$$

其中,$TR_p(f)$ 为立波压强的传递函数,其表达式为:

$$|TR_p(f)|^2 = \left\{ 2K_m\gamma \cdot \left[\frac{\mathrm{ch}k(d-z)}{\mathrm{ch}kd} \right] \right\}^2$$

式中,$S_\eta(f)$ 为原始推进波波谱;K_m 为越浪校正系数。

将静水面以下的压强从水底到水面积分,再加上静水面以上积分的水平波浪力,即可得到作用在直墙上的总水平波浪力：

$$P_H(t) = \frac{4}{2}\gamma|\eta(t)|\cdot\eta(t) + \left[\frac{\gamma}{K}\text{th}kd\right]\cdot 2\eta(t)$$

从上式出发,经线性化处理后,可推出作用在直墙上的总水平波浪力谱：

$$S_p(f) = |TR_p(f)|^2 S_\eta(f)$$

其中,$TR_p(f)$为直墙总水平波浪力的传递函数,其表达式为：

$$|TR_p(f)|^2 = \left[2K_m\gamma\cdot\left(\frac{1}{2}H_{\frac{1}{3}} + \frac{1}{K}\text{th}kd\right)\right]^2$$

3　意义

通过不规则波波高的概率分布,可知削角式直立堤上的不规则波波浪力可以应用欧拉坐标一次近似式进行计算,不发生越浪时,直墙上静水面及其以下点的波浪压力强度的峰值与原始推进波波高有相同的概率分布。当水深较小对,其分布要比波高的分布离散些;当水深增加越浪加大时,其小累积率的大值变小,分布趋于集中。在利用传递函数法时,进行越浪校正是简便可行的。由于这些结论基于某项工程,实验次数不多,需要进一步的试验验证才可进行推广应用。

参考文献

［1］ 康海贵,李木国,俞聿修. 削角直立式防波堤上不规则波浪力的概率特征. 海岸工程,1989,8(1)：
　　 8－16.

［2］ 俞聿修. 不规则波的实验室模拟. 海岸工程,1985,4(2)：1－10.

海底波动的轨迹速度计算

1 背景

海底轨迹速度与海底沉积物的输移、海底管道、建筑结构物受力分析和波能消散等都有着一定的关系,因此海底轨迹速度的求取在海岸工程和海洋地质中是很重要的。姜守东[1]对海底波动轨迹速度进行计算,首先给出常用波谱的曲线,利用表面波的波高、周期和水深来计算海底产生的轨迹速度。

2 公式

波的振幅 $a = \dfrac{H}{2}$,圆频率 $W = \dfrac{2\pi}{T}$,H 和 T 分别为波高和周期。由小振幅线性波理论可得:

$$\frac{U_m}{a} = \frac{W}{\sinh(kh)}$$

波数 k 和频率之间的关系如下:

$$W^2 = gk\tanh(kh)$$

式中,g 为重力加速度;h 为水深。

定义无量纲变量为:$x = \dfrac{w^2 h}{g}$,$y = kh$,$F_m = \dfrac{U_m^2 h}{g^2 g}$,化简得:

$$F_m = \frac{2y}{\sinh(2y)}$$

在图 1 中可求出轨迹速度的均方根。

用有效波高 H_s 和圆频率 $W_p = \dfrac{2\pi}{T_F}$ 来表示波谱:

$$S_\eta(W) = \frac{B\left(\dfrac{H_S}{A}\right)^2 W_p^4}{W^5 \exp\left[-\dfrac{5}{4}\left(\dfrac{W}{W_p}\right)^{-4}\right] t^\phi\left(\frac{W}{W_p}\right)}$$

其中,$\phi\left(\dfrac{W}{W_p}\right) = \exp\left[-\dfrac{1}{2}B^2\left(\dfrac{W}{W_p} - 1\right)\right]$,$\gamma$ 和 B 的值见表 1。

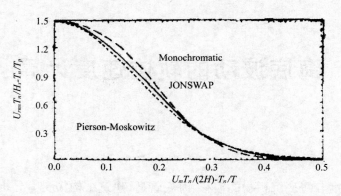

图1　单频波 $U_m T_n/(2H) - T_n/T$ 曲线和波谱 $U_{rms} T_n/H_s - T_n/T_p$

表1　不同模型参数

model	B	γ	W_p	W_p/if'_z
Pierson Moskowitz	a	1	W_p	W_p/W_z
Bretschneider	5	1	$0.857W_a$	0.710
ISSC	5	1	$0.772\overline{W}$	0.710
ITTC	5	1	W_p	0.710
JONSWAP	3.29	3.3	W_o	0.781

海底轨迹速度谱:

$$S_u(W) = \frac{W^2}{\sinh^2(kh) S_\eta(W)}$$

$S_u(W)$ 对频率积分便得到轨迹速度方差:

$$U_{rms}^2 = \int_0^\infty S_u(W)\mathrm{d}W$$

定义无量纲变量:

$$x_p = \frac{W_p^2 h}{g}$$

$$F_r = \left(\frac{4U_{rms}}{H_s}\right)^2 \left(\frac{h}{g}\right)$$

换算可得:

$$F_r = \frac{B}{2x p^2 \displaystyle\int_0^\infty \frac{(\sinh y \cosh y + y)}{(y^2 \sinh^4 y) \exp\left[-\frac{5}{4}\left(\frac{y \tanh y}{x_p}\right)^{-2}\right] \gamma^{\phi\left(\frac{y}{x_p}\right)}}\mathrm{d}y}$$

$$\phi\left(\frac{y}{x_p}\right) = \exp\left[-\frac{1}{2}B^2\left\{\left(\frac{y\tanh y}{x_p}\right)^{\frac{1}{2}} - 1\right\}^2\right]$$

海底轨迹速度采用单频波形式,可写成:

$$U(t) = \sqrt{2}U_{rms}\sin\left(\frac{2\pi t}{T_{pu}}\right)$$

U_{max} 和 U_{rms} 的比值等于表面波最大振幅的一半和表面波高标准差 $\frac{H_s}{4}$ 之比,即:

$$U_{max} = 2U_{rms}\left(\frac{H_{max}}{H_s}\right)$$

3 意义

根据表面波高、周期和水深来直接计算,可知海底波动轨迹速度,同时还可以用单频波代替全频波。在图 1 中,有两条曲线分别代表 JONSWAP 谱, Pieron – Moskowitz 谱, Bretschnoider 谱,ISSC 和 ITTC 所对应的轨迹速度谱。图 1 中的第三条曲线可用来根据波高和周期求单频波轨迹速度的振幅,海底轨迹速度峰值周期比表面波周期长。

参考文献

[1] 姜守东. 海底波动轨迹速度计算. 海岸工程,1989,8(2):70 – 74.

波浪变形的数值方程

1 背景

近海区域进行石油和天然气钻探,以便使黄河口地区的石油和天然气资源得到进一步开发。但由于这些平台和钻探船大多处于黄河口以北的水下三角洲一带,并且在三角洲淤泥层上,则使淘刷、滑移的现象经常发生。又结合波浪的作用,使得根基很不稳定,因此需要加强海洋工程地质及海洋动力方面的研究之后才方便平台就位。刘锡辉[1]对黄河口以北的五号桩海域进行了浅水波浪变形数值计算(图1),讨论了淤泥质海底摩擦阻力系数。

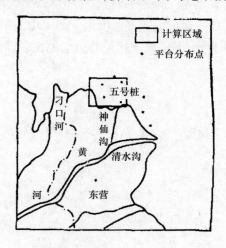

图 1 计算区域及平台分布

2 公式

如图 2 所示,x 轴和 DS 正方向之间的夹角,由此可推出关于波向线分离因子 β 的基本方程[2]:

$$\frac{D^2\beta}{DS^2} + P_s \frac{D\beta}{DS} + q_s\beta = 0$$

式中,

$$P_s \equiv -\frac{1}{C}\left(\frac{\partial C}{\partial x}\cos A + \frac{\partial C}{\partial y}\sin A\right)$$

$$q_s \equiv \frac{1}{C}\left(\frac{\partial^2 A}{\partial x^2}\sin^2 A - \frac{\partial^2 C}{\partial x \partial y}2\sin A\cos A + \frac{\partial^2 C}{\partial y^2}\cos^2 A\right)$$

$$\beta \equiv \frac{Df}{Df_0}, \beta > 0$$

式中，下标0表示起始点。

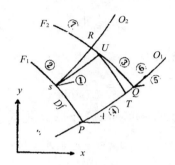

图2   相邻的波向线和波峰线

不考虑反射，两条相邻波向线间的波浪能量通量为：

$$PDf = \frac{1}{16}\rho g H^2 (1 + G) CDf$$

式中，P 为波能流；H 为波高；ρ 为水的密度；C 为波速。

$$G \equiv \frac{2kh}{\sinh 2kh}$$

式中，k 为波数，h 为水深。

将上式除以其在初始点的值，可得：

$$\frac{H}{H_0} = K_r K_s K_f$$

这里，K_r 为折射修正系数：

$$K_r \equiv \left(\frac{Df_0}{Df}\right)^{\frac{1}{2}}$$

第二个因子是变浅修正系数：

$$K_s = \left[\frac{(1 + G_0) C_0}{(1 + G) C}\right]^{\frac{1}{2}}$$

计算摩擦修正系数 K_f 的方程式为[2]：

$$\frac{DK_f}{DS} = -\frac{8}{3L}\frac{1}{h}\frac{G}{1 + G}a_{bm}f_w K_f$$

297

式中,L 为波长;f_w 为波能摩阻系数;a_{bm} 为海底波浪的最大振幅,即:

$$a_{bm} = \frac{(H/2)}{\sinh kh}$$

在波浪的作用下,床面的最大剪切力,可以写成如下形式:

$$\tau_{bm} = \frac{1}{2} f_w \rho u_{bm}^2$$

波浪摩阻系数f_w 与泥沙颗粒的粗糙度没有关系,从而引入如下形式的雷诺数:

$$Re = \frac{u_{bm} a_{bm}}{V}$$

式中,u_{bm} 为水质点底部最大速度,即:

$$u_{bm} = \frac{\pi H}{(T \sinh kh)}$$

根据$f_w \sim Re$ 的对应关系,参照 Jonsson 提出的公式形式[3]:

$$\frac{1}{4\sqrt{f_w}} + 2\lg\frac{1}{4\sqrt{f_w}} = A + \lg Re$$

式中,A 为常数。

3　意义

根据黄河口以北的五号桩海域进行的浅水波浪变形数值计算,提出了在以黄河口区波浪作用为前提的情况下,海底摩阻系数与波浪要素和水质条件的关系式。解决了位于黄河口水下三角洲上海洋钻井平台及钻探船受波浪的破坏问题。在分析了计算结果的基础上,讨论了黄河口五号桩地区的波浪传播特性。但这些结果中还有很多不足,需要进一步的研究来完善结论。

参考文献

[1]　刘锡辉. 黄河口浅水波浪变形的数值计算及淤泥质海底摩阻系数的探讨. 海岸工程,1989,8(2): 9 - 17.

[2]　Ove Skovggard,Ivar G Jonsson,Jens A Bertelsen. Computation of Wave Height Due to Rebraction and Friction. Journal of the Waterways,Harbors and Coastal Engineering Division,1975.

[3]　钱宁,万兆惠. 泥沙运动力学. 北京:科学出版社,1983.

海堤软基的土工布模型

1 背景

　　孤东油田、长堤油田位于黄河淤积地区和海岸潮间带,是工程的软基区,这为海堤、公路施工、钻机搬迁及稳定等带来很多难题,提高造价,增加时间,是油田会战中一个较难解决的问题。张振环[1]根据国内土工布处理软基方法对现场进行了大面积、长距离的观察和实验,分析资料并进行计算。利用现场实验,结合土工布处理软基解决海堤滑坡、非正常下沉的问题,验证用土工布处理软基在黄河口淤积地区的可行性。

2 公式

　　筑堤中海堤边坡稳定破坏大多数是沿某一曲面滑动的(图1)。目前大都采用圆弧滑动面法进行边坡稳定计算。

图1　边坡破坏形式

　　具体计算如图2所示,将可能滑动的土用圆弧面与不滑动的土划分开来。

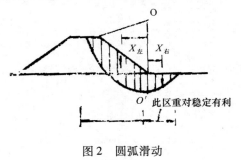

图2　圆弧滑动

　　圆弧面以上土体的重量,产生滑动力矩,促使圆弧面以上土体滑动。

滑动力矩:

$$M_{滑} = \sum W_{左} X_{i左} - \sum W_{右} X_{i右}$$

抗滑力矩计算公式:

$$M_{抗} = \sum W_{ix_j}\cos\alpha_i\tan\varphi + CLR$$

式中,L 为滑弧面长度;C 为土质黏聚力;φ 切为土的摩擦角。

增加土工布拉力产生的抗滑力矩:

$$M_{抗} = \sum W_{ixi}\cos\alpha_i\tan\varphi + CLR + T\sin\alpha R$$

式中,T 为土工布抗拉力,可见土工布抗拉力越大,边坡越稳定。

3　意义

根据土工布处理软基的计算,可知该方法可以解决海底滑坡、非正常下沉的问题,能够获得较好的经济效益,将该方法用在黄河口等淤积地区处理软基础是可行的。用土工布处理软基还有很多不足之处,还需要不断研究和完善,特别对黄河淤积地区,需要用不同的方法处理不同的地质条件的情况。在公路施工中,须对其抗拉、排水作用做进一步研究。进一步完善软基处理方法,这对油田和黄河三角洲开发具有重要意义。

参考文献

[1]　张振环. 利用土工布处理海堤软基. 海岸工程,1989,8(2):46-52.

海浪谱的预报模式

1 背景

辽东湾西南面接连渤海,其余三面均靠陆地,是一个半封闭的海湾。因地形影响,该处风浪比较单纯,常年以风浪为主。多年来研究海浪主要手段是海浪谱分析,可以用来描述海浪形状和尺寸以及揭示浪内部结构。张连选等[1]利用部分海上实测资料的谱分析,对该海区海浪状况给出概括阐述。海域海浪谱的研究,依靠建立风要素与浪要素的关系,为该海域的海浪预报提供数学模式;还可以估计该海域波浪大小的最大可能,为工程结构物的设计提供依据。

2 公式

为了把波谱与波浪的对外表现联系起来,根据谱分析的结果,按下式计算了有效波高、平均周期和各阶矩。

$$H_{\frac{1}{3}} = 4.005 \sqrt{m_0}$$

$$T = 2\pi \left[\frac{\int_0^\infty s(\omega)\,\mathrm{d}\omega}{\int_0^\infty \omega^2 s(\omega)\,\mathrm{d}\omega} \right]^{\frac{1}{2}}$$

$$m_r = \int_0^\infty \omega^r s(\omega)\,\mathrm{d}\omega$$

其谱宽度 $\varepsilon^2 = 1 - \dfrac{m_2^2}{m_0 m_4}$。

为便于分析和比较,我们引入无因次谱的形式:

$$\overline{\omega} = \left(\frac{m_2}{m_0} \right)^{\frac{1}{2}}$$

$$\overline{\omega} = \frac{\omega}{\omega_0}$$

$$\hat{S}(\overline{\omega}) = S(\omega)\overline{\omega}/m_0$$

对于海洋上发生的波浪谱,一般可写成如下形式:

$$S(\omega) = A\omega^{-p}\exp\left[-B\omega^{-q}\right]$$

它的 r 阶矩为:

$$m_r = AB^{\frac{r-p+1}{q}}\frac{1}{q}r\left(\frac{r-p+1}{q}\right)$$

它的 0 阶矩为:

$$m_0 = AB^{\frac{-p+1}{q}}\frac{1}{q}r\left(\frac{p-1}{q}\right)$$

通常 $p = 5$,则有:

$$S(\omega) = A\omega^{-5}\exp\left[-B\omega^{-q}\right]$$

$$m_0 = AB^{-\frac{4}{q}}\frac{1}{q}r\left(\frac{4}{q}\right)$$

为利用谱的峰值和峰频这两个参数去求其中的待定系数 A、B 和 q,且令其为零,则得到:

$$B = \frac{5\omega_0 q}{q}$$

$$S(\omega_0) = A\left(\frac{5}{Bq}\right)^{-5q}\exp\left[-\frac{5}{q}\right]$$

$$m_0 = AB^{-\frac{4}{q}}\frac{1}{q}r\left(\frac{4}{q}\right)$$

3 意义

根据辽东湾海上实测波浪资料,并对此进行波谱分析,可得辽东湾的波浪性质,通过谱形拟合,找出了谱公式中的三个参数与谱矩、最大值及极值频率的关系。辽东湾的波浪主要是由风浪组成,波谱呈单峰的形状;由谱计算的平均周期较统计的周期偏小,由谱计算的有效波高比统计的有效波高偏大;根据谱中参数计算的谱与用实测资料算出的谱十分吻合,可以采用谱计算方法。

参考文献

[1] 张连选,董树强,董吉田. 辽东湾的波谱分析. 海岸工程,1989,8(2):18-24.

潮位的特征值方程

1 背景

  大鹏湾在深圳市东南部,有着宽广的水域且水位较深,来自陆地的沙量并不多,湾口处有岬角伸出,可以掩护并对抗外海传来的强浪,是建设深水港的优良海湾。大鹏湾北岸有一个下洞油库码头。杨克用和罗宗业[1]对深圳大鹏湾下洞油库码头潮位特征值展开实验,并验证其特征值。虽无此处的实测潮位资料,但它邻近的湾内外有几个验潮站点,经比对这几个站点的部分潮位过程线,峰形基本相似,可以使用这些资料推算出下洞的设计潮位值。

2 公式

  分别摘取赤湾至南澳、港口至海关的部分相应高潮位和低潮位,点绘高、低潮位相关关系图,从其分布情况来看,均呈密集的线性关系,可用直线得到最佳配合,采用最小二乘法求得各高、低潮位的回归方程式:

$$N_{高} = 0.87S_{高} - 0.72 \qquad r = 0.97$$
$$N_{低} = 0.77S_{低} - 0.38 \qquad r = 0.98$$
$$H_{高} = 1.027G_{高} + 1.89 \qquad r = 0.99$$
$$H_{低} = 1.064G_{低} + 1.75 \qquad r = 0.98$$

式中,N、S、H、G分别为南澳、赤湾、海关、港口的潮位,r为相关系数。

  将赤湾与港口两站,多年资料统计所得的潮位特征值分别代入上式,并求算出南澳和海关两处的相应特征值(表1)。

表1　大鹏湾邻近站点潮位特征值比较表　　　　　　　　　　　单位:m

验潮站 特征值	赤湾	南澳			港口	海关			平洲岛
		采用 计算式	计算 结果	统计值		采用 计算式	计算 结果	统计值	
统计年限	1965— 1977年			1965年 7月至 1966年 6月	1974— 1981年			1985年 3月至 1986年 2月	1个月
最高潮位	4.26	(1)	2.99		1.60	(3)	3.53	3.07	
最低潮位	0.33	(2)	−0.13		−1.43	(4)	0.23	0.20	
平均高潮位	2.86	(1)	1.77	1.80	0.21	(3)	2.11	2.14	1.70
平均低潮位	1.50	(2)	0.78	0.79	−0.61	(4)	1.10	1.06	0.70
平均海平面	2.22	$\dfrac{(1)+(2)}{2}$	1.28	1.30	−0.14	$\dfrac{(3)+(4)}{2}$	1.68	1.64	1.20
平均潮差	1.36			1.01	0.83			1.07	
深度基准面	0.52	(2)	0.02	(0.10)	(−1.24)	(4)	0.43		0.00
设计高水位	3.48	(1)	2.29	2.26	0.66	(3)	2.57	2.61	
设计低水位	0.96	(2)	0.36	0.35	−1.01	(4)	0.68	0.62	
校核高水位	4.66	(1)	3.33		0.66	(3)		3.81	
校核低水位	0.26	(2)	−0.18			(4)		−0.08	

3　意义

根据相关、对比、内插等方法,结合具体设计项目,通过对邻近的有潮位资料的工程点分析,可知无观测资料处的潮位特征值。经多次验证,此种方法满足设计所要求的精确度。由几处的平均潮差统计值可看出,从湾口到湾内再到湾顶,有着增大趋势,这些趋势符合潮波一般的变化规律,随着潮波愈向近岸和海湾里推进,其能量愈加集中。对于同一站点利用两种途径推算,其结果可得到相互验证。

参考文献

[1]　杨克用,罗宗业．深圳大鹏湾下洞油库码头潮位特征值的确定．海岸工程,1989,8(2):25−28.

堤顶高程的效益公式

1 背景

斜坡堤顶高程在过去一直没有进行过定量的论证，一般是沿用交通部规范标准来充当，仅仅依靠当时的建堤实际调查分析结果，缺乏科学依据。有没有合适的堤顶高程标准关系着投资额和使用效益。斜坡堤在目前使用还是相当广泛的，正确确定定标高程意义重大。刘大中等[1]以小鱼港为例，对其进行优化设计和经济分析，以获得综合损失费用最小的目标函数。在各种堤顶高程下，计算全堤总投资和相应的不可作业天数所造成的产量损失，使二者相对损失之和最小为合理堤顶高程，以此来确定堤顶高程的设计标准。

2 公式

深水波高经浅水变形、折射后即是建堤处波高。则：

$$\overline{H} = K_s K_r \overline{H}_0$$

式中，K_r 为折射系数；K_s 为浅水系数；$\overline{H}_0$ 为深水平均波高。

而：

$$K_s = \left[\left(1 + \frac{4\pi d/L}{\sinh 4\pi d/L} \right) \tanh 2\pi d/L \right]^{-\frac{1}{2}}$$

斜坡堤单突堤掩护区的绕射波的绕射系数可用下式计算：

$$K_d = \frac{1}{2} \left[\exp\left(-\frac{3}{4} \right) \sqrt[3]{\frac{r}{L}} (\theta_0 - \theta) + \exp\left(-3\sqrt[3]{\frac{r}{L}} (\theta_0 - \theta) \right) \right]$$

式中，r 为堤头到码头作业点的距离；θ_0 为入射波向线与堤轴线间夹角；θ 为堤后计算点连线与堤轴线间夹角。

传递波高的计算：

$$K_T = \left(\frac{H_T}{H} \right)_{\frac{H_C}{H}=0} - \tanh\left(0.5\frac{H_C}{H} \right)$$

其中，

$$\left(\frac{H_T}{H} \right)_{\frac{H_C}{H}=0} = \tan\left\{ 0.8\left[\frac{H_C}{H} + 0.038\left(\frac{L}{H} \right) \right] \cdot K_B \right\} K_{dA}$$

$$K_{dA} = 1.06 - 0.02 \frac{d}{H}$$

$$K_B = \text{Max}\left[1.5\exp\left(-0.4\frac{B}{H}\right), 0.70\right]$$

式中，B 为堤顶宽度；H_c 为设计高水位以上堤顶高程。

由港内绕射波高和传递波高合成即可计算出港内一系列波高 H_G：

$$H_G = H_{\frac{1}{3}}\sqrt{K_T^2 + K_d^2}$$

某港在某一高程下一年内不可作业天数 N 为：

$$N = 365(P_2 - P_1)$$

3 意义

根据优化方法可分析一些典型渔港斜坡式防波堤的堤顶高程，从而能够得到寻求其合理提顶高程的最佳值。一般渔港斜坡堤胸墙顶的合理高程在设计高潮位上 1.3 倍设计波高是合适的，在港域掩护条件较好的情况下，且港内水域宽阔，其胸墙顶高程在设计高潮位上 1.1～1.5 倍设计波高也是合适的。渔港斜坡堤需要设置顶墙，这仅起安全挡浪作用，其强度稳定不需做过高要求，这样比较经济合理，如对强度稳定过于追求会使所需断面尺寸过大而增加实施难度，反而不合理。

参考文献

[1] 刘大中,刘立,于定勇. 渔港斜坡堤合理堤顶高程的探讨. 海岸工程,1989,8(2):1-8.